公式と例題で学ぶ

大学数学の基礎

久保川達也 著

共立出版

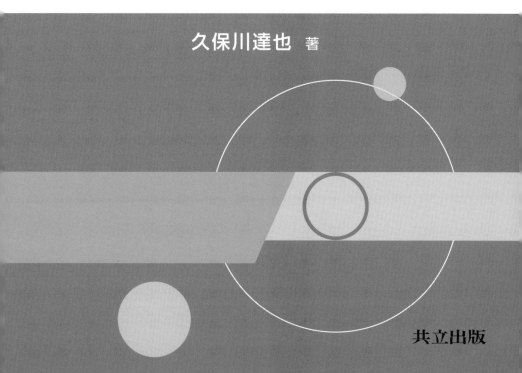

はじめに

理工学系や医学生物学系の学生が大学入学後，最初に学ぶ数学が微分積分と線形代数です．このことは，大学で学ぶ学問を追求していく過程で，微分積分と線形代数の知識と技術が必要であることを意味します．理工系や医学生物系の学生に限らず，経済学・教育学・スポーツ科学などの文科系の学生や一般の社会人においても，直面する課題を一歩深く理解しようとするとき，微分積分と線形代数の知識が必須になる場面が少なくないように思います．

大学学部の前半で学ぶ基本統計学から，学部後半で学ぶ数理統計学や計量経済学に進む上で，学生にとって一つの壁になるのが，微分積分と線形代数です．例えば，拙著『公式と例題で学ぶ統計学入門』（共立出版，2024）を学んだ後で，レベルを上げて拙著『現代数理統計学の基礎』（共立出版，2017）を学ぼうとするとき，微分積分と線形代数の知識なしに読み進めることはできません．だからといって，微分積分と線形代数についての数学の教科書を読むのには，相当なエネルギーと時間を要することになります．数学の専門書が要求する厳密さと詳細な記述や証明は必要なく，本質をシンプルにわかりやすく理解できて数学を使えるようになれば，当面は十分であるように思います．

私の専門は統計学で，大学の文系の学部に所属して基本統計学と数理統計学を教えてきましたが，少人数のセミナーではそれら統計学の問題演習とともに微分積分と線形代数の問題演習も行ってきました．その問題演習の中からシンプルに理解できるように工夫して本書を執筆しはじめました．しかし，微分積分と線形代数の入門書は数多く出版されていますが，計算ができるようになるためだけの内容では数学本来の面白みを感じられないことがわかりました．そこで，もう少し本格的な内容を組み入れて，計算の背後にある数学の考え方や仕組みが理解できるように工夫したのが本書の特徴になります．したがって，「数理統計学の本が読めるための数学を身につけること」を含みつつ，「幅広い学問に立ち向かうための基礎としての数学を身につけること」にも対応した内容になっています．

本書は，前半の微積分 5 章と後半の線形代数 5 章の 2 部構成になっています．微積分の教科書の多くは三角関数を最初の段階から扱っていて，三角関数の微積分を用いて周の長さや面積，回転体の体積などを求めますが，文系の学生にはあまり必要のない内容であると思われます．そこで，三角関数の微積分の内容はすべて前半最後の第 5 章にまとめました．第 1 章と第 2 章で 1 変数関数の連続性，微分，平均値の定理，テイラー展開，極値問題という微分の一連の流れをシンプルに解説します．第 3 章で微分の 2 変数関数への拡張を行い，2 変数関数の極値問題と条件付き極値問題などを扱います．第 4 章では不定積分，定積分，重積分と変数変換を解説します．

後半の線形代数では，行列演算を理解し使えるようになるために，行列に関する種々の計算方法を解説することからはじめます．第 6 章では，最も簡単な 2×2 行列について，逆行列，行列式，行列の固有値と対角化を一通り解説します．第 7 章では一般の数ベクトルと行列の演算，逆行列と行列の標準形を，第 8 章では行列式とその性質を，第 9 章で固有値と固有ベクトルを学びます．この章まで学ぶことができれば，一通りの行列演算ができるようになるので，実用上はここまでで十分であり，本書の目標が達せられることになります．

後半最後の第 10 章は，抽象的なベクトル空間と線形写像の内容をまとめた章になります．この章は，定理と証明で織りなす数学的な書き方になっていますので，必要に応じて読まれるのがよいと思います．実は，線形代数の面白さは第 10 章にあります．論理を武器に抽象的な世界を解きほぐすのが数学の醍醐味です．抽象的なベクトル空間を数ベクトルとどのように対応させ，線形写像を行列とどのように対応させるかを理解することができれば，ベクトルや行列という無味乾燥な道具のようなものが，抽象的な世界への広がりをもつことに数学の面白さを感ずることができます．

本書の演習問題の解答例はサポートページに用意してあるので，適宜参照しながら理解を深めていただければ幸いです．

サポートページ：https://sites.google.com/site/ktatsuya77

本書の執筆にあたり，滋賀大学の姫野哲人先生から貴重なコメント頂きました．また，共立出版の大越隆道氏，山根匡史氏ならびに編集・出版に携われた方々に大変お世話になりました．この場を借りて御礼申し上げます．

2025 年 2 月　久保川達也

目　次

集合の記号

記号	意味	由来
$\mathbb{N}$	自然数全体の集合	**N**atural number
$\mathbb{Z}$	整 数 全体の集合	**Z**ahlen（ドイツ語で整数）
$\mathbb{Q}$	有理数全体の集合	**Q**uotient（2 つの整数の商）
$\mathbb{R}$	実 数 全体の集合	**R**eal number
$\mathbb{C}$	複素数全体の集合	**C**omplex number

第 1 章

1 変数関数の微分

本章と次章を通して，1 変数関数の微分に関する一連の内容を一通り解説する．微分とは何か，どのように計算するのかを学ぶことができる．まず，本章では，関数の極限と連続性，微分係数と導関数の求め方，合成関数と逆関数の微分および指数関数と対数関数の微分について学ぶ．

1.1 関数の単射・全射と逆関数

$\mathbb{R}$ を実数全体の集合，D, E を $\mathbb{R}$ の部分集合とする．D 上の任意の点 x に対して E の中の 1 つの点 y が対応し，$y = f(x)$ と書けるとき，$f(x)$ を**関数**と呼び，

$$f : D \to E, \quad f : x \mapsto y$$

のように書く．D を $f(x)$ の**定義域**と呼ぶ．$f(x)$ の値の全体を

$$f(D) = \{f(x) \mid x \in D\}$$

と書いて f の**値域**と呼ぶ．

例えば，図 1.1 は関数 $f(x) = x^2$ の定義域と値域を表している．図 1.1（左）は定義域を $D = [-1, 1]$ とする場合で，値域は $f(D) = [0, 1]$ となる．図 1.1（右）は定義域を $D = [0, 2]$ とする場合で，値域は $f(D) = [0, 4]$ となる．

$E = f(D)$ のときには，E のすべての点 y に対して $y = f(x)$ となる点 x が D の中に存在することになる．このとき，$f(x)$ は E の**上への関数 (onto)** もしくは**全射**であるという．また，任意の $x_1 \in D$, $x_2 \in D$ に対して，

$$x_1 \neq x_2 \quad \Longrightarrow \quad f(x_1) \neq f(x_2)$$

が成り立つとき，$f(x)$ は **1 対 1 の関数 (one-to-one)** もしくは**単射**であるとい

う．この単射の定義は対偶をとることで，任意の $x_1 \in D, x_2 \in D$ に対して，

$$f(x_1) = f(x_2) \implies x_1 = x_2$$

であると言い換えることもできる．

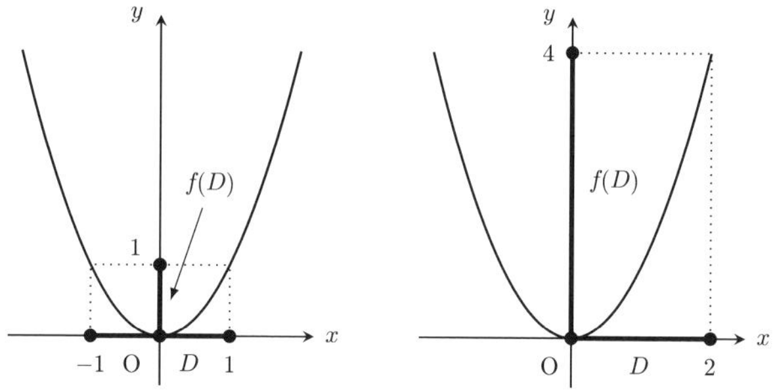

図 1.1 関数 $f(x) = x^2$，（左）$D = [-1, 1]$，（右）$D = [0, 2]$

例題 1.1 単射，全射

関数 $f(x) = x^2$ を D から E への関数とみる．D と E が次で与えられるとき，$f(x)$ は単射であるか．また，全射であるか．

(1) $D = [-1, 1]$，$E = [0, 2]$　　(2) $D = [-1, 1]$，$E = [0, 1]$

(3) $D = [0, 2]$，$E = [0, 4]$

解説

(1) 例えば，$f(-1) = 1 = f(1)$ となるので単射ではない．また，$f(x) = 2$ となる x を $D = [-1, 1]$ 上にとることができないので全射ではない．

(2) (1) で示したように単射ではない．しかし，任意の $0 \leq y \leq 1$ に対して $y = f(x)$ となる x を $D = [-1, 1]$ 上にとることができるので，$E = f(D)$ となり全射である．

(3) 任意の $x_1 \in D$，$x_2 \in D$ に対して $f(x_1) = f(x_2)$ とすると，$x_1^2 = x_2^2$ より $(x_1 - x_2)(x_1 + x_2) = 0$ である．$x_1 = x_2 = 0$ と $x_1 + x_2 > 0$ の場合に分けて考えると，いずれの場合も $x_1 = x_2$ となるので単射となる．図 1.1（右）のように，$0 \leq x \leq 2$ に対して $0 \leq f(x) \leq 4$ であるから，$E = f(D)$ となり全射である．

関数 $f : D \to E$ が全射でしかも単射であるとき，**全単射 (one-to-one, onto)** であるという．この場合，逆に E の任意の点 y に対して D の点 x がただ1つ決まるので，この対応を

$$f^{-1} : E \to D, \quad f^{-1} : y \mapsto x$$

と書いて，$f^{-1}(y) = x$ を f の**逆関数**と呼ぶ．この場合，定義域は E であるが，定義域の点を x で表すのが通例なので，$x \in E$ に対して逆関数を $f^{-1}(x)$ のように書く．$y = f(x)$ と $y = f^{-1}(x)$ は図1.2のように直線 $y = x$ に関して対称になる．

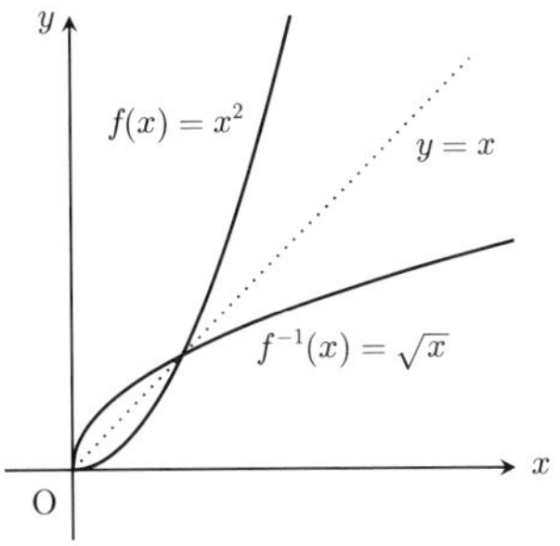

図1.2　関数 $f(x) = x^2$ と逆関数 $f^{-1}(x) = \sqrt{x}$

例題1.2　全単射と逆関数

次の関数は単射であるか．また，全射であるか．逆関数が存在する場合は逆関数を求めよ．

(1) $f(x) = \dfrac{\sqrt{x}}{1+x}$, $f : [0, \infty) \to [0, \infty)$

(2) $f(x) = \dfrac{x}{1-x}$, $f : [0, 1) \to [0, \infty)$

解説　2つの関数のグラフを描いたものが図1.3である．

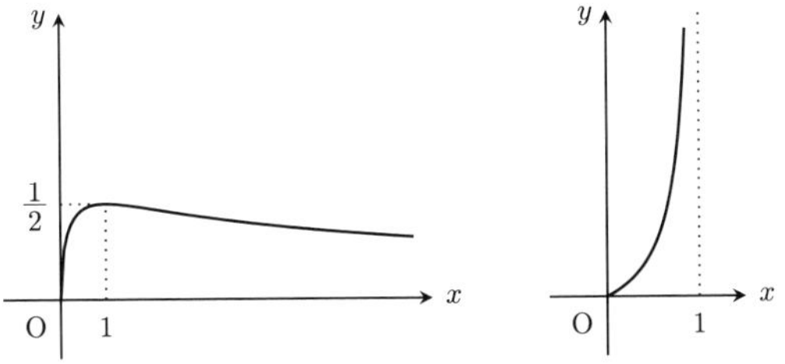

図1.3　関数の形状，（左）$f(x) = \dfrac{\sqrt{x}}{1+x}$，（右）$f(x) = \dfrac{x}{1-x}$

(1) 非負の実数 x_1, x_2 に対して $f(x_1) = f(x_2)$ とすると，$x_1/(1+x_1)^2 = x_2/(1+x_2)^2$ より $(x_1 - x_2)(1 - x_1x_2) = 0$ と書ける．$x_1 \neq x_2$ に対して，$x_1x_2 = 1$，すなわち $x_2 = 1/x_1$ は等式を満たすことになるので，$f(x)$ は

単射ではない．また，任意の非負の実数 y に対して，

$$\frac{\sqrt{x}}{1+x} = y \quad \text{を } x \text{ について解くと} \quad x = \frac{1-2y^2 \pm \sqrt{1-4y^2}}{2y^2}$$

となり，$y = f(x)$ において x が解をもつためには $1-4y^2 \geq 0$，すなわち $0 \leq y \leq 1/2$ であればよい．このことは，$f(x)$ は $[0,\infty)$ の上への関数ではないことを示している．そこで，値域を $[0,1/2]$ にすれば，$f([0,\infty)) = [0,1/2]$ であるから，$f(x)$ は $[0,1/2]$ の上への関数（全射）となる．

(2) $[0,1)$ 上の実数 x_1, x_2 に対して $f(x_1) = f(x_2)$ とすると，$x_1/(1-x_1) = x_2/(1-x_2)$ より $x_1 = x_2$ が導かれる．したがって，$f(x)$ は単射である．また，任意の非負の実数 y に対して，

$$\frac{x}{1-x} = y \quad \text{を } x \text{ について解くと} \quad x = \frac{y}{1+y}$$

となり，この解は $[0,1)$ に入るので $f(x)$ は全射になる．

$f(x)$ は全単射であるから逆関数が存在し，次で与えられる．

$$f^{-1}(x) = \frac{x}{1+x}$$

定義域 D 内の任意の x, y について，

$$x < y \quad \Longrightarrow \quad f(x) \leq f(y)$$

が成り立つとき，関数 f は**単調増加**（**非減少**）であるという．

$$x < y \quad \Longrightarrow \quad f(x) < f(y)$$

が成り立つとき，関数 f は**狭義増加**（**真に増加**）であるという．

同様にして，$x < y$ ならば $f(x) \geq f(y)$ のときには**単調減少**（**非増加**）であるといい，$x < y$ ならば $f(x) > f(y)$ であるときには**狭義減少**（**真に減少**）であるという．狭義増加関数もしくは狭義減少関数の定義から次の公式が得られる．

公式 1.3　狭義増加・減少と単射

関数 $f(x)$ が狭義増加もしくは狭義減少であるときには，その関数は単射になる．

例題 1.4　狭義増加・減少の範囲

次の関数が狭義増加もしくは狭義減少になる範囲を示せ．また，単射になるか．

(1) $f(x) = \sqrt{|x|},\ \ f : \mathbb{R} \to [0, \infty)$

(2) $f(x) = \dfrac{x}{1-x},\ \ f : (-\infty, 1) \cup (1, \infty) \to \mathbb{R}$

解説　2つの関数のグラフを描いたものが図 1.4 である．

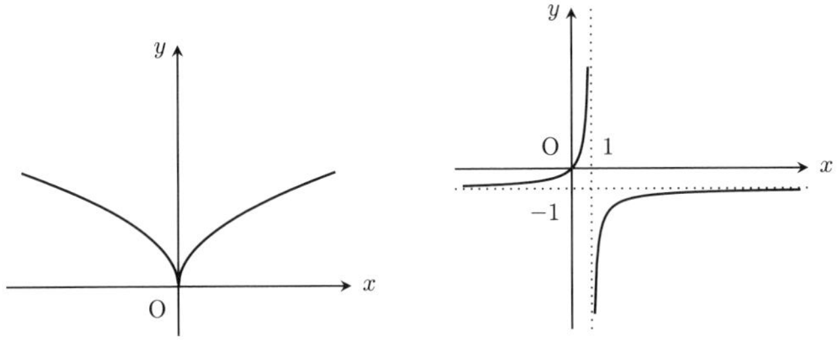

図 1.4　関数の形状，（左）$f(x) = \sqrt{|x|}$，（右）$f(x) = \dfrac{x}{1-x}$

(1) $\sqrt{|x|}$ は $|x|$ について狭義増加であるから，$f(x)$ は $x \leq 0$ のときに狭義減少，$x \geq 0$ のときに狭義増加になる．

また，関数 $f(x)$ を $f : (-\infty, 0] \to [0, \infty)$ や $f : [0, \infty) \to [0, \infty)$ とすると単射になるが，x の全範囲 $\mathbb{R}$ で考えると単射にはならない．

(2) $x_1 < x_2$ に対して，

$$f(x_2) - f(x_1) = \frac{x_2}{1-x_2} - \frac{x_1}{1-x_1} = \frac{x_2 - x_1}{(1-x_1)(1-x_2)}$$

と書ける．$x_1 < x_2 < 1$ のときには，$(1-x_1)(1-x_2) > 0$ であるから $f(x_2) - f(x_1) > 0$ となり狭義増加する．$1 < x_1 < x_2$ のときにも，$(1-x_1)(1-x_2) > 0$ であるから $f(x_2) - f(x_1) > 0$ となり狭義増加する．したがって，$x < 1$ の範囲と $x > 1$ の範囲で $f(x)$ は狭義増加する．ただし，1 を除く x の全範囲では狭義増加ではないことに注意する．

また，図 1.4（右）のように，$x_1 < 1$，$x_2 > 1$ なる x_1，x_2 に対して $f(x_1) \neq f(x_2)$ であり，$x < 1$，$x > 1$ のそれぞれの範囲において狭義増加であるから，公式 1.3 より $f(x)$ は単射になる．

ここで，集合の最大値と最小値，上限と下限を定義しておく．

a が集合 A の**最大値**であるとは，$a \in A$ でしかも，任意の $x \in A$ に対して $x \leq a$ であると定義し，$a = \max(A)$ で表す．同様に，a が集合 A の**最小値**であるとは，$a \in A$ でしかも，任意の $x \in A$ に対して $x \geq a$ であると定義し，$a = \min(A)$ で表す．

任意の $x \in A$ に対して，$x \leq b$ であるような b の集合を A の**上界**と呼び，上界の最小値を A の**上限**と呼んで $\sup(A)$ で表す．A の上界が存在するとき，A は**上に有界**であるという．同様に，任意の $x \in A$ に対して，$x \geq b$ であるような b の集合を A の**下界**と呼び，下界の最大値を A の**下限**と呼んで $\inf(A)$ で表す．A の下界が存在するとき，A は**下に有界**であるという．また，上にも下にも有界であるとき，A は**有界**であるという．

最大値が存在すれば，それが上限になるが，上限が存在しても，それが最大値になるとは限らないことに注意する．実数 a が集合 A の上限になるための次の公式はよく知られている．

公式 1.5　上限となる条件

A を $\mathbb{R}$ の部分集合とする．$a = \sup(A)$ であるための必要十分条件は，次の2つの事項が成り立つことである．

$$\begin{cases} \text{(a) 任意の } x \in A \text{ に対して，} x \leq a \text{ である．} \\ \text{(b) 任意の } \varepsilon > 0 \text{ に対して，} a - \varepsilon < x \text{ となる } x \in A \text{ が存在する．} \end{cases}$$

例題 1.6　最大値と最小値，上限と下限

次の集合の最大値と最小値，上限と下限について調べよ．

(1) $A = \{x \mid -1 \leq x < 1,\ x \neq 0\}$　　(2) $B = \left\{(-1)^n\left(1 - \dfrac{2}{n}\right) \;\middle|\; n \in \mathbb{N}\right\}$

解説　2つの集合もしくは関数のグラフを描いたものが図1.5である．

(1) $\min(A) = \inf(A) = -1$, $\sup(A) = 1$ であり，最大値は存在しない．

(2) $\max(B) = \sup(B) = 1$, $\inf(B) = -1$ であり，最小値は存在しない．$\inf(B) = -1$ を示すには次のようにする．まず，公式1.5を $\inf(B) = b$ の場合に書きかえると，$b = \inf(B)$ であるための必要十分条件は，次の2

つの事項が成り立つことになる．

$$\begin{cases} \text{(a) 任意の } x \in B \text{ に対して，} x \geq b \text{ である．} \\ \text{(b) 任意の } \varepsilon > 0 \text{ に対して，} b + \varepsilon > x \text{ となる } x \in B \text{ が存在する．} \end{cases}$$

(a) については，任意の $x \in B$ に対して $x \geq -1$ であることは明らか．(b) については，任意の $\varepsilon > 0$ に対して，自然数 n が $2/\varepsilon$ より大きい奇数であれば，

$$(-1)^n\left(1 - \frac{2}{n}\right) = -\left(1 - \frac{2}{n}\right) = -1 + \frac{2}{n} < -1 + \varepsilon$$

となる．よって，$\inf(B) = -1$ となる．

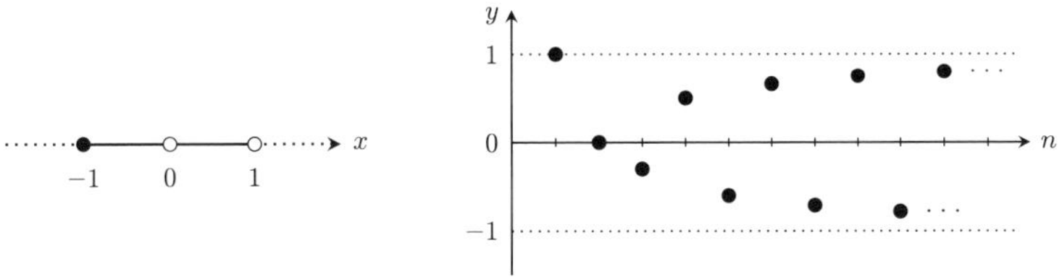

図 1.5　（左）集合 A，（右）y-座標の値の全体が集合 B

1.2　関数の極限値

実数 x が実数 a と異なる値をとりながら a に限りなく近づくことを $x \to a$ で表す．$x \to a$ のとき，関数 $f(x)$ が実数 b に近づくことを

$$\lim_{x \to a} f(x) = b \quad \text{もしくは　「} x \to a \text{ のとき } f(x) \to b \text{」}$$

と書いて，$f(x)$ は b に**収束する**といい，b を関数 f の $x \to a$ における**極限値**と呼ぶ．この収束を示すには，

$$\lim_{x \to a} |f(x) - b| = 0$$

が成り立つことを示せばよい．厳密な収束の定義は，

「任意の $\varepsilon > 0$ に対して，ある $\delta > 0$ が存在して，

$|x - a| < \delta$ であれば $|f(x) - b| < \varepsilon$ である」

と記述されるが，本書ではこのような厳密性は避けて，直感的に理解して使いこ

なせるような説明に留めることにする．

定義から極限値は，x を a に近づけるときに $f(x)$ が b に近づくことであるが，ポイントは x をどんな方法で a に近づけても $f(x)$ が同じ値 b に近づくということである．近づけ方によっては異なる値に収束する場合があるが，このような場合は収束するとはいえないことに注意する．

x を右側から a に近づけることを $x \to a+$ と書き，$\lim_{x \to a+} f(x)$ を**右極限値**と呼ぶ．同様に，x を左側から a に近づけることを $x \to a-$ と書き，$\lim_{x \to a-} f(x)$ を**左極限値**と呼ぶ．右極限値と左極限値が一致するとき，f は極限値をもつことになる．

公式 1.7　収束の条件

適当な正の定数 c, d があって，$|x-a| < d$ を満たすすべての x に対して，

$$|f(x) - b| \leq c|x - a| \tag{1.1}$$

なる不等式が成り立つとする．このとき，$\lim_{x \to a} f(x) = b$ となる．

a が ∞ のときには，適当な正の定数 c, d があって，$x > d$ を満たすすべての x に対して，

$$|f(x) - b| < \frac{1}{x^c} \tag{1.2}$$

なる不等式が成り立てば，$\lim_{x \to \infty} f(x) = b$ となる．

不等式 (1.1), (1.2) が成り立てば，

$$\lim_{x \to a} |f(x) - b| \leq \lim_{x \to a} c|x - a| = 0, \quad \lim_{x \to \infty} |f(x) - b| < \lim_{x \to \infty} \frac{1}{x^c} = 0$$

となるので，$f(x)$ が b に収束することがわかる．

例題 1.8　極限値

次の極限値を求めよ．

(1) $\lim_{x \to 1} \sqrt{x^2 + 2}$　　(2) $\lim_{x \to 0+} \frac{|x| + x^2}{x}$, $\lim_{x \to 0-} \frac{|x| + x^2}{x}$

解説 2つの関数のグラフを描いたものが図 1.6 である．

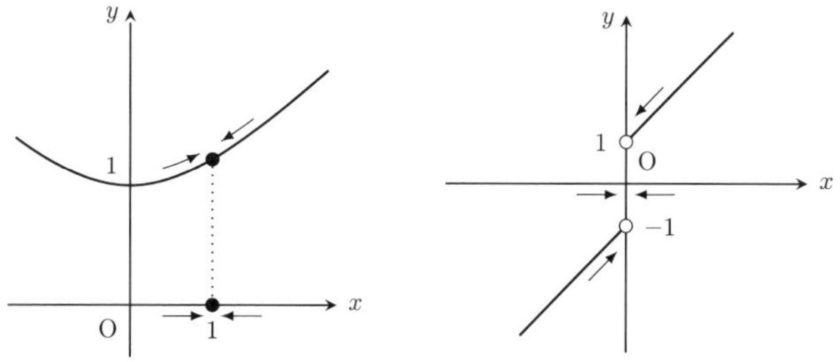

図 1.6 関数の形状と振る舞い，（左）$f(x) = \sqrt{x^2+2}$，（右）$f(x) = \dfrac{|x|+x^2}{x}$

(1) $|x-1| < d$ を満たす x に対して，

$$\sqrt{x^2+2} - \sqrt{3} = \frac{(\sqrt{x^2+2}-\sqrt{3})(\sqrt{x^2+2}+\sqrt{3})}{\sqrt{x^2+2}+\sqrt{3}} = \frac{x^2-1}{\sqrt{x^2+2}+\sqrt{3}}$$

と書けるので，$|x+1| = |x-1+2| \leq |x-1|+2 \leq d+2$ より，

$$|\sqrt{x^2+2}-\sqrt{3}| \leq \frac{|x+1||x-1|}{\sqrt{3}} \leq \frac{2+d}{\sqrt{3}}|x-1|$$

となる．不等式 (1.1) が成り立つので，$\displaystyle\lim_{x\to1}\sqrt{x^2+2} = \sqrt{3}$ となる．

(2) $x \to 0+$ の場合は $x > 0$ であるから，

$$\lim_{x\to0+}\frac{|x|+x^2}{x} = \lim_{x\to0+}\frac{x+x^2}{x} = \lim_{x\to0+}(1+x) = 1$$

となる．一方，$x \to 0-$ の場合は $x < 0$ であるから，

$$\lim_{x\to0-}\frac{|x|+x^2}{x} = \lim_{x\to0-}\frac{-x+x^2}{x} = \lim_{x\to0-}(-1+x) = -1$$

となる．右極限値と左極限値が一致しないことから，関数 $f(x) = \dfrac{|x|+x^2}{x}$ は $x \to 0$ のとき極限値をもたないことがわかる．

公式 1.9 極限値についての公式

関数 $f(x)$, $g(x)$ について $\displaystyle\lim_{x\to a} f(x) = c$, $\displaystyle\lim_{x\to a} g(x) = d$ が存在するとき，次が成り立つ．

(1) $\displaystyle\lim_{x\to a}\{f(x)+g(x)\} = c+d$

(2) $\displaystyle\lim_{x\to a} f(x)g(x) = cd$

(3) $d \neq 0$ のとき，$\displaystyle\lim_{x\to a}\frac{f(x)}{g(x)} = \frac{c}{d}$

(4) $f(x) \leq h(x) \leq g(x)$, $\displaystyle\lim_{x\to a} f(x) = \lim_{x\to a} g(x) = c$ ならば，$\displaystyle\lim_{x\to a} h(x) = c$ **(はさみうちの原理)**

証明 (1) は明らかである．

(2)
$$\begin{aligned}|f(x)g(x) - cd| &= |\{f(x)-c\}\{g(x)-d\} \\ &\qquad + d\{f(x)-c\} + c\{g(x)-d\}| \\ &\leq |f(x)-c||g(x)-d| + |d||f(x)-c| + |c||g(x)-d|\end{aligned}$$

と書けるので，$|f(x)-c| \to 0$, $|g(x)-d| \to 0$ より $|f(x)g(x)-cd| \to 0$ となる．

(3) (2) より $\displaystyle\lim_{x\to a}\frac{f(x)}{g(x)} = \lim_{x\to a} f(x) \lim_{x\to a}\frac{1}{g(x)}$ となるので，

$$\lim_{x\to a}\frac{1}{g(x)} = \frac{1}{d}$$

を示せばよい．$x \to a$ のとき $g(x) \to d$ より，$|g(x)| \geq d/2$ となるような a に十分近い x について考えると，

$$\left|\frac{1}{g(x)} - \frac{1}{d}\right| = \frac{|g(x)-d|}{|g(x)||d|} \leq \frac{2|g(x)-d|}{|d|^2} \to 0$$

となる．

(4) $|h(x)-c| = |h(x)-f(x)+f(x)-c| \leq |h(x)-f(x)| + |f(x)-c|$ となる．さらに，

$$\begin{aligned}|h(x)-f(x)| &\leq |g(x)-f(x)| = |\{g(x)-c\} - \{f(x)-c\}| \\ &\leq |g(x)-c| + |f(x)-c|\end{aligned}$$

と書けるので，$|h(x)-c| \leq |g(x)-c| + 2|f(x)-c| \to 0$ となる． ∎

例題 1.10　極限値の計算

次の極限値を求めよ．

(1) $\displaystyle\lim_{x\to 0}\frac{\sqrt{1+3x}-1}{\sqrt{1+x}-1}$　　(2) $\displaystyle\lim_{x\to\infty}(\sqrt{x^2+1}-x)$

解説

(1) $x \to 0$ とすると次のようになる.

$$\frac{\sqrt{1+3x}-1}{\sqrt{1+x}-1} = \frac{(\sqrt{1+3x}-1)(\sqrt{1+3x}+1)(\sqrt{1+x}+1)}{(\sqrt{1+x}-1)(\sqrt{1+x}+1)(\sqrt{1+3x}+1)}$$
$$= 3\frac{\sqrt{1+x}+1}{\sqrt{1+3x}+1} \to 3$$

(2) $x \to \infty$ とすると次のようになる.

$$\sqrt{x^2+1}-x = \frac{(\sqrt{x^2+1}-x)(\sqrt{x^2+1}+x)}{\sqrt{x^2+1}+x} = \frac{1}{\sqrt{x^2+1}+x} \to 0$$

1.3　関数の連続性

x を a に近づけるとき，関数 $f(x)$ が $f(a)$ に収束すること，すなわち，

$$\lim_{x \to a} f(x) = f(a)$$

を満たすとき，$f(x)$ は $x = a$ で**連続**であるという．これは，

$$\lim_{x \to a} |f(x) - f(a)| = 0$$

が成り立つことを意味する．また，x を右側から a に近づけていくときの連続性と左側から a に近づけていくときの連続性は，それぞれ

$$\lim_{x \to a+} |f(x) - f(a)| = 0, \quad \lim_{x \to a-} |f(x) - f(a)| = 0$$

のように書けて，**右連続**，**左連続**と呼ぶ．右連続と左連続の両方が成り立つときには連続になる．

公式 1.7 より，次の公式が得られる．

公式 1.11　連続性の条件

適当な正の定数 c, d があって，$|x-a| < d$ を満たすすべての x に対して，

$$|f(x) - f(a)| < c|x-a|$$

なる不等式が成り立てば，$f(x)$ は $x = a$ で連続となる．

例題 1.12　関数の連続性

次の関数は $x = 0$ で連続になるか．連続でない場合，右連続もしくは左連続になるか．

(1) $f(x) = \dfrac{|x|+1}{1-x^2}$　　(2) $f(x) = \begin{cases} \sqrt{|x|}+1 & (x < 0) \\ x^2 & (x \geq 0) \end{cases}$

解説　2つの関数のグラフを描いたものが図1.7である．

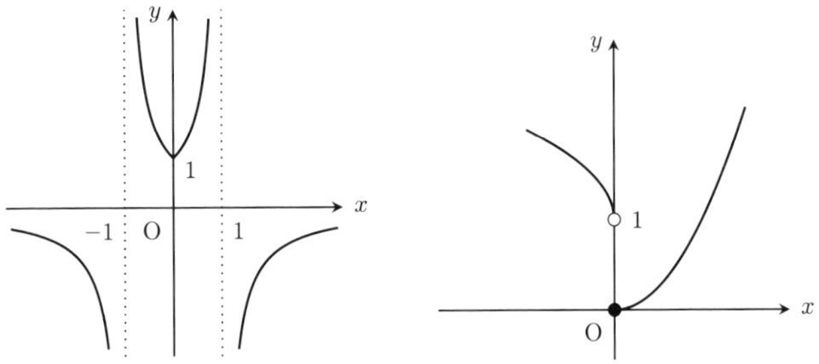

図 1.7　関数のグラフ，（左）$f(x) = \dfrac{|x|+1}{1-x^2}$，（右）$f(x) = \begin{cases} \sqrt{|x|}+1 & (x < 0) \\ x^2 & (x \geq 0) \end{cases}$

(1) $f(0) = 1$ であるから，$-1/2 < x < 1/2$ に対して，

$$|f(x)-1| = \frac{|x|+1}{1-x^2} - 1 = \frac{|x|+x^2}{1-x^2} \leq \frac{1+1/2}{1-1/4}|x| = 2|x|$$

と書けるので，公式1.11より $x = 0$ で連続になる．

(2) $x > 0$ として右側から0に近づけると，$f(0) = 0$ より，

$$\lim_{x \to 0+} |x^2 - 0| = \lim_{x \to 0+} x^2 = 0$$

となるので $x = 0$ で右連続である．一方，$x < 0$ として左側から0に近づけると，

$$\lim_{x \to 0-} |\sqrt{|x|} + 1 - 0| = \lim_{x \to 0-} (\sqrt{-x} + 1) = 1$$

となるので $x = 0$ で左連続でない．

1.4　微分係数と導関数

関数 $f(x)$ の点 a での傾きは，$x \to a$ とするときの極限値

$$\lim_{x \to a} \frac{f(x) - f(a)}{x - a} = f'(a)$$

で与えることができる．この極限値が存在するとき，$f(x)$ は $x = a$ で**微分可能**であるといい，$f'(a)$ を f の $x = a$ での**微分係数**と呼ぶ．

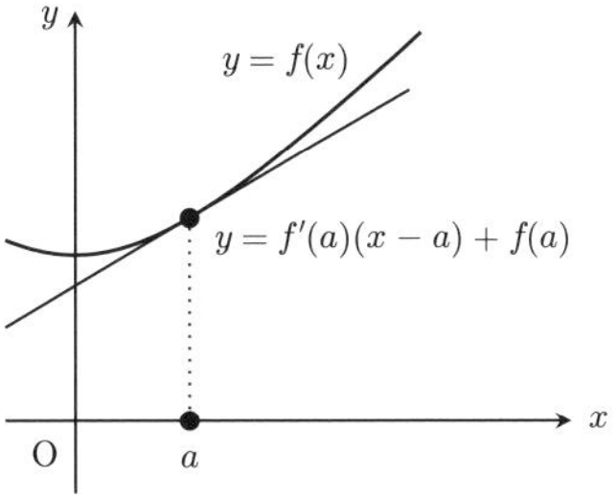

例題 1.13　関数の微分可能性

次の関数は $x = 0$ で微分可能であるか．微分可能であれば微分係数を求めよ．

(1) $f(x) = \sqrt{1 + x^2}$　　　(2) $f(x) = |x|$

解説　2 つの関数のグラフを描いたものが図 1.8 である．

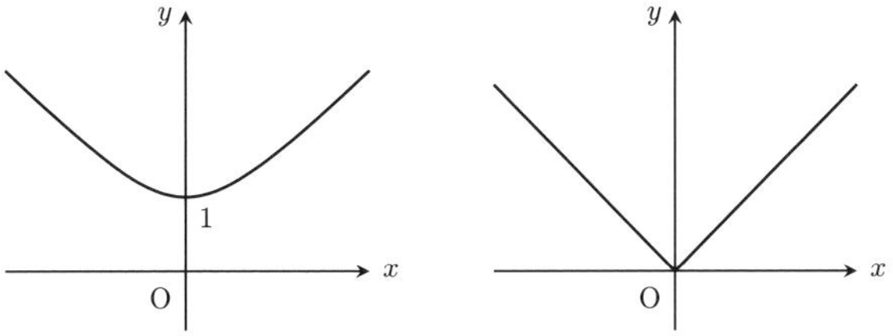

図 1.8　関数のグラフ，（左）$f(x) = \sqrt{1 + x^2}$，（右）$f(x) = |x|$

(1) $f(0) = 1$ より，

$$\frac{f(x) - 1}{x} = \frac{(\sqrt{1 + x^2} - 1)(\sqrt{1 + x^2} + 1)}{x(\sqrt{1 + x^2} + 1)} = \frac{x}{\sqrt{1 + x^2} + 1}$$

と書けるので，

$$\lim_{x \to 0} \frac{f(x) - 1}{x} = \lim_{x \to 0} \frac{x}{\sqrt{1 + x^2} + 1} = 0$$

となる．したがって，$f(x)$ は $x = 0$ で微分可能で，微分係数は $f'(0) = 0$ になる．

(2) $f(0)=0$ より，右極限値は，

$$\lim_{x\to 0+}\frac{|x|-0}{x}=\lim_{x\to 0+}1=1$$

となる．一方，左極限値は，

$$\lim_{x\to 0-}\frac{|x|-0}{x}=\lim_{x\to 0-}(-1)=-1$$

となる．2つの極限値が一致しないので，$x=0$ で微分可能でない．

関数 $f(x)$ が $x=a$ で微分可能であるとき，$x\to a$ とすると，

$$|f(x)-f(a)|=\left|\frac{f(x)-f(a)}{x-a}\right|\times|x-a|\to|f'(a)|\times 0=0$$

となることから，次の公式が成り立つ．

公式 1.14 微分可能性と連続性

関数 $f(x)$ が $x=a$ で微分可能であるならば，$f(x)$ は $x=a$ で連続である．

点 x から微分係数の値への関数は，

$$\lim_{h\to 0}\frac{f(x+h)-f(x)}{h}=f'(x) \tag{1.3}$$

として与えることができる．その極限値 $f'(x)$ を f の**導関数**と呼ぶ．

例題 1.15 導関数

次の導関数を求めよ．

(1) $f(x)=x^n \quad (x>0,\ n\in\mathbb{N})$　　(2) $f(x)=\dfrac{1}{\sqrt{1+x}} \quad (x>0)$

解説

(1) 2項定理より，

$$
\begin{aligned}
(x+h)^n &= {}_nC_0x^n + {}_nC_1x^{n-1}h + {}_nC_2x^{n-2}h^2 \\
&\qquad + \cdots + {}_nC_{n-1}xh^{n-1} + {}_nC_nh^n \\
&= x^n + nhx^{n-1} + \frac{n(n-1)}{2}h^2x^{n-2} + \cdots + nh^{n-1}x + h^n
\end{aligned}
$$

と書けるので,

$$
\begin{aligned}
\frac{f(x+h)-f(x)}{h} &= \frac{(x+h)^n - x^n}{h} \\
&= nx^{n-1} + \frac{n(n-1)}{2}hx^{n-2} + \cdots + nh^{n-2}x + h^{n-1}
\end{aligned}
$$

と表される. したがって, $f(x)$ の導関数は次のようになる.

$$
f'(x) = \lim_{h\to 0}\frac{f(x+h)-f(x)}{h} = nx^{n-1}
$$

(2)

$$
\begin{aligned}
&\frac{1}{\sqrt{1+x+h}} - \frac{1}{\sqrt{1+x}} \\
&= \frac{\sqrt{1+x} - \sqrt{1+x+h}}{\sqrt{1+x}\sqrt{1+x+h}} \\
&= -\frac{h}{\sqrt{1+x}\sqrt{1+x+h}\left(\sqrt{1+x}+\sqrt{1+x+h}\right)}
\end{aligned}
$$

と書けるので, 次のようになる.

$$
f'(x) = \lim_{h\to 0}\frac{f(x+h)-f(x)}{h} = -\frac{1}{2(1+x)^{3/2}}
$$

公式 1.16　導関数の公式

関数 $f(x)$, $g(x)$ が導関数 $f'(x)$, $g'(x)$ をもつとき, 次の公式が成り立つ.

(1) $\{cf(x)\}' = cf'(x)$ （c は定数）

(2) $\{f(x)+g(x)\}' = f'(x) + g'(x)$

(3) $\{f(x)g(x)\}' = f'(x)g(x) + f(x)g'(x)$

(4) $\left\{\dfrac{1}{g(x)}\right\}' = -\dfrac{g'(x)}{\{g(x)\}^2}$

(5) $\left\{\dfrac{f(x)}{g(x)}\right\}' = \dfrac{f'(x)g(x) - f(x)g'(x)}{\{g(x)\}^2}$

証明 (1) と (2) は明らかである.

(3) $\{f(x)g(x)\}'$

$$
\begin{aligned}
&= \lim_{h\to 0} \frac{f(x+h)g(x+h) - f(x)g(x)}{h} \\
&= \lim_{h\to 0} \frac{f(x+h)g(x+h) - f(x)g(x+h)}{h} \\
&\qquad\qquad + \lim_{h\to 0} \frac{f(x)g(x+h) - f(x)g(x)}{h} \\
&= \lim_{h\to 0} \frac{f(x+h) - f(x)}{h} \lim_{h\to 0} g(x+h) + f(x) \lim_{h\to 0} \frac{g(x+h) - g(x)}{h} \\
&= f'(x)g(x) + f(x)g'(x)
\end{aligned}
$$

(4) $$\left\{\frac{1}{g(x)}\right\}' = \lim_{h\to 0} \frac{1}{h}\left\{\frac{1}{g(x+h)} - \frac{1}{g(x)}\right\} = \lim_{h\to 0} \frac{g(x) - g(x+h)}{hg(x)g(x+h)}$$
$$= -\lim_{h\to 0} \frac{g(x+h) - g(x)}{h} \lim_{h\to 0} \frac{1}{g(x)g(x+h)} = -\frac{g'(x)}{\{g(x)\}^2}$$

(5) (3) と (4) より,

$$\left\{f(x)\frac{1}{g(x)}\right\}' = f'(x)\frac{1}{g(x)} + f(x)\left\{\frac{1}{g(x)}\right\}' = \frac{f'(x)}{g(x)} - \frac{f(x)g'(x)}{\{g(x)\}^2}$$

となるので, (5) の等式が得られる. ■

例題 1.17 導関数の計算

次の関数の導関数を求めよ.

(1) $f(x) = (x^2+1)(x-2)$ (2) $f(x) = \dfrac{4x-3}{x^2+1}$

解説 公式 1.16 を用いて計算する.

(1) $$f'(x) = (x^2+1)'(x-2) + (x^2+1)(x-2)'$$
$$= 2x(x-2) + (x^2+1) = 3x^2 - 4x + 1$$

(2) $$f'(x) = \frac{(4x-3)'(x^2+1)-(4x-3)(x^2+1)'}{(x^2+1)^2}$$
$$= \frac{4(x^2+1)-2x(4x-3)}{(x^2+1)^2} = -\frac{2(x-2)(2x+1)}{(x^2+1)^2}$$

導関数の定義式 (1.3) において，h を $h = (x+h) - x$ のように表すと，h は x の増分を表している．これを Δx で表す．また，$f(x+h) - f(x)$ は y の増分を表しており，これを Δy で表す．

関数 $f(x)$ が微分可能であるとき，$f'(x)\,\Delta x$ を x における増分 Δx に対する f の**微分**と呼び，dy で表す．すなわち，$dy = f'(x)\,\Delta x$ と書ける．とくに，$f(x) = x$ とおくと $dx = 1 \times \Delta x$ と書けるので，$dy = f'(x)\,dx$ と表すことができる．この両辺を dx で割ると，

$$\frac{dy}{dx} = f'(x) \tag{1.4}$$

と書ける．

(1.4) の左辺を

$$\frac{d}{dx}y = \frac{d}{dx}f(x)$$

と書いて，$f(x)$ を x に関して**微分する**という．$x = a$ での微分係数 $f'(a)$ は，

$$\left.\frac{d}{dx}f(x)\right|_{x=a} = f'(a)$$

のように書く．

$f'(x)$ をさらに x に関して微分すると，その導関数は，

$$f''(x) = \lim_{h\to 0}\frac{f'(x+h) - f'(x)}{h} = \frac{d}{dx}f'(x)$$

であり，これを

$$f''(x) = f^{(2)}(x) = \frac{d^2}{dx^2}f(x)$$

などと書いて，$f(x)$ の **2 次導関数**（**2 階微分**）と呼ぶ．2 次導関数が存在するとき，**2 回微分可能**であるという．

2階以上の微分を**高階微分**と呼ぶ．一般に，n 次導関数を

$$f^{(n)}(x) = \frac{d^n}{dx^n} f(x) = \frac{d^n f(x)}{dx^n}$$

のように表す．

例題 1.18　n 次導関数

次の関数の n 次導関数を求めよ．

(1) $f(x) = x^n \quad (x > 0)$　　　(2) $f(x) = \dfrac{x}{x+1}$

解説

(1) n は自然数であるから，$f'(x) = nx^{n-1}$，$f''(x) = n(n-1)x^{n-2}$ となる．この微分を繰り返していくと，$f^{(n)}(x) = n!$ となる．

(2) $f(x) = 1 - (x+1)^{-1}$ と変形できるので，$f'(x) = (x+1)^{-2}$，$f''(x) = -2(x+1)^{-3}$，$f^{(3)}(x) = 3!\,(x+1)^{-4}$ となり，次のように書ける．

$$f^{(n)}(x) = (-1)^{n+1} \frac{n!}{(x+1)^{n+1}}$$

1.5　合成関数と逆関数の微分

実数全体の集合 $\mathbb{R}$ の部分集合 D と E に対して，D 上の関数 f と E 上の関数 g を考える．g と f の**合成関数**を $(g \circ f)(x) = g(f(x))$ で定義する．

公式 1.19　合成関数の微分

f と g が微分可能であるとき，合成関数 $g \circ f$ の導関数は次のようになる．

$$\Big\{g(f(x))\Big\}' = g'(f(x))\, f'(x) \tag{1.5}$$

証明　$\Delta y = f(x + \Delta x) - f(x)$ とおくと，$\Delta x \to 0$ のとき $\Delta y \to 0$ になる．$f(x + \Delta x) = f(x) + \Delta y$ より，

$$\frac{g(f(x+\Delta x))-g(f(x))}{\Delta x}=\frac{g(f(x)+\Delta y)-g(f(x))}{\Delta y}\frac{f(x+\Delta x)-f(x)}{\Delta x}$$
$$\to g'(f(x))\,f'(x)$$

と書き表すことができる．これより (1.5) が導かれる．■

公式 1.19 を

$$\frac{dz}{dx}=\frac{dz}{dy}\frac{dy}{dx}=z'y',\quad z'=\frac{dz}{dy},\quad y'=\frac{dy}{dx} \tag{1.6}$$

のように表すと，合成関数の微分を計算するとき便利である．これは，$\Delta z = g(f(x)+\Delta y)-g(f(x))$ とおくと，

$$\frac{\Delta z}{\Delta x}=\frac{\Delta z}{\Delta y}\frac{\Delta y}{\Delta x}$$

と書ける．$y=f(x)$, $z=g(y)$ はともに微分可能なので，(1.6) と表すことができる．

例題 1.20　導関数の計算

次の関数の導関数を求めよ．

(1) $h(x)=(x^2+x+1)^3$　　(2) $h(x)=\dfrac{(x-1)^4}{x^4}$

解説

(1) $z=y^3$, $y=x^2+x+1$ とおくと，$z'=3y^2$, $y'=2x+1$ であるから，(1.6) より次のようになる．

$$\frac{dz}{dx}=z'y'=3y^2(2x+1)=3(x^2+x+1)^2(2x+1)$$

(2) $z=y^4$, $y=(x-1)/x=1-1/x$ とおくと，$z'=4y^3$, $y'=1/x^2$ であるから，(1.6) より次のようになる．

$$\frac{dz}{dx}=z'y'=4y^3\frac{1}{x^2}=\frac{4(x-1)^3}{x^5}$$

関数 $f(x)$ の逆関数 $f^{-1}(x)$ は 1.1 節で定義されており，$f(x)$ が全単射であれ

ば逆関数が存在することになる．ここでは，逆関数 $f^{-1}(x)$ の導関数を $f(x)$ の導関数を用いて表すことを考える．

公式 1.21　逆関数の微分

関数 f が微分可能で逆関数 f^{-1} が存在するとき，この導関数は次のようになる．

$$\frac{d}{dx}f^{-1}(x) = \frac{1}{f'(f^{-1}(x))} \tag{1.7}$$

証明　$f(f^{-1}(x)) = x$ を満たすことに注意する．この両辺を x で微分すると，左辺は合成関数の微分になるので

$$f'(f^{-1}(x))\frac{d}{dx}f^{-1}(x) = 1$$

となる．これより，逆関数の導関数 (1.7) が得られる．■

$y = f(x)$ が微分可能なので，

$$\frac{dy}{dx} = \frac{1}{\dfrac{dx}{dy}} \quad \text{もしくは} \quad \frac{dx}{dy} = \frac{1}{\dfrac{dy}{dx}} \tag{1.8}$$

のように表すことができる．この式を利用して逆関数の導関数を求めると便利である．

例題 1.22　逆関数の微分の計算

自然数 n と正の実数 x に対して，関数 $f(x) = x^n$ の逆関数 $f^{-1}(x) = x^{1/n}$ を考える．この逆関数の導関数を公式 1.21 を用いて求めよ．

解説　$y = x^n$ とおくと，$x = y^{1/n}$ と書ける．x と y を交換すると，$x = y^n = f(y)$, $y = x^{1/n} = f^{-1}(x)$ と表されることになる．$f'(y) = ny^{n-1}$ であるから，公式 1.21 より次のようになる．

$$\frac{d}{dx}f^{-1}(x) = \frac{1}{f'(f^{-1}(x))} = \frac{1}{n(x^{1/n})^{n-1}} = \frac{1}{nx^{(n-1)/n}}$$

これを (1.8) から直接求めてみると，$y = x^n$ より $\dfrac{dy}{dx} = nx^{n-1}$ なので，逆

関数の微分は，$x = y^{1/n}$ より，

$$\frac{dx}{dy} = \frac{1}{\frac{dy}{dx}} = \frac{1}{nx^{n-1}} = \frac{1}{n(y^{1/n})^{n-1}} = \frac{1}{ny^{(n-1)/n}}$$

と書ける．最後に x と y を交換すればよい．

1.6　指数関数と対数関数の微分

a を $a \neq 1$ なる正の実数とし，$\mathbb{R}$ 上で定義される関数 $f(x) = a^x$ を**指数関数**と呼ぶ．指数関数については，任意の $x, y \in \mathbb{R}$ と正の実数 b に対して，

$$a^x a^y = a^{x+y}, \quad (a^x)^y = a^{xy}, \quad (ab)^x = a^x b^x$$

が成り立つ．これを**指数法則**と呼ぶ．指数法則の証明は，x と y が整数のときには容易に確かめられ，それを有理数や無理数に拡張することでなされるが，ここでは指数法則が成り立つことを前提として説明する．$a^x a^0 = a^{x+0} = a^x$ より $a^0 = 1$ となる．$f(x) = a^x$ の逆関数を

$$f^{-1}(x) = \log_a x$$

と書いて，**底**が a の**対数関数**と呼ぶ．

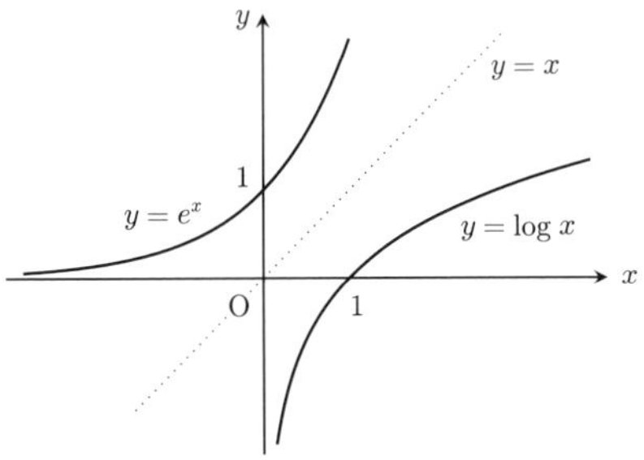

ここで，$t \to 0$ のとき $(1+t)^{1/t}$ はある値に近づくことが知られている．その値を e と書くと，

$$\lim_{t \to 0}(1+t)^{1/t} = e$$

が成り立つことになる．この e を**自然対数の底**もしくは**ネイピア数**と呼び，

$$e = 2.71828\cdots$$

で与えられる．指数関数と呼ぶとき，本書では主に $a = e$ の場合を扱うことが多い．$f(x) = e^x$ とするとき，$f^{-1}(x) = \log x = \ln x$ のように底の e を省略して書く．指数関数と対数関数のグラフは上の図で与えられる．

公式 1.23　対数関数の性質

対数関数について次の性質が成り立つ.

(1) $\log_a a = 1$, $\log_a 1 = 0$　　(2) $\log xy = \log x + \log y$

(3) $x^a = e^{a \log x}$, $\log x^a = a \log x$　　(4) $\log_a x = \dfrac{\log x}{\log a}$

証明

(1) $a^0 = 1$ より $\log_a 1 = 0$ となり, $a^1 = a$ より $\log_a a = 1$ となる.

(2) $x = a^u$, $y = a^v$ とおくと, 指数法則から $a^u a^v = a^{u+v}$ と表されるので, $u + v = \log_a a^u a^v$ と書ける. ここで, $u = \log_a x$, $v = \log_a y$ より, $\log_a x + \log_a y = \log_a xy$ が成り立つ.

(3) 関数と逆関数の関係から $x = e^{\log x}$ と表されるので, $x^a = e^{a \log x}$ となる. また, これを e を底とする対数に戻すと $\log x^a = a \log x$ と書ける.

(4) 関数と逆関数の関係から $x = a^{\log_a x}$ と表されるので, (3) より $\log x = \log a^{\log_a x} = (\log_a x) \log a$ となる. よって, $\log_a x = \log x / \log a$ が成り立つ. ■

公式 1.24　対数関数と指数関数の微分

$x, y \in \mathbb{R}$ とし $x > 0$ とするとき, 次が成り立つ.

$$(\log x)' = \frac{1}{x}, \quad (e^y)' = e^y$$

証明　導関数の定義により,

$$\frac{\log(x+h) - \log x}{h} = \frac{1}{h} \log\left(1 + \frac{h}{x}\right) = \frac{1}{xt} \log(1+t) = \frac{1}{x} \log(1+t)^{1/t}$$

と書ける. ただし, $t = h/x$ であり, $h \to 0$ のとき $t \to 0$ となることに注意する. $\lim_{t \to 0}(1+t)^{1/t} = e$ より,

$$\lim_{h \to 0} \frac{\log(x+h) - \log x}{h} = \frac{1}{x} \lim_{t \to 0} \log(1+t)^{1/t} = \frac{1}{x} \log e = \frac{1}{x}$$

となる.

また, $f(y) = e^y$ とおくと $\log f(y) = y$ と書ける. 両辺を y で微分すると,

左辺は合成関数の微分を用いて，

$$\{\log f(y)\}' = \frac{f'(y)}{f(y)}$$

となり，右辺は $(y)' = 1$ となる．よって，$f'(y)/f(y) = 1$ より $f'(y) = f(y) = e^y$ となる．■

公式 1.25　対数微分法

$f(x)$ が正の関数のとき，$\varphi(x) = \log f(x)$ とおく．$\varphi'(x) = \dfrac{f'(x)}{f(x)}$ と書けることから，$f'(x)$ は，

$$f'(x) = f(x)\varphi'(x)$$

のように表される．これを**対数微分法**と呼び，この方法を用いると計算が楽になる場合がある．

例題 1.26　対数微分法による計算

$x, y, a, b \in \mathbb{R}$ とし $a > 0, y > 0$ とするとき，次の等式を示せ．

(1) $\dfrac{d}{dx}a^x = (\log a)\, a^x$　　(2) $\dfrac{d}{dy}y^b = by^{b-1}$

解説

(1) $\varphi(x) = \log a^x = x \log a$ とおくと，$\varphi'(x) = \log a$ より，公式 1.25 を用いて次のようになる．

$$(a^x)' = (a^x)\ \log a = (\log a)\, a^x$$

(2) $\varphi(y) = \log y^b = b \log y$ とおくと，$\varphi'(y) = b/y$ より，公式 1.25 を用いて次のようになる．

$$(y^b)' = y^b \cdot \frac{b}{y} = by^{b-1}$$

基本問題

問1 次の関数は単射であるか．また，全射であるか．逆関数が存在する場合は逆関数を求めよ．

(1) $f(x) = x^2 - 2x + 1$，$f : [0, \infty) \to [0, \infty)$

(2) $f(x) = x^2 - 2x + 1$，$f : [1, \infty) \to [0, \infty)$

問2 次の集合の最大値と最小値，上限と下限について調べよ．

(1) $A = \{x \mid -1 < x \leq 1\} \cup \{2\}$　(2) $B = \{x^2 + x \mid -1 < x \leq 1\}$

(3) $C = \left\{ \dfrac{1}{n^2} - \dfrac{1}{n} + 1 \;\middle|\; n \in \mathbb{N} \right\}$　(4) $D = \left\{ (-1)^n \left(1 - \dfrac{1}{n}\right) \;\middle|\; n \in \mathbb{N} \right\}$

問3 次の極限値を求めよ．

(1) $\displaystyle\lim_{x \to 1} \frac{2x^2 + x - 3}{3x^2 + x - 4}$　(2) $\displaystyle\lim_{x \to \infty} (\sqrt{x^2 + x + 1} - x + 1)$

(3) $\displaystyle\lim_{x \to 0} \frac{\sqrt{1 + x} - \sqrt{1 - x}}{x}$　(4) $\displaystyle\lim_{x \to \infty} \left(1 + \frac{a}{x}\right)^x$　(a：定数)

問4 次の関数は $x = 0$ で連続になるか．また，右連続，左連続についても調べよ．

(1) $f(x) = I(x > 0)$
ただし，$I(A)$ は**指示関数**で，A が成り立つとき $I(A) = 1$，A が成り立たないとき $I(A) = 0$ とする．

(2) $f(x) = \lfloor x \rfloor$
ただし，$\lfloor x \rfloor$ は**ガウス記号**で，x を超えない最大の整数を意味する．

問5 次の関数の連続性を調べよ．

(1) $f(x) = |x|$　(2) $f(x) = \dfrac{x^2 - 2x + 1}{x^2 + x + 1}$

(3) $f(x) = \dfrac{x + 1}{x^2 - 3x + 2}$　(4) $f(x) = \begin{cases} 1 & (x = 0) \\ e^{1/x} & (x \neq 0) \end{cases}$

問6 次の関数は $x = 0$ で微分可能であるか．微分可能であれば微分係数を求めよ．

(1) $f(x) = |x|^3$　(2) $f(x) = I(x > 0)$

(3) $f(x) = \sqrt{|x|}$　(4) $f(x) = \sqrt{x^2 + x^4}$

問 7 次の関数の導関数を求めよ．

(1) $f(x) = \dfrac{1}{\sqrt{1+2x}}$ (2) $f(x) = \dfrac{1}{3x+1}$

(3) $f(x) = xe^{1/x}$ (4) $f(x) = \log(x + \sqrt{x^2+1}\,)$

(5) $f(x) = \dfrac{(x+2)^2}{(x+1)(x+3)^3}$ (6) $f(x) = \dfrac{\sqrt{x+2}}{(x+1)(x+3)^{1/3}}$

(7) $f(x) = x^x \quad (x > 0)$ (8) $f(x) = \dfrac{e^x - e^{-x}}{e^x + e^{-x}}$

問 8 次の関数の逆関数の導関数を求めよ．

(1) $f(x) = \dfrac{1}{x^3+1}$ (2) $f(x) = \dfrac{ax+b}{cx+d} \quad (ad - bc \neq 0)$

問 9 次の関数の n 次導関数を求めよ．

(1) $f(x) = \log \dfrac{x+1}{x-1} \quad (x > 1)$

(2) $f(x) = (x+1)\log(x+1) \quad (x > -1)$

問 10 関数 $f(x)$ が $f(-x) = f(x)$ を満たすとき**偶関数**であるといい，$f(-x) = -f(x)$ を満たすとき**奇関数**であるという．奇関数の導関数は偶関数になることを示せ．

問 11 $f(x) = e^{-x}$, $g(x) = x^2$ とするとき，次の合成関数は単射になるか．単射になる場合には，逆関数とその 2 次導関数を求めよ．

(1) $(f \circ g)(x)$ (2) $(g \circ f)(x)$

発展問題

問 12 （ライプニッツの公式） 関数 $f(x)$, $g(x)$ が n 回微分可能であるとき，次の等式を示せ．ただし，$f^{(0)}(x) = f(x)$, $g^{(0)}(x) = g(x)$ とする．

$$\Bigl\{f(x)g(x)\Bigr\}^{(n)} = \sum_{k=0}^{n} {}_nC_k f^{(n-k)}(x) g^{(k)}(x)$$

問 13 次の極限値は存在するか．

(1) $\displaystyle\lim_{x\to 0} \frac{|x|}{x}$ (2) $\displaystyle\lim_{x\to 0} \frac{e^{1/x}-1}{e^{1/x}+1}$

問 14 $f(x)$, $g(x)$ を連続な関数とするとき，次の関数は連続であるか.

(1) $|f(x)|$ (2) $\max\{f(x),\, g(x)\}$

問 15 連続な関数 $f(x)$ が，すべての $x \in \mathbb{R}$ に対して $f(x) = f\left(\dfrac{x}{3}\right)$ を満たすとする. このとき，$f(x)$ はどのような関数になるか.

問 16 次の関数の逆関数の導関数を求めよ.

(1) $f(x) = e^x - e^{-x}$ (2) $f(x) = \dfrac{e^x - e^{-x}}{e^x + e^{-x}}$

第2章

1変数関数のテイラー展開と極値問題

1変数関数の微分については，テイラー展開が一つの到達目標になる．テイラー展開を導くためには平均値の定理を利用する必要がある．そこで，平均値の定理とロピタルの定理から説明しテイラー展開を求める．テイラー展開を用いることによって，関数の接線の方程式を求めたり，関数の極大値や極小値を求めたりすることができる．

2.1　平均値の定理とロピタルの定理

連続関数の基本的な性質として，中間値の定理と最大値・最小値の存在定理が知られている．

公式 2.1　中間値の定理と最大値・最小値の存在定理

(1) **(中間値の定理)** 閉区間 $[a, b]$ 上の連続関数 $f(x)$ は，$f(a) \neq f(b)$ のとき，$f(a)$ と $f(b)$ の間の任意の k に対して，

$$k = f(c)$$

となる c が $a \leq c \leq b$ の範囲に少なくとも1つ存在する．

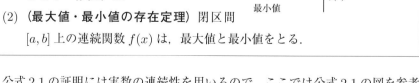

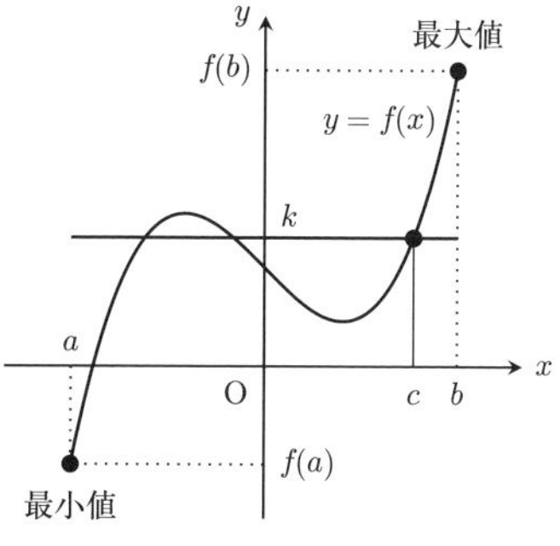

(2) **(最大値・最小値の存在定理)** 閉区間 $[a, b]$ 上の連続関数 $f(x)$ は，最大値と最小値をとる．

公式 2.1 の証明には実数の連続性を用いるので，ここでは公式 2.1 の図を参考に直感的に理解する程度に留める．これを用いると，次の平均値の定理が得られる．

公式 2.2 ロルの定理と平均値の定理

(1) **(ロルの定理)** 閉区間 $[a,b]$ 上の連続関数 $f(x)$ が，開区間 (a,b) において微分可能で，$f(a)=f(b)$ を満たすとき，

$$f'(c)=0$$

となる c が $a<c<b$ の範囲に存在する．

(2) **(平均値の定理)** 閉区間 $[a,b]$ 上の連続関数 $f(x)$ が開区間 (a,b) において微分可能ならば，

$$\frac{f(b)-f(a)}{b-a}=f'(c) \quad もしくは \quad f(b)=f(a)+f'(c)(b-a)$$

を満たす c が $a<c<b$ の範囲に存在する．

(3) 関数 $f(x)$ が点 $x=a$ のまわりで連続で微分可能であれば，0 に近い h に対して，

$$f(a+h)=f(a)+f'(a+\theta h)h \tag{2.1}$$

を満たす θ が $0<\theta<1$ の範囲に存在する．

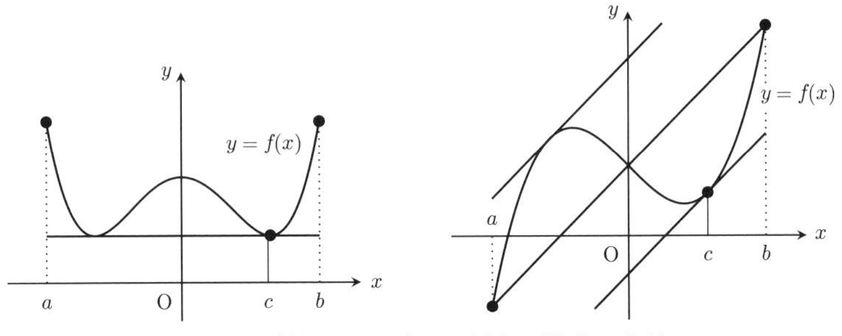

図 2.1 （左）ロルの定理，（右）平均値の定理

証明

(1) 最大値・最小値の存在定理より，$f(c_1)$ が最大値，$f(c_2)$ が最小値になる点 c_1, c_2 が閉区間 $[a,b]$ 上にとれる．c_1, c_2 が $[a,b]$ の両端にあるときには関数 $f(x)$ は定数となり，任意の $c\in(a,b)$ について $f'(c)=0$ となる．そこで，c_1 が両端の点ではないとする．このとき，任意の $x\in(a,b)$ に対して $f(c_1)\geq f(x)$ であるから，

$$\lim_{x \to c_1 -} \frac{f(x) - f(c_1)}{x - c_1} \geq 0, \quad \lim_{x \to c_1 +} \frac{f(x) - f(c_1)}{x - c_1} \leq 0$$

となり，$f'(c_1) = 0$ となる．

(2) $f(a) \neq f(b)$ の場合，$f(x)$ と 2 点 $(a, f(a)), (b, f(b))$ を通る直線との差を

$$F(x) = f(x) - \left\{ \frac{f(b) - f(a)}{b - a}(x - a) + f(a) \right\}$$

とおくと，$F(a) = F(b)$ となる．$F(x)$ は連続で微分可能なので，(1) のロルの定理を用いると，$F'(c) = 0$ となる $c \in (a, b)$ が存在する．したがって，

$$0 = F'(c) = f'(c) - \frac{f(b) - f(a)}{b - a}$$

となり，平均値の定理が示される．

(3) (2) の平均値の定理において，$b = a + h$, $c = a + \theta h$ とおけばよい．$a < c < b$ より θ は $0 < \theta < 1$ を満たす． ■

公式 2.3 コーシーの平均値の定理

閉区間 $[a, b]$ 上の連続関数 $f(x)$, $g(x)$ が開区間 (a, b) において微分可能であり，$g'(x) \neq 0$ ならば，

$$\frac{f(b) - f(a)}{g(b) - g(a)} = \frac{f'(c)}{g'(c)}$$

を満たす c が $a < c < b$ の範囲に存在する．

証明 $g(x)$ に平均値の定理を適用すると，

$$g(b) - g(a) = g'(c_1)(b - a)$$

となる $c_1 \in (a, b)$ がとれる．仮定より $g'(x) \neq 0$ であるから $g(b) - g(a) \neq 0$ となることがわかる．そこで，

$$\frac{f(b) - f(a)}{g(b) - g(a)} = K$$

とおくことができる．いま，

$$F(x) = f(x) - Kg(x)$$

とおくと，$F(a) = F(b)$ を満たすことがわかる．したがって，ロルの定理より，$F'(c) = 0$ となる $c \in (a, b)$ をとることができる．$F'(x) = f'(x) - Kg'(x)$ より，$f'(c) - Kg'(c) = 0$ となるので次のように書ける．

$$K = \frac{f(b) - f(a)}{g(b) - g(a)} = \frac{f'(c)}{g'(c)}$$ ■

$x \to a$ のとき関数 $f(x)$, $g(x)$ がともに 0 に近づくとき，$f(x)/g(x)$ は 0/0 という不定形に近づくことになる．この場合の極限値を求めるのに役立つのがロピタルの定理である．

公式 2.4　ロピタルの定理

$x = a$ を含む区間で連続な関数 $f(x)$, $g(x)$ が微分可能であり，$f(a) = 0$, $g(a) = 0$ となるとき，$\displaystyle\lim_{x \to a} \frac{f'(x)}{g'(x)}$ が存在するならば次が成り立つ．

$$\lim_{x \to a} \frac{f(x)}{g(x)} = \lim_{x \to a} \frac{f'(x)}{g'(x)}$$

証明　x を a に右側から近づける場合を考えると，$f(a) = g(a) = 0$ より，

$$\frac{f(a+h)}{g(a+h)} = \frac{f(a+h) - f(a)}{g(a+h) - g(a)}$$

と書ける．ここで，$h > 0$ に対して公式 2.3 のコーシーの平均値の定理を用いると，

$$\frac{f(a+h) - f(a)}{g(a+h) - g(a)} = \frac{f'(a+\theta h)}{g'(a+\theta h)}$$

となる θ が $0 < \theta < 1$ の範囲に存在する．したがって，

$$\lim_{x \to a+} \frac{f(x)}{g(x)} = \lim_{h \to 0+} \frac{f(a+h)}{g(a+h)} = \lim_{h \to 0+} \frac{f'(a+\theta h)}{g'(a+\theta h)} = \lim_{x \to a+} \frac{f'(x)}{g'(x)}$$

となる．x を左側から a に近づけても同様に成り立つ． ■

極限値の比が 0/0 や ∞/∞ となるような不定形になるのは，$\displaystyle\lim_{x \to a} f(x) = \infty$,

$\lim_{x\to a} g(x) = \infty$ の場合や，$x \to \infty$ のとき $f(x)$, $g(x)$ がともに 0 や ∞ に近づく場合も考えられる．いずれの場合もロピタルの定理と同様な定理が成り立つ．

例題 2.5　ロピタルの定理の応用

次の関数の極限値を求めよ．

(1) $\lim_{x\to 0} \dfrac{\log(1+x)}{x}$　　(2) $\lim_{x\to\infty} \dfrac{x^n}{e^x}$　$(n \in \mathbb{N})$

解説

(1) $x \to 0$ のとき分子分母ともに 0 に近づくので，ロピタルの定理を用いて極限値を求める．分子分母をそれぞれ微分して極限をとると次のようになる．

$$\lim_{x\to 0} \frac{\log(1+x)}{x} = \lim_{x\to 0} \frac{1/(1+x)}{1} = \lim_{x\to 0} \frac{1}{1+x} = 1$$

(2) $x \to \infty$ のとき分子分母ともに発散するので，ロピタルの定理を用いる．分子分母をそれぞれ n 回微分すると次のようになる．

$$\lim_{x\to\infty} \frac{x^n}{e^x} = \lim_{x\to\infty} \frac{nx^{n-1}}{e^x} = \cdots = \lim_{x\to\infty} \frac{n!}{e^x} = 0$$

ここで無限小という用語を説明する．一般に，$x \to a$ のとき関数 $f(x)$ が 0 に収束するとき，$f(x)$ は $x \to a$ で**無限小**であるという．$f(x)$ と $g(x)$ がともに無限小であるとき，2 つの関数が 0 に近づく速さを比較する．2 つの関数の比の極限値が，

$$\lim_{x\to a} \frac{f(x)}{g(x)} = 0$$

であるとき，$f(x)$ は $g(x)$ より**高位の無限小**（**無視できる無限小**）と呼び，$f(x) = o(g(x))$ と書く．

$$\lim_{x\to a} \frac{f(x)}{g(x)} = c \neq 0$$

のときには，$f(x)$ と $g(x)$ は**同位の無限小**であるといい，$f(x) \sim cg(x)$ と書く．また，$x = a$ のまわりで $|f(x)/g(x)|$ が有界であるとき，$f(x)$ は $g(x)$ で**押さえられる無限小**と呼び，$f(x) = O(g(x))$ と書く．o, O は**ランダウの記号**と呼ば

れ，スモールオー，ラージオーと読む．ロピタルの定理を用いると，無限小の種類を調べることができる．

例題 2.6　無限小

次を示せ．

(1) $x^2 = o(x) \quad (x \to 0)$　　(2) $\log(1+x) \sim x \quad (x \to 0)$

解説

(1) $\displaystyle\lim_{x\to 0}\frac{x^2}{x} = \lim_{x\to 0} x = 0$ となるので $x^2 = o(x)$ が示される．

(2) ロピタルの定理より，

$$\lim_{x\to 0}\frac{\log(1+x)}{x} = \lim_{x\to 0}\frac{1}{1+x} = 1$$

となるので，$x \to 0$ のとき $\log(1+x)$ は x と同位の無限小になる．

2.2　関数のテイラー展開

公式 2.2 (3) において，$x = a + h$ とおくと等式 (2.1) は，

$$f(x) = f(a) + f'(a + \theta_1(x-a))(x-a) \tag{2.2}$$

と表すことができる．ただし，θ_1 は $0 < \theta_1 < 1$ を満たす．

これをさらに展開して，$(x-a)^2$ の項まで表すことを考える．そこで，

$$g(t) = f(t) + f'(t)(x-t) + K(x-t)^2$$

とおき，$g(a) = f(x)$ を満たすように K を定めると，K は，

$$K = \frac{f(x) - \{f(a) + f'(a)(x-a)\}}{(x-a)^2}$$

で与えられる．このとき，$g(x) = g(a) = f(x)$ となるので，$g(t)$ の導関数が連続ならば，平均値の定理より $g'(c) = 0$ となる c が x と a の間に存在する．

$$g'(t) = f'(t) + f''(t)(x-t) - f'(t) - 2K(x-t) = \{f''(t) - 2K\}(x-t)$$

であるから，$g'(c) = 0$ より $K = f''(c)/2$ が得られる．すなわち，

$$K = \frac{f(x) - \{f(a) + f'(a)(x-a)\}}{(x-a)^2} = \frac{f''(c)}{2}$$

が成り立つ．よって，

$$f(x) = f(a) + f'(a)(x-a) + \frac{f''(c)}{2}(x-a)^2$$

と書けることがわかる．$c = a + \theta(x-a)$ $(0 < \theta < 1)$ と表すと，次の公式が得られる．

公式 2.7　2 次のテイラー展開

関数 $f(x)$ の 2 次導関数が連続であると仮定する．これを **2 回連続微分可能**（**$\mathbf{C^2}$-級関数**）という．このとき，

$$f(x) = f(a) + f'(a)(x-a) + \frac{1}{2}f''(a + \theta(x-a))(x-a)^2 \qquad (2.3)$$

となる $0 < \theta < 1$ がとれる．

$$R_2(x) = \frac{1}{2}f''(a + \theta(x-a))(x-a)^2$$

を**剰余項**と呼ぶ．

例題 2.8　テイラー展開を用いた不等式

公式 2.7 を用いて次の不等式を示せ．ただし，(1) では $a \in \mathbb{R}$ とする．

(1) $e^x \geq e^a(x - a + 1)$　　(2) $x \log x \geq x - 1$　$(x > 0)$

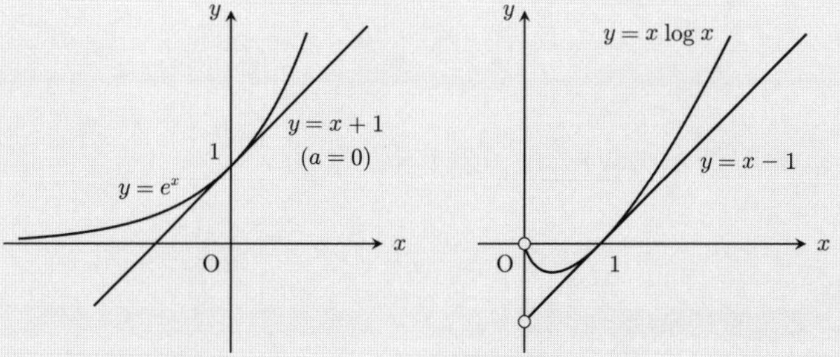

図 2.2　（左）$e^x \geq x + 1$，（右）$x \log x \geq x - 1$

解説

(1) $f(x) = e^x$ とおくと $f'(x) = f''(x) = e^x$ であるから，(2.3) にあてはめると，ある $\theta \in (0,1)$ が存在して，

$$e^x = e^a + e^a(x-a) + \frac{e^{a+\theta(x-a)}}{2}(x-a)^2$$

となる．剰余項は非負であるので，不等式 $e^x \geq e^a(x-a+1)$ が得られる．

(2) $f(x) = x\log x$ とおくと $f'(x) = 1 + \log x$, $f''(x) = 1/x$ であるから，$a > 0$ に対して (2.3) にあてはめると，

$$x\log x = a\log a + (1+\log a)(x-a) + \frac{1}{2\{a+\theta(x-a)\}}(x-a)^2$$

となる．$0 < \theta < 1$ より $a + \theta(x-a) = \theta x + (1-\theta)a > 0$ であるから，不等式

$$x\log x \geq a\log a + (1+\log a)(x-a)$$

が得られる．$a = 1$ とおくと不等式 $x\log x \geq x - 1$ が導かれる．

関数が n 回微分可能なときには，**テイラー展開**は n 次導関数を用いてさらに一般化される．

公式 2.9　n 次のテイラー展開

関数 $f(x)$ の n 次導関数が連続であると仮定する．これを **n 回連続微分可能**（**C^n-級関数**）という．このとき，$c_\theta = a + \theta(x-a)$ に対して，

$$f(x) = f(a) + f'(a)(x-a) + \frac{1}{2!}f''(a)(x-a)^2 + \cdots + \frac{f^{(n-1)}(a)}{(n-1)!}(x-a)^{n-1} + R_n(x) \tag{2.4}$$

となる θ が $0 < \theta < 1$ の範囲に存在する．ただし，

$$R_n(x) = \frac{f^{(n)}(c_\theta)}{n!}(x-a)^n$$

であり，これを**剰余項**と呼ぶ．

証明 まず,

$$g(t) = f(t) + f'(t)(x-t) + \cdots + \frac{f^{(n-1)}(t)}{(n-1)!}(x-t)^{n-1} + K(x-t)^n$$

とおき，$g(a) = f(x)$ を満たすように K を定めると，K は,

$$K = \frac{1}{(x-a)^n}\left[f(x) - \left\{f(a) + f'(a)(x-a) + \cdots + \frac{f^{(n-1)}(a)}{(n-1)!}(x-a)^{n-1}\right\}\right]$$

で与えられる．このとき，$g(x) = g(a) = f(x)$ となるので，$g(t)$ の導関数が連続ならば，平均値の定理より $g'(c) = 0$ となる c が x と a の間に存在する.

$$\begin{aligned} g'(t) &= f'(t) + f''(t)(x-t) - f'(t) - f''(t)(x-t) \\ &\quad + \cdots + \frac{f^{(n)}(t)}{(n-1)!}(x-t)^{n-1} - nK(x-t)^{n-1} \\ &= \left\{\frac{f^{(n)}(t)}{(n-1)!} - nK\right\}(x-t)^{n-1} \end{aligned}$$

であるから，$g'(c) = 0$ より $K = f^{(n)}(c)/n!$ が得られる．すなわち,

$$\begin{aligned} K &= \frac{1}{(x-a)^n}\left[f(x) - \left\{f(a) + f'(a)(x-a) + \cdots + \frac{f^{(n-1)}(a)}{(n-1)!}(x-a)^{n-1}\right\}\right] \\ &= \frac{f^{(n)}(c)}{n!} \end{aligned}$$

が成り立つ．よって，(2.4) のように書ける. ■

例題 2.10　テイラー展開を用いた不等式

$x > 0$ のとき，公式 2.9 を用いて次の不等式を示せ.

$$1 - x + \frac{x^2}{2} - \frac{x^3}{6} < e^{-x} < 1 - x + \frac{x^2}{2} \tag{2.5}$$

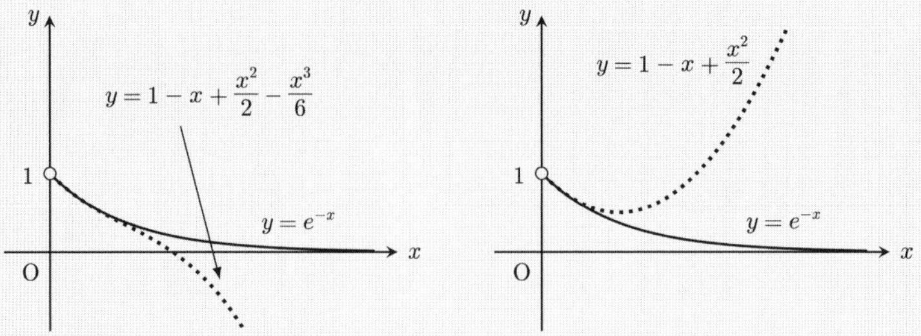

図 2.3 $y = e^{-x}$ についての不等式 (2.5) の様子を表すグラフ

解説 $f(x) = e^{-x}$ とおくと $f'(x) = f'''(x) = -e^{-x}$, $f''(x) = f^{(4)}(x) = e^{-x}$ であるから，$a = 0$ として (2.4) をあてはめると，

$$e^{-x} = 1 - x + \frac{x^2}{2} - \frac{e^{-\theta_1 x}}{3!}x^3 = 1 - x + \frac{x^2}{2} - \frac{x^3}{6} + \frac{e^{-\theta_2 x}}{4!}x^4$$

のように展開できる．ただし，θ_1, θ_2 は $0 < \theta_1 < 1$, $0 < \theta_2 < 1$ を満たす．$x > 0$ なので $x^3 > 0$ であることに注意すると，求める不等式が得られる．

不等式 (2.5) の様子をグラフに表したものが図 2.3 であり，$x = 0$ の近くでは精度の良い不等式になっているが，x が 0 から離れるにつれ $y = e^{-x}$ から離れていることがわかる．

(2.3) における剰余項は，$c_\theta = a + \theta(x - a)$ に対して，

$$R_2(x) = \frac{1}{2}f''(c_\theta)(x - a)^2$$

であり，これは $\lim_{x \to a} R_2(x)/(x - a) = 0$ となるので，ランダウの記号を使うと，

$$f(x) = f(a) + f'(a)(x - a) + o(x - a)$$

と表すことがきる．$o(x - a)$ は $x - a$ より無視できる無限小であり，剰余項を無視した式 $f(a) + f'(a)(x - a)$ を $f(x)$ の $x = a$ における **1 次近似**と呼ぶ．$y = f(a) + f'(a)(x - a)$ は $f(x)$ の $x = a$ における**接線**を表している．

公式 2.11　接線と法線

微分可能な関数 $y = f(x)$ 上の点 $(a, f(a))$ での接線の方程式は，

$$y - f(a) = f'(a)(x - a)$$

で与えられる．接線に直交する直線は**法線**と呼ばれる．点 $(a, f(a))$ を通る法線の方程式は次のようになる．（証明は基本問題の問 4）

$$y - f(a) = -\frac{1}{f'(a)}(x - a)$$

例題 2.12　接線と法線

曲線 $y = e^x$ 上の点 (a, e^a) における接線と法線の方程式を与えよ．

解説　$f(x) = e^x$ とおくと $f'(x) = e^x$ であるから，公式 2.11 より接線の方程式は，

$$y - e^a = e^a(x - a)$$

となり，法線の方程式は次のようになる．

$$y - e^a = -e^{-a}(x - a)$$

テイラー展開を 2 次の項までで表すと，

$$f(x) = f(a) + f'(a)(x - a) + \frac{f''(a)}{2}(x - a)^2 + o((x - a)^2) \qquad (2.6)$$

と書けて，$f(x)$ の $x = a$ における **2 次近似**が得られる．これは，次の節で関数の極値問題を扱うときに利用される．

2.3　関数の極大値・極小値

2 次近似を用いると**極大値・極小値**という極値問題を調べることができる．微分可能な関数 $f(x)$ の極値を与える候補は，

$$f'(a) = 0$$

の解として与えられる．この点 a が極大を与えるとは，a のまわりの任意の点 x に対して，

$$f(a) > f(x)$$

が成り立つことを意味する．2次近似式 (2.6) を用いると，

$$f(a) > f(a) + f'(a)(x-a) + \frac{f''(a)}{2}(x-a)^2 + o((x-a)^2)$$

と書けるが，$f'(a) = 0$ であるから，この不等式は，

$$\left\{\frac{f''(a)}{2} + o(1)\right\}(x-a)^2 < 0$$

のように表される．$o(1)$ は $x \to a$ のとき無視できる無限小なので，$f''(a) < 0$ ならば $f(a)$ が極大値になることがわかる．同様にして，$f''(a) > 0$ ならば $f(a)$ が極小値になる．

公式 2.13　極大値と極小値 (I)

点 a が $f'(a) = 0$ を満たすとする．

(1) $f''(a) > 0$ ならば $f(a)$ は極小値となる．

(2) $f''(a) < 0$ ならば $f(a)$ は極大値となる．

もし，$f'(a) = f''(a) = 0$ の場合はどうなるであろうか．その場合は，次の3次の展開まで調べると，

$$\begin{aligned} f(x) &= f(a) + f'(a)(x-a) + \frac{f''(a)}{2}(x-a)^2 + \frac{f^{(3)}(a)}{6}(x-a)^3 + o((x-a)^3) \\ &= f(a) + \left\{\frac{f^{(3)}(a)}{6} + o(1)\right\}(x-a)^3 \end{aligned}$$

となる．$(x-a)^3$ の符号は $-$ から $+$ へ変化するので，$f^{(3)}(a) \neq 0$ ときには，$f(a)$ は極値を与えないことがわかる．

さらに，$f^{(3)}(a) = 0$ の場合，次の4次までの展開を取り上げ，$f'(a) = f''(a) = f^{(3)}(a) = 0$ に注意すると，

$$f(x) = f(a) + \left\{ \frac{f^{(4)}(a)}{24} + o(1) \right\} (x-a)^4$$

と書ける．これより，$f^{(4)}(a) > 0$ なら極小，$f^{(4)}(a) < 0$ なら極大となることがわかる．

公式 2.14　極大値と極小値 (II)

$f'(a) = f''(a) = \cdots = f^{(n-1)}(a) = 0$ とし，$f^{(n)}(a) \neq 0$ とする．

(1) n が偶数のときには，$f(x)$ は $x = a$ で極値をとり，$f^{(n)}(a) > 0$ ならば極小，$f^{(n)}(a) < 0$ ならば極大と判定される．

(2) n が奇数のときには，$f(x)$ は $x = a$ で極値をとらない．$f^{(n)}(a) > 0$ ならば増加の状況，$f^{(n)}(a) < 0$ ならば減少の状況であると判定される．

例題 2.15　極値の判定

次の関数の極値を求めよ．

(1) $f(x) = \dfrac{x}{1+x^2}$　　　(2) $f(x) = (x+1)^2 e^{-x}$

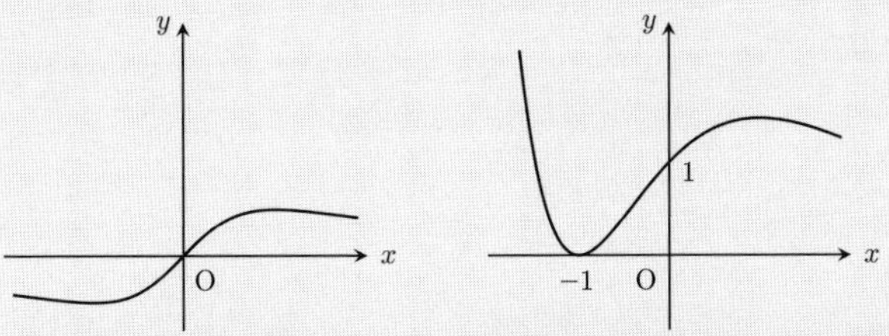

図 2.4　関数のグラフ．（左）$f(x) = \dfrac{x}{1+x^2}$，（右）$f(x) = (x+1)^2 e^{-x}$

解説

(1) $f'(x) = \dfrac{1-x^2}{(1+x^2)^2}$, $f''(x) = \dfrac{2x(x^2-3)}{(1+x^2)^3}$ より，$x = \pm 1$ が極値をとる候補になる．

- $f''(1) = -1/2 < 0$ より，$x = 1$ のとき極大値 $f(1) = 1/2$ をとる．
- $f''(-1) = 1/2 > 0$ より，$x = -1$ のとき極小値 $f(-1) = -1/2$ をとる．

(2) $f'(x) = (1-x^2)e^{-x}$, $f''(x) = (x^2-2x-1)e^{-x}$ より，$x = \pm 1$ が極値をと

る候補になる.

- $f''(1) = -2e^{-1} < 0$ より，$x = 1$ のとき極大値 $f(1) = 4e^{-1}$ をとる.
- $f''(-1) = 2e > 0$ より，$x = -1$ のとき極小値 $f(-1) = 0$ をとる.

2次導関数は関数の凸性と関連している．開区間 (a, b) 上の関数 $f(x)$ が**凸関数**であるとは，(a, b) 上の任意の点 x, y と $0 \leq w \leq 1$ なる任意の w に対して,

$$f(wx + (1 - w)y) \leq wf(x) + (1 - w)f(y)$$

が成り立つことである．また，$-f(x)$ が凸関数であるとき，$f(x)$ は**凹関数**であるという.

公式 2.16 凸関数の条件

開区間 (a, b) 上の関数 $f(x)$ が2回連続微分可能であると仮定する．このとき，$f(x)$ が凸関数であることの必要十分条件は，(a, b) 上の任意の点 x に対して $f''(x) \geq 0$ であることである.（証明は発展問題の問 13 (a) $\Longleftrightarrow$ (c)).

例題 2.17 凸関数

次の関数は凸関数であるか.

(1) $f(x) = e^{-x}$　　(2) $f(x) = x \log x \quad (x > 0)$

解説

(1) $f'(x) = -e^{-x}$, $f''(x) = e^{-x} > 0$ より，凸関数である.

(2) $f'(x) = 1 + \log x$, $f''(x) = 1/x > 0$ より，凸関数である.

$f''(x) = 0$ となる点を**変曲点**と呼ぶ．この点は，凸の部分と凹の部分の境目の候補を与えている.

例題 2.18 変曲点と凸性

次の関数の凸性について調べよ.

(1) $f(x) = e^{-x^2/2}$　　(2) $f(x) = \dfrac{1}{1 + x^2}$

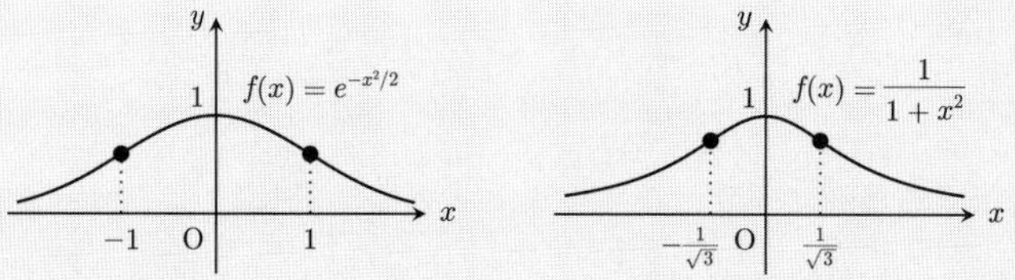

図 2.5　関数のグラフ，（左）$f(x) = e^{-x^2/2}$，（右）$f(x) = \dfrac{1}{1+x^2}$

解説

(1) $f'(x) = -xe^{-x^2/2}$, $f''(x) = (x^2-1)e^{-x^2/2}$ より，$x = \pm 1$ が変曲点であり，$-1 < x < 1$ の範囲で凹関数，それ以外の範囲で凸関数である．

(2) $f'(x) = \dfrac{-2x}{(1+x^2)^2}$, $f''(x) = \dfrac{2(3x^2-1)}{(1+x^2)^3}$ より，$x = \pm 1/\sqrt{3}$ が変曲点であり，$-1/\sqrt{3} < x < 1/\sqrt{3}$ の範囲で凹関数，それ以外の範囲で凸関数である．

2.4　マクローリン展開

テイラー展開において，とくに $a = 0$ のまわりでの展開を**マクローリン展開**と呼ぶ．

公式 2.19　マクローリン展開

関数 $f(x)$ が $x = 0$ の周辺で n 回連続微分可能であるとき，

$$f(x) = f(0) + f'(0)x + \frac{1}{2!}f''(0)x^2 + \cdots + \frac{f^{(n-1)}(0)}{(n-1)!}x^{n-1} + \frac{f^{(n)}(\theta x)}{n!}x^n$$

となる θ が $0 < \theta < 1$ の範囲に存在する．

マクローリン展開の剰余項は，$f^{(0)}(0)/0! = f(0)$ とおくと，

$$R_n(x) = \frac{f^{(n)}(\theta x)}{n!}x^n = f(x) - \sum_{k=0}^{n-1} \frac{f^{(k)}(0)}{k!}x^k$$

のように変形できるので，$0 < \theta < 1$ なるすべての θ に対して，

$$\lim_{n\to\infty} |R_n(x)| = \lim_{n\to\infty} \frac{|x|^n}{n!}|f^{(n)}(\theta x)| = 0$$

が成り立つときには，次の**無限マクローリン展開**が得られる．

$$f(x) = \sum_{n=0}^{\infty} \frac{f^{(n)}(0)}{n!}x^n$$

公式 2.20　階乗とべき乗の比較

次の収束が成り立つ．

$$\lim_{n\to\infty} \frac{|x|^n}{n!} = 0 \tag{2.7}$$

証明　自然数 N を $|x| \leq N$ を満たすようにとると，$n > N$ なる任意の自然数 n に対して，

$$\frac{x^n}{n!} = \frac{x}{1} \cdot \frac{x}{2} \cdots \frac{x}{N} \cdot \frac{x}{N+1} \cdots \frac{x}{n}$$

と書けるので，

$$\frac{|x|^n}{n!} \leq |x|^N \left(\frac{|x|}{N+1}\right)^{n-N}$$

と評価できる．N と x は固定されているので，$|x|/(N+1) < 1$ であることに注意すると，上の式の右辺は 0 に収束することがわかる． ■

(2.7) の収束を用いると，無限マクローリン展開が可能となる条件が得られる．

公式 2.21　無限マクローリン展開が可能となる条件

すべての自然数 n と $0 < \theta < 1$ なるすべての θ に対して，

$$|f^{(n)}(\theta x)| < M_x$$

となるような n に依存しない定数 M_x がとれるならば，$\lim_{n\to\infty}|R_n(x)| = 0$ となり，無限マクローリン展開が可能である．ただし，M_x は x に依存してもよい．

例題 2.22　無限マクローリン展開 (I)

指数関数 $f(x) = e^x$ の無限マクローリン展開を求めよ．

解説　$f^{(n)}(x) = e^x$ であるから，マクローリン展開の剰余項については，

$$|R_n(x)| = \left|\frac{f^{(n)}(\theta x)}{n!}x^n\right| \le \frac{|x|^n}{n!}e^{\theta x} \le \frac{|x|^n}{n!}e^{|x|}$$

と書ける．$M_x = e^{|x|}$ に対応するので，公式 2.21 より無限マクローリン展開は無条件で可能（任意の実数 x に対して可能）で，次のように表される．

$$f(x) = e^x = \sum_{n=0}^{\infty}\frac{x^n}{n!}$$

無限マクローリン展開は，一般に，

$$f(x) = \sum_{n=0}^{\infty}a_n x^n$$

の形で表される．これを**整級数**（**べき級数**）と呼ぶ．無限マクローリン展開の収束条件は整級数の収束条件から求めることもできる．ここでは整級数の収束条件として**ダランベールの判定法**を取り上げる．

公式 2.23　ダランベールの判定法

整級数 $f(x) = \sum_{n=0}^{\infty} a_n x^n$ に対して，

$$\lim_{n\to\infty}\left|\frac{a_{n+1}}{a_n}\right| = \frac{1}{r}$$

であるとき，$f(x)$ は $|x| < r$ において収束する．この r を**収束半径**と呼ぶ．

証明　仮定より，

$$\lim_{n\to\infty}\frac{|a_{n+1}||x|^{n+1}}{|a_n||x|^n}=\frac{|x|}{r}$$

となるので，$|x|<r$ なる x に対しては，ある自然数 N と $|x|/r<c<1$ となる実数 c が存在して，$n\geq N$ なるすべての n に対して，

$$|a_{n+1}||x|^{n+1}<c|a_n||x|^n$$

とできる．したがって，

$$|a_n||x|^n<c|a_{n-1}||x|^{n-1}<c^2|a_{n-2}||x|^{n-2}<\cdots<c^{n-N}|a_N||x|^N$$

と書けるので，

$$\sum_{n=N}^{\infty}|a_n||x|^n<\sum_{n=N}^{\infty}c^{n-N}|a_N||x|^N=\frac{1}{1-c}|a_N||x|^N$$

となる．したがって，$\sum_{n=0}^{m}|a_n||x|^n$ は m に関して単調に増加し上に有界なので，$\sum_{n=0}^{\infty}|a_n||x|^n$ は収束する．よって，

$$b_1=\sum_{n=0}^{\infty}\max\{0,a_nx^n\},\quad b_2=\sum_{n=0}^{\infty}\max\{0,-a_nx^n\}$$

とおくと，$b_1\geq 0,\ b_2\geq 0$ であり，$b_1,\ b_2$ は収束する．$\sum_{n=0}^{\infty}a_nx^n=b_1-b_2$ と書けるので，$\sum_{n=0}^{\infty}a_nx^n$ は収束する．■

公式2.23の証明の中で，実数に関する次の性質を使っていることに注意する．

「単調増加する数列 a_n が上に有界ならば，a_n は収束する．すなわち，
$a_1\leq a_2\leq a_3\leq\cdots$ であり，すべての n に対して $a_n<B$ となる
有限の値 B が存在すれば，$\lim_{n\to\infty}a_n=a$ となる a が存在する．」

これは次のようにして示すことができる．a_n 全体の集合を $A=\{a_n\mid n\in\mathbb{N}\}$ とすると，A は上に有界なので A の上限 $\sup(A)$ が存在する．この上限を a と

おくと，公式 1.5 (b) より，任意の $\varepsilon > 0$ に対して，$a - \varepsilon < a_N$ となる自然数 N が存在する．a_n は単調増加するので，$n \geq N$ を満たすすべての $n \in \mathbb{N}$ に対して $a_N \leq a_n$ であり，

$$a - \varepsilon < a_n$$

となる．a は A の上界の点なので，$a_n \leq a < a+\varepsilon$ と書ける．以上より，$a-\varepsilon < a_n < a + \varepsilon$，すなわち $|a_n - a| < \varepsilon$ と書ける．ε は任意に小さくできるので，a_n が a に収束することがわかる．

同様にして，

「単調減少する数列 a_n が下に有界ならば，a_n は収束する．」

という性質も成り立つ．

例題 2.24　無限マクローリン展開（II）

関数 $f(x) = \dfrac{1}{1-x}$ の無限マクローリン展開を求めよ．また，そのための条件を与えよ．

解説　$f(x)$ の導関数は，

$$f'(x) = \frac{1}{(1-x)^2},\ f''(x) = \frac{2}{(1-x)^3},\ \ldots,\ f^{(n)}(x) = \frac{n!}{(1-x)^{n+1}}$$

となるので，マクローリン展開の n 次の項は，

$$\frac{f^{(n)}(0)}{n!}x^n = x^n$$

と書ける．これは公式 2.23 において $a_n = 1$ に対応し $r = 1$ となるので，$|x| < 1$ のときに無限マクローリン展開が可能になり，

$$f(x) = \frac{1}{1-x} = \sum_{n=0}^{\infty} x^n$$

と表される．

別解として，マクローリン展開の剰余項を直接計算すると，

$$R_n(x) = \frac{1}{1-x} - \sum_{k=0}^{n-1} x^k = \frac{1}{1-x} - \frac{1-x^n}{1-x} = \frac{1}{1-x}x^n$$

と書けるので，$|x| < 1$ のとき剰余項が $\lim_{n\to\infty} R_n(x) = 0$ となることが確かめられる．

基本問題

問 1 次の関数の極限値を求めよ．

(1) $\lim_{x\to 0+} x^x$　　(2) $\lim_{x\to 0} \dfrac{e^x + e^{-x} - 2}{x^2}$

問 2 次を示せ．

(1) $\sqrt{1+x} - \sqrt{1-x} = O(x) \quad (x \to 0)$　　(2) $e^{x^2} - 1 = o(x) \quad (x \to 0)$

問 3 公式 2.9 を用いて次の不等式を示せ．

$$x - \frac{x^2}{2} < \log(1+x) < x - \frac{x^2}{2} + \frac{x^3}{3} \quad (x > 0)$$

問 4 公式 2.11 において，$y = f(x)$ 上の点 $(a, f(a))$ における法線の方程式が，

$$y - f(a) = -\frac{1}{f'(a)}(x - a)$$

で与えられている．これを導け．

問 5 次の関数 $y = f(x)$ について，点 $(x, y) = (a, f(a))$ での接線の方程式と法線の方程式を与えよ．

(1) $f(x) = x^n \quad (n \in \mathbb{N})$　　(2) $f(x) = \log x \quad (x > 0)$

問 6 次の関数の極値を求めよ．

(1) $f(x) = x - \log x - 1 \quad (x > 0)$　　(2) $f(x) = xe^{-x^2/2}$

問 7 次の関数は凸関数であるか．

(1) $f(x) = \log x \quad (x > 0)$　　(2) $f(x) = x^x \quad (x > 0)$

問 8 次の関数の凸性について調べよ．

(1) $f(x) = x^2 e^{-x}$　　(2) $f(x) = x^2 \log x \quad (x > 0)$

問 9 次の関数の無限マクローリン展開を求めよ．また，そのための条件を与えよ．

(1) $f(x) = \dfrac{1}{1+x}$　　(2) $f(x) = \log(1+x) \quad (x > -1)$

問 10 次の関数 $f(x)$ のマクローリン展開について，5 次多項式による近似式を与えよ．また，次の値の近似値を求めよ．

(1) $f(x) = e^x$ のマクローリン展開によりネイピア数 e の近似値

(2) $f(x) = \log(1+x) - \log(1-x)$ のマクローリン展開により $\log 2$ の近似値

(3) $f(x) = \sqrt{1+x}$ のマクローリン展開により $\sqrt{110}$ の近似値

発展問題

問 11 公式 2.7 では 2 次のテイラー展開の式が (2.3) で与えられている．次の関数の $x = a$ に関する 2 次のテイラー展開について，θ の具体的な値を求めよ．

(1) $f(x) = x^3$　　(2) $f(x) = e^x$

問 12 $f(x)$ を凸関数とし，$x < y < z$ を任意の実数とする．

(1) 凸関数の定義から次の不等式を導け．

$$\frac{f(y) - f(x)}{y - x} \leq \frac{f(z) - f(y)}{z - y}$$

(2) $f(x)$ が微分可能であるとき，任意の点 a に対して，

$$f(x) \geq f'(a)(x - a) + f(a)$$

が成り立つことを示せ．（このことは，接線がつねに凸関数の下に位置していることを意味する．）

問 13 凸関数について次の 3 つの条件は同値であることを示せ．

(a) $f(x)$ は凸関数である．

(b) $f(x)$ が微分可能な場合，任意の $x < y$ に対して $f'(x) \leq f'(y)$ が成り立つ．

(c) $f(x)$ が 2 回連続微分可能な場合，任意の x に対して $f''(x) \geq 0$ である．

Memo

第 3 章

2 変数関数の微分

本章では，これまで学んできた 1 変数関数の微分に関する事項を 2 変数に拡張することを考える．2 変数関数の極限値や連続性，偏微分，全微分，テイラー展開を学ぶ．また，2 変数関数の極大値・極小値，陰関数の定理とその応用である条件付き極値問題についても説明する．最後に，多変数関数の微分について述べる．

3.1　2 変数関数の極限値

3 つの変数 x, y, z があり，(x,y) に対して対応する z がただ 1 つ決まるとき，この対応関係を $z = f(x,y)$ と書いて，**2 変数関数**と呼ぶ．とくに，本書では $x \in \mathbb{R}$, $y \in \mathbb{R}$, $z \in \mathbb{R}$ の場合を扱う．このとき，$z = f(x,y)$ を 2 次元平面 $\mathbb{R} \times \mathbb{R} = \mathbb{R}^2$ 上の**実数値関数**と呼ぶ．

(x,y) が平面上の点 (a,b) と異なる値をとりながら (a,b) に限りなく近づくことを $(x,y) \to (a,b)$ で表す．$(x,y) \to (a,b)$ のとき，関数 $f(x,y)$ が実数 c に近づくことを

$$\lim_{(x,y)\to(a,b)} f(x,y) = c$$

と書いて，$f(x,y)$ は c に**収束する**といい，c を関数 f の $(x,y) = (a,b)$ における**極限値**と呼ぶ．この収束を示すには，次が成り立つことを示せばよい．

$$\lim_{(x,y)\to(a,b)} |f(x,y) - c| = 0$$

極限値を求める上で大事なポイントは，(x,y) を (a,b) にどのように近づけても極限値は c となって変わらないという点である．2 次元平面上の近づけ方には，y をとめて x を a に近づけてから y を b に近づける方法，x をとめて y を b に近づけてから x を a に近づける方法，渦を巻くように回転しながら (a,b) に近づける方法など様々存在する．こうした近づけ方に依存して極限値が異なる

場合は，2変数関数の極限値は存在しないことになる．「どのように近づけても」という言葉を数学的に記述すると，(x, y) と (a, b) との距離が0に近づくと表現できる．平面上の点 (x, y) と (a, b) の距離を

$$r = \sqrt{(x-a)^2 + (y-b)^2}$$

で表し，**ユークリッド距離**と呼ぶ．(x, y) が $r \to 0$ の意味で (a, b) に近づくにつれて $f(x, y)$ が c に近づくとき，c を $f(x, y)$ の**極限値**と呼ぶ．

θ を $0 \leq \theta < 2\pi$ として右の図のような角度とすると，

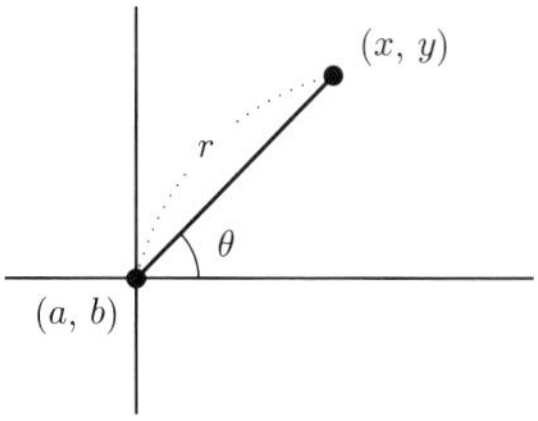

$$x - a = r\cos\theta, \quad y - b = r\sin\theta$$

のように表すことができる．(r, θ) を**極座標**と呼ぶ．このとき，$(x, y) \to (a, b)$ は $r \to 0$ の意味で近づけるので，$\displaystyle\lim_{(x,y)\to(a,b)} f(x, y) = c$ は，

$$\lim_{r\to 0} f(a + r\cos\theta,\, b + r\sin\theta) = c$$

のように表すことができる．

公式 3.1 収束の条件

適当な正の定数 d, K があって，$r \leq d$ なるすべての r とすべての θ に対して，次の不等式が成り立つとする．

$$|f(a + r\cos\theta,\, b + r\sin\theta) - c| < Kr$$

このとき，$\displaystyle\lim_{(x,y)\to(a,b)} f(x, y) = c$ となる．

例題 3.2 極限値

$(x, y) \to (0, 0)$ とするとき，次の関数は極限値をもつか．極限値があるときにはその値を求めよ．

(1) $f(x, y) = \dfrac{xy^2}{x^2 + y^2}$　　(2) $f(x, y) = \dfrac{x^2 - y}{x + y^2}$

解説

(1) $f(r\cos\theta, r\sin\theta) = r\cos\theta\sin^2\theta$ より，

$$|f(r\cos\theta, r\sin\theta) - 0| \leq r$$

と書けるので，公式 3.1 より極限値は 0 となる．

(2) $f(r\cos\theta, r\sin\theta) = \dfrac{r\cos^2\theta - \sin\theta}{\cos\theta + r\sin^2\theta} \to -\dfrac{\sin\theta}{\cos\theta}$ $(r \to 0)$ となり，極限値が θ に依存する．これは，極限値が近づける方向によって異なることを示しているので，極限値は存在しない．

2 変数関数 $f(x, y)$ が，

$$\lim_{(x,y)\to(a,b)} f(x, y) = f(a, b)$$

を満たすとき，f は $(x, y) = (a, b)$ で**連続**であるという．公式 3.1 より，適当な正の定数 d, K があって，$r \leq d$ を満たすすべての (x, y) に対して不等式

$$|f(x, y) - f(a, b)| < Kr$$

が成り立てば，f は $(x, y) = (a, b)$ で連続となることがわかる．

例題 3.3　連続

次の関数は $(x, y) = (0, 0)$ で連続になるか．

(1) $f(x, y) = x^2 - y^2$　　(2) $f(x, y) = \begin{cases} 0 & ((x, y) = (0, 0)) \\ \dfrac{xy}{x^2 + y^2} & ((x, y) \neq (0, 0)) \end{cases}$

解説

(1) $f(0, 0) = 0$ であり，

$$|f(r\cos\theta, r\sin\theta) - 0| = |r^2\cos^2\theta - r^2\sin^2\theta| \leq r^2$$

と書けるので，$(x, y) = (0, 0)$ で連続である．

(2) $(x, y) \neq (0, 0)$ のとき $f(r\cos\theta, r\sin\theta) = \cos\theta\sin\theta$ となる．θ が 0, $\pi/2$, π, $3\pi/2$ でないときには 0 にならないので，$(x, y) = (0, 0)$ で連続でない．

3.2 偏微分係数と偏導関数

2 変数関数 $f(x,y)$ について，$y=b$ を固定すると $f(x,b)$ は x に関する 1 変数関数になる．$x\to a$ とするときの微分係数を

$$f_x(a,b)=\lim_{x\to a}\frac{f(x,b)-f(a,b)}{x-a}$$

と書いて，f の (a,b) における x に関する**偏微分係数**と呼ぶ．y についても同様にして，偏微分係数

$$f_y(a,b)=\lim_{y\to b}\frac{f(a,y)-f(a,b)}{y-b}$$

が定義される．極限値 $f_x(a,b)$ が存在するとき，f は (a,b) で x について**偏微分可能**であるという．また，極限値 $f_y(a,b)$ が存在するとき，f は (a,b) で y について偏微分可能であるという．

例題 3.4　偏微分係数

次の関数は $(x,y)=(a,b)$ で偏微分可能であるか．偏微分可能であれば偏微分係数を求めよ．

(1) $f(x,y)=e^{xy}$　　(2) $f(x,y)=\begin{cases}0 & ((x,y)=(0,0))\\ \dfrac{xy}{x^2+y^2} & ((x,y)\neq(0,0))\end{cases}$

解説

(1) $f(x,b)=e^{bx}$ であり，$x\to a$ のとき $e^{b(x-a)}=1+b(x-a)+o(x-a)$ であるから，

$$\frac{e^{bx}-e^{ab}}{x-a}=\frac{e^{b(x-a)}-1}{x-a}e^{ab}=\frac{b(x-a)+o(x-a)}{x-a}e^{ab}\to be^{ab}$$

となり，x に関して偏微分可能で偏微分係数は $f_x(a,b)=be^{ab}$ となる．同様にして，y に関する偏微分係数は $f_y(a,b)=ae^{ab}$ となる．

(2) $f(x,b)=\dfrac{bx}{x^2+b^2}$ より，$x\to a$ のとき，

$$\frac{1}{x-a}\Big(\frac{bx}{x^2+b^2}-\frac{ab}{a^2+b^2}\Big)=-\frac{b(ax-b^2)}{(a^2+b^2)(x^2+b^2)}\to\frac{b(b^2-a^2)}{(a^2+b^2)^2}$$

となり，x について偏微分可能である．同様にして，y についても偏微分可能で，偏微分係数は $a(a^2-b^2)/(a^2+b^2)^2$ となる．

$(a,b)=(0,0)$ でも偏微分可能であるが，例題 3.3 で調べたように，この関数 $f(x,y)$ は $(0,0)$ で連続でない．1 次元のときには微分可能なら連続であったが，多次元のときには，偏微分可能でも必ずしも連続になるとは限らないことに注意する．

点 (x,y) から偏微分係数の値への関数

$$\lim_{h\to 0}\frac{f(x+h,\,y)-f(x,y)}{h}=f_x(x,y)$$

を f の x に関する**偏導関数**と呼ぶ．同様に，

$$\lim_{h\to 0}\frac{f(x,\,y+h)-f(x,y)}{h}=f_y(x,y)$$

を f の y に関する偏導関数と呼ぶ．$z=f(x,y)$ とおくとき，偏導関数を

$$f_x(x,y)=\frac{\partial}{\partial x}f(x,y)=z_x,\quad f_y(x,y)=\frac{\partial}{\partial y}f(x,y)=z_y$$

などの記号を用いて表す．

例題 3.5　偏導関数

次の偏導関数を求めよ．

(1) $f(x,y)=ax^2+bxy+cy^2$　　(2) $f(x,y)=\dfrac{y}{1+x}\quad (x>0)$

解説

(1) x に関する偏導関数を求めるには，y を固定した上で x について微分すればよいので，

$$f_x(x,y)=2ax+by$$

となる．同様にして，y に関する偏導関数は $f_y(x,y)=2cy+bx$ となる．

(2) 次のようになる．

$$f_x(x,y)=-\frac{y}{(1+x)^2},\quad f_y(x,y)=\frac{1}{1+x}$$

$f_x(x,y)$, $f_y(x,y)$ をさらに x で偏微分した関数を

$$f_{xx}(x,y)=\frac{\partial}{\partial x}f_x(x,y),\quad f_{yx}(x,y)=\frac{\partial}{\partial x}f_y(x,y)$$

と書き，y で偏微分した関数を

$$f_{xy}(x,y)=\frac{\partial}{\partial y}f_x(x,y),\quad f_{yy}(x,y)=\frac{\partial}{\partial y}f_y(x,y)$$

のように表し，**2階偏導関数**と呼ぶ．$z=f(x,y)$ に対して，

$$f_{xx}(x,y)=\frac{\partial^2}{\partial x^2}f(x,y)=z_{xx},\qquad f_{yx}(x,y)=\frac{\partial^2}{\partial x\partial y}f(x,y)=z_{yx}$$
$$f_{xy}(x,y)=\frac{\partial^2}{\partial y\partial x}f(x,y)=z_{xy},\quad f_{yy}(x,y)=\frac{\partial^2}{\partial y^2}f(x,y)=z_{yy}$$

などの記号が用いられる．

例題 3.6　2階偏導関数

次の2階偏導関数を求めよ．

(1) $f(x,y)=ax^2+bxy+cy^2$　　(2) $f(x,y)=\dfrac{y}{1+x}\quad (x>0)$

解説　例題3.5で求めた偏導関数をさらに偏微分すればよい．

(1) $f_{xx}(x,y)=2a$, $f_{xy}(x,y)=b$, $f_{yx}(x,y)=b$, $f_{yy}(x,y)=2c$ となる．

(2) 次のようになる．

$$f_{xx}(x,y)=\frac{2y}{(1+x)^3},\qquad f_{xy}(x,y)=-\frac{1}{(1+x)^2},$$
$$f_{yx}(x,y)=-\frac{1}{(1+x)^2},\quad f_{yy}(x,y)=0$$

例題3.6の計算から，$f_{xy}(x,y)=f_{yx}(x,y)$ が成り立つことがわかる．この等式は2階偏導関数が連続であれば成り立つことになる．

公式 3.7　2階偏導関数の性質

2階偏導関数 $f_{xx}(x,y)$, $f_{xy}(x,y)$, $f_{yx}(x,y)$, $f_{yy}(x,y)$ が存在して連続であるとき，

$$f_{xy}(x,y) = f_{yx}(x,y)$$

が成り立つ.

3.3 全微分

x と y をそれぞれ Δx, Δy だけ変化させたときの 2 変数関数 $z = f(x,y)$ の増分を Δz で表すと,

$$\Delta z = f(x + \Delta x,\, y + \Delta y) - f(x,y) \tag{3.1}$$

と書ける. $\rho = \sqrt{(\Delta x)^2 + (\Delta y)^2}$ に対して,

$$\Delta z = \frac{\partial z}{\partial x}\,\Delta x + \frac{\partial z}{\partial y}\,\Delta y + o(\rho) \tag{3.2}$$

と表されるとき, 関数 $f(x,y)$ は**全微分可能**であるという. 右辺の

$$\frac{\partial z}{\partial x}\,\Delta x + \frac{\partial z}{\partial y}\,\Delta y$$

を**主要項**と呼ぶ.

公式 3.8 全微分可能性の条件

偏導関数 $f_x(x,y)$, $f_y(x,y)$ が連続ならば, $f(x,y)$ は全微分可能である.

証明 (3.1) より Δz を

$$\begin{aligned}\Delta z = \{f(x + \Delta x,\, y + \Delta y) - f(x,\, y + \Delta y)\}\\ + \{f(x,\, y + \Delta y) - f(x,y)\}\end{aligned}$$

のように表し, 右辺のそれぞれの項に平均値の定理を適用すると,

$$\Delta z = f_x(x + \theta_1\,\Delta x,\, y + \Delta y)\,\Delta x + f_y(x,\, y + \theta_2\,\Delta y)\,\Delta y$$

となる θ_1 と θ_2 が区間 $(0,1)$ 上にとれる. ここで,

$$f_x(x+\theta_1\,\Delta x,\ y+\Delta y) - f_x(x,y) = R_1$$

$$f_y(x,\ y+\theta_2\,\Delta y) - f_y(x,y) = R_2$$

とおくと,

$$\Delta z = f_x(x,y)\,\Delta x + f_y(x,y)\,\Delta y + R_1\,\Delta x + R_2\,\Delta y$$

と書ける. $f_x(x,y)$, $f_y(x,y)$ の連続性より $\lim_{\rho\to 0} R_1 = 0$, $\lim_{\rho\to 0} R_2 = 0$ であることがわかる. $|\Delta x| \leq \rho$, $|\Delta y| \leq \rho$ であるから,

$$\lim_{\rho\to 0}\frac{|R_1\,\Delta x| + |R_2\,\Delta y|}{\rho} \leq \lim_{\rho\to 0}(|R_1| + |R_2|) = 0$$

となり, $f(x,y)$ が全微分可能であることが示される. ■

$f(x,y)$ が全微分可能であるとき, (3.2) の主要項を

$$dz = \frac{\partial z}{\partial x}\,dx + \frac{\partial z}{\partial y}\,dy \tag{3.3}$$

と表して, $f(x,y)$ の**全微分**と呼ぶ.

公式 3.9 接平面と法線の方程式

$z = f(x,y)$ が全微分可能であるとき, 点 $(x,y) = (a,b)$ における**接平面**の方程式は,

$$z = f(a,b) + f_x(a,b)(x-a) + f_y(a,b)(y-b)$$

で与えられる. 接平面に直交する直線は**法線**と呼ばれ, 点 (a,b) を通る法線の方程式は次で与えられる.

$$\frac{x-a}{f_x(a,b)} = \frac{y-b}{f_y(a,b)} = \frac{z-f(a,b)}{-1} \tag{3.4}$$

証明 点 $(x,y,z) = (a,\ b,\ f(a,b))$ を通る平面の方程式は, 一般に, 定数 A, B を用いて $z = f(a,b) + A(x-a) + B(y-b)$ と表される. 一方, $f(x,y)$ は全微分可能なので, $f(x,y) = f(a,b) + f_x(a,b)(x-a) + f_y(a,b)(y-b) + o(\rho)$ と書ける. 関数 $f(x,y)$ とその接平面は, (x,y) を (a,b) に近づけるときの傾きが一致するので,

$$\lim_{\rho\to 0}\frac{f(x,y)-\{f(a,b)+A(x-a)+B(y-b)\}}{\rho}$$
$$=\{f_x(a,b)-A\}\lim_{\rho\to 0}\frac{x-a}{\rho}+\{f_y(a,b)-B\}\lim_{\rho\to 0}\frac{y-b}{\rho}$$
$$=0$$

を満たす必要がある．よって，$A=f_x(a,b)$, $B=f_y(a,b)$ となり，接平面の方程式

$$z=f(a,b)+f_x(a,b)(x-a)+f_y(a,b)(y-b)$$

が得られる．

接平面の式を

$$f_x(a,b)(x-a)+f_y(a,b)(y-b)+(-1)(z-f(a,b))=0$$

と変形すると，2 つのベクトル

$$(f_x(a,b),\ f_y(a,b),\ -1)\quad と\quad (x-a,\ y-b,\ z-f(a,b))$$

の内積が 0 になる（すなわち，直交している）ことがわかる（7.1 節）．言い換えると，ベクトル $(f_x(a,b),\ f_y(a,b),\ -1)$ は接平面に直交している．法線は接平面に直交する直線なので，法線上の点 (x,y,z) は定数 c に対して，

$$(x-a,\ y-b,\ z-f(a,b))=c(f_x(a,b),\ f_y(a,b),\ -1)$$

を満たす必要がある．$x-a=cf_x(a,b)$, $y-b=cf_y(a,b)$, $z-f(a,b)=-c$ において c を消去すると (3.4) が得られる．■

例題 3.10　接平面と法線

$z=f(x,y)=x^2y$ について，次の点における接平面と法線の方程式を求めよ．

(1) $(x,y)=(1,1)$　　(2) $(x,y)=(-1,2)$

解説 $f_x(x,y)=2xy,\ f_y(x,y)=x^2$ に代入すればよい．

(1) 接平面の方程式は，$z=1+2(x-1)+(y-1)=2x+y-2$ となる．法線の方程式は，$x-1=2(y-1)=-2(z-1)$ となる．

(2) 接平面の方程式は，$z=2-4(x+1)+(y-2)=-4x+y-4$ となる．法線の方程式は，$x+1=-4(y-2)=4(z-2)$ となる．

3.4 合成関数の微分と偏微分

x と y が t の関数 $x(t),\ y(t)$ であるときには，$z=f(x,y)$ は t の関数となり，z を t で微分することが考えられる．この t を**媒介変数**と呼ぶ．

公式 3.11 合成関数の微分

$x=x(t),\ y=y(t)$ の場合，$z=f(x,y)$ の偏導関数 $f_x(x,y),\ f_y(x,y)$ が連続ならば，次の公式が成り立つ．

$$\frac{dz}{dt}=\frac{\partial z}{\partial x}\frac{dx}{dt}+\frac{\partial z}{\partial y}\frac{dy}{dt} \tag{3.5}$$

証明 t の増分 Δt に対する $x,\ y,\ z$ の増分を $\Delta x,\ \Delta y,\ \Delta z$ とする．公式 3.8 より $z=f(x,y)$ は全微分可能であるから，(3.2) より，

$$\Delta z=\frac{\partial z}{\partial x}\Delta x+\frac{\partial z}{\partial y}\Delta y+o(\rho)$$

と書ける．この両辺を Δt で割ると，

$$\frac{\Delta z}{\Delta t}=\frac{\partial z}{\partial x}\frac{\Delta x}{\Delta t}+\frac{\partial z}{\partial y}\frac{\Delta y}{\Delta t}+\frac{o(\rho)}{\Delta t} \tag{3.6}$$

と表される．$\rho=\sqrt{(\Delta x)^2+(\Delta y)^2}$ であるから，$\lim_{\Delta t\to 0}\rho=0,\ \lim_{\Delta t\to 0}o(\rho)/\rho=0$ であり，

$$\lim_{\Delta t\to 0}\frac{\rho}{|\Delta t|}=\lim_{\Delta t\to 0}\sqrt{\left(\frac{\Delta x}{\Delta t}\right)^2+\left(\frac{\Delta y}{\Delta t}\right)^2}=\sqrt{\left(\frac{dx}{dt}\right)^2+\left(\frac{dy}{dt}\right)^2}$$

となる．したがって，

$$\lim_{\Delta t\to 0}\frac{o(\rho)}{\Delta t}=\lim_{\Delta t\to 0}\frac{o(\rho)}{\rho}\cdot\frac{\rho}{\Delta t}=0$$

となるので，(3.6) の両辺を $\Delta t \to 0$ とすると (3.5) が成り立つ． ■

x と y が u, v の関数であるときには公式 3.11 より，次の合成関数の偏微分が成り立つ．

公式 3.12　合成関数の偏微分

$z = f(x,y)$ の偏導関数 $f_x(x,y)$, $f_y(x,y)$ が連続とする．$x = x(u,v)$, $y = y(u,v)$ の場合，$z = f(x(u,v), y(u,v))$ であり，

$$\frac{\partial z}{\partial u} = \frac{\partial z}{\partial x}\frac{\partial x}{\partial u} + \frac{\partial z}{\partial y}\frac{\partial y}{\partial u}, \quad \frac{\partial z}{\partial v} = \frac{\partial z}{\partial x}\frac{\partial x}{\partial v} + \frac{\partial z}{\partial y}\frac{\partial y}{\partial v}$$

が成り立つ．これを簡単に次のように表す．

$$z_u = z_x x_u + z_y y_u, \quad z_v = z_x x_v + z_y y_v$$

例題 3.13　合成関数の偏微分

関数 $z = f(x,y) = \dfrac{x}{1+y}$ が $x = uv$, $y = u + v$ の合成関数であるとき，$(u,v) = (-1,1)$ において u, v それぞれについて z の偏微分係数を公式 3.12 を用いて求めよ．

解説　$z_x = 1/(1+y)$, $z_y = -x/(1+y)^2$ であり，$x_u = v$, $x_v = u$, $y_u = 1$, $y_v = 1$ であるから，

$$z_u = z_x x_u + z_y y_u = \frac{v(1+v)}{(1+u+v)^2}$$
$$z_v = z_x x_v + z_y y_v = \frac{u(1+u)}{(1+u+v)^2}$$

となる．$(u,v) = (-1,1)$ を代入すると，$z_u = 2$, $z_v = 0$ となる．

3.5　2 変数関数のテイラー展開

2 変数関数 $z = f(x,y)$ を点 (a,b) のまわりでテイラー展開することを考えよう．

$$g(t) = f(a + ht,\, b + kt)$$

とおき，$f(x, y)$ の偏導関数が連続であるとする．公式 3.11 より，

$$g'(t) = f_x(a + ht\,, b + kt)h + f_y(a + ht,\, b + kt)k$$

と書けるので，1 変数関数のテイラー展開 (2.2) より，

$$g(t) = g(0) + g'(\theta t)t$$

を満たす θ が区間 $(0, 1)$ 上にとれる．$t = 1$ とおいて書き直すと，

$$\begin{aligned} & f(a + h,\, b + k) - f(a, b) \\ &= f_x(a + \theta h,\, b + \theta k)h + f_y(a + \theta h,\, b + \theta k)k \end{aligned} \tag{3.7}$$

と表される．さらに，

$$\begin{aligned} g''(t) &= f_{xx}(a + ht,\, b + kt)h^2 \\ &\qquad + 2f_{xy}(a + ht,\, b + kt)hk + f_{yy}(a + ht,\, b + kt)k^2 \end{aligned}$$

と書けるので，1 変数関数のテイラー展開 (2.3) より，

$$g(t) = g(0) + g'(0)t + g''(\theta t)t^2$$

を満たす θ が区間 $(0, 1)$ 上にとれる．$t = 1$ とおいて書き直すと，

$$\begin{aligned} & f(a + h,\, b + k) - f(a, b) \\ &= f_x(a + h,\, b + k)h + f_y(a + h,\, b + k)k \\ &\qquad + \frac{1}{2}\Big\{ f_{xx}(a + \theta h,\, b + \theta k)h^2 + 2f_{xy}(a + \theta h,\, b + \theta k)hk \\ &\qquad + f_{yy}(a + \theta h,\, b + \theta k)k^2 \Big\} \end{aligned} \tag{3.8}$$

と表される．ここで，微分作用素を

$$\begin{aligned} \left(h\frac{\partial}{\partial x} + k\frac{\partial}{\partial y}\right) f(x, y) &= hf_x(x, y) + kf_y(x, y) \\ \left(h\frac{\partial}{\partial x} + k\frac{\partial}{\partial y}\right)^2 f(x, y) &= \left(h^2\frac{\partial^2}{\partial x^2} + 2hk\frac{\partial^2}{\partial x \partial y} + k^2\frac{\partial^2}{\partial y^2}\right) f(x, y) \\ &= h^2 f_{xx}(x, y) + 2hkf_{xy}(x, y) + k^2 f_{yy}(x, y) \end{aligned}$$

のように定めると，

$$f(a+h,\, b+k) = f(a,b) + \left(h\frac{\partial}{\partial x} + k\frac{\partial}{\partial y}\right) f(a+\theta h,\, b+\theta k)$$

$$\begin{aligned} f(a+h, b+k) = f(a,b) &+ \left(h\frac{\partial}{\partial x} + k\frac{\partial}{\partial y}\right) f(a,b) \\ &+ \frac{1}{2}\left(h\frac{\partial}{\partial x} + k\frac{\partial}{\partial y}\right)^2 f(a+\theta h,\, b+\theta k) \end{aligned}$$

と表すことができる．一般の場合をまとめると次のようになる．

公式 3.14　2 変数関数のテイラー展開

関数 $f(x,y)$ が (a,b) の周辺で n 回連続微分可能であるとき，$h = x-a$, $k = y-b$ に対して，

$$\begin{aligned} f(x,y) = f(a,b) &+ \left(h\frac{\partial}{\partial x} + k\frac{\partial}{\partial y}\right) f(a,b) + \frac{1}{2}\left(h\frac{\partial}{\partial x} + k\frac{\partial}{\partial y}\right)^2 f(a,b) \\ &+ \cdots + \frac{1}{(n-1)!}\left(h\frac{\partial}{\partial x} + k\frac{\partial}{\partial y}\right)^{n-1} f(a,b) + R_n(x,y) \end{aligned}$$

となる．ただし，$0 < \theta < 1$ の範囲の θ に対して，剰余項は次で与えられる．

$$R_n(x,y) = \frac{1}{n!}\left(h\frac{\partial}{\partial x} + k\frac{\partial}{\partial y}\right)^n f(a+\theta h,\, b+\theta k)$$

例題 3.15　2 変数関数のテイラー展開

次の 2 変数関数を $(1,1)$ のまわりでテイラー展開して，2 次多項式で近似せよ．

(1) $f(x,y) = x^3 + y^3 - 3xy$　　(2) $f(x,y) = xy(x^2+y^2-4)$

解説

(1)

$$\begin{aligned} &f_x(x,y) = 3(x^2-y), \quad f_y(x,y) = 3(y^2-x) \\ &f_{xx}(x,y) = 6x, \quad f_{xy}(x,y) = -3, \quad f_{yy}(x,y) = 6y \end{aligned} \tag{3.9}$$

であるから，剰余項を $R_3(x,y)$ とすると，

$$
\begin{aligned}
f(x,y) &= -1 + \frac{1}{2}\Big\{6(x-1)^2 - 6(x-1)(y-1) + 6(y-1)^2\Big\} \\
&\qquad + R_3(x,y) \\
&= -1 + 3(x-1)^2 - 3(x-1)(y-1) + 3(y-1)^2 + R_3(x,y)
\end{aligned}
$$

で近似できる．

(2)

$$
\begin{aligned}
&f_x(x,y) = y(3x^2 + y^2 - 4), \quad f_y(x,y) = x(3y^2 + x^2 - 4) \\
&f_{xx}(x,y) = f_{yy}(x,y) = 6xy, \quad f_{xy}(x,y) = 3x^2 + 3y^2 - 4
\end{aligned} \tag{3.10}
$$

であるから，剰余項を $R_3(x,y)$ とすると，

$$
\begin{aligned}
f(x,y) &= -2 + \frac{1}{2}\Big\{6(x-1)^2 + 4(x-1)(y-1) + 6(y-1)^2\Big\} \\
&\qquad + R_3(x,y) \\
&= -2 + 3(x-1)^2 + 2(x-1)(y-1) + 3(y-1)^2 + R_3(x,y)
\end{aligned}
$$

で近似できる．$f(1,1) = -2$ であるから，この式は次のように変形できる．

$$
\begin{aligned}
&f(x,y) - f(1,1) \\
&= 2(x-1)^2 + 2(y-1)^2 + (x+y-2)^2 + R_3(x,y)
\end{aligned}
$$

右辺の第1項から第3項は非負であり，$R_3(x,y)$ は $(x-1)^2+(y-1)^2$ に比べると無視できる無限小であるから，$(1,1)$ の近くではつねに $f(x,y) \geq f(1,1)$ が成り立つ．このことは，$(1,1)$ で関数 $f(x,y)$ は最小を与える曲面であることを意味する．これを極小値と呼んで次の節で説明する．

3.6 2変数関数の極大値・極小値

(3.7), (3.8) より，

$$
r = \sqrt{(x-a)^2 + (y-b)^2}
$$

が0に近いとき，$f(x,y)$ は次のように近似することができる．

$$
f(x,y) = f(a,b) + f_x(a,b)(x-a) + f_y(a,b)(y-b) + o(r)
$$

$$
\begin{aligned}
f(x,y) = f(a,b) &+ f_x(a,b)(x-a) + f_y(a,b)(y-b) \\
&+ \frac{1}{2}\Big\{ f_{xx}(a,b)(x-a)^2 + 2f_{xy}(a,b)(x-a)(y-b) \\
&+ f_{yy}(a,b)(y-b)^2 \Big\} + o(r^2)
\end{aligned} \tag{3.11}
$$

これらの式で $o(r)$ や $o(r^2)$ を無視したものは，それぞれ **1 次近似**，**2 次近似**と呼ばれる．1 次近似は (a,b) での**接平面**の式を与える．接平面と法線については公式 3.9 で説明されている．

2 次近似式 (3.11) は，(a,b) での**極大値**と**極小値**という極値の問題を調べるときに利用される．2 階偏導関数が連続な 2 変数関数 $f(x,y)$ について，

$$
f_x(a,b) = 0, \quad f_y(a,b) = 0
$$

の解が極値を与える候補となる．この (a,b) が極大点であるとは，(a,b) のまわりの任意の点 (x,y) に対して，

$$
f(a,b) > f(x,y)
$$

が成り立つことを意味する．また，(a,b) が極小点であることは，不等式 $f(a,b) < f(x,y)$ が成り立つことに対応する．

2 次近似式において，$f_{xx}(a,b)$，$f_{xy}(a,b)$，$f_{yy}(a,b)$ を簡単のために f_{xx}，f_{xy}，f_{yy} で表すと，$f(x,y) - f(a,b)$ は，

$$
\begin{aligned}
&f(x,y) - f(a,b) \\
&= f_x(a,b)(x-a) + f_y(a,b)(y-b) \\
&\quad + \frac{1}{2}\Big\{ (x-a)^2 f_{xx} + 2(x-a)(y-b)f_{xy} + (y-b)^2 f_{yy} \Big\}
\end{aligned}
$$

と書けるが，$f_x(a,b) = 0$, $f_y(a,b) = 0$ であるから，$f(a,b) - f(x,y)$ の符号は，

$$
Q = (x-a)^2 f_{xx} + 2(x-a)(y-b)f_{xy} + (y-b)^2 f_{yy}
$$

の符号で決まることがわかる．いま，

$$D = f_{xx}f_{yy} - (f_{xy})^2$$

とおくことにする.

(1) $D > 0$ の場合, $f_{xx}f_{yy} > 0$ となる. $f_{xx} \neq 0$ であるから, $(x-a)$ について平方完成すると,

$$Q = f_{xx}\left\{x - a + \frac{f_{xy}}{f_{xx}}(y-b)\right\}^2 + \frac{D}{f_{xx}}(y-b)^2 \qquad (3.12)$$

と書けるので, $f_{xx} > 0$ なら $Q > 0$ となり極小, $f_{xx} < 0$ なら $Q < 0$ となり極大となる.

(2) $D < 0$ の場合で, $f_{xx} \neq 0$ もしくは $f_{yy} \neq 0$ の場合には**鞍点**となる. 例えば, $f_{xx} > 0$ のときには $D/f_{xx} < 0$ となり, $f_{xx} < 0$ のときには $D/f_{xx} > 0$ となって, (3.12) の Q の $\{x-a+(f_{xy}/f_{xx})(y-b)\}^2$ の係数と $(y-b)^2$ の係数の符号が異なることになり, 片方が極小の曲面となるともう一方は極大の曲面になる. これは, (a,b) が鞍点になることを示している.

(3) $D < 0$ の場合で, $f_{xx} = f_{yy} = 0$ の場合には, 極値をもたない. これは, $Q = 2(x-a)(y-b)f_{xy}$ となることから明らかである.

(4) $D = 0$ の場合, (3.12) より直線 $x - a + (f_{xy}/f_{xx})(y-b) = 0$ の上では $Q = 0$ となり判定できない.

以上をまとめると, 次のようになる.

公式 3.16 2変数関数の極値

2変数関数 $f(x,y)$ の極値の候補は, $f_x(a,b) = f_y(a,b) = 0$ となる点 (a,b) として与えられる. この点が極大値になるか極小値になるかは次のように判断される.

(1) $D > 0$ の場合, $f_{xx} > 0$ なら極小, $f_{xx} < 0$ なら極大となる.

(2) $D < 0$ の場合は極値をもたない. とくに, $f_{xx} \neq 0$ もしくは $f_{yy} \neq 0$ のときは鞍点となる.

(3) $D = 0$ の場合は判定不能である.

例題 3.17 2 変数関数の極値

次の 2 変数関数の極値を求めよ.

(1) $f(x, y) = x^3 + y^3 - 3xy$ (2) $f(x, y) = xy(x^2 + y^2 - 4)$

解説 2 次までの偏導関数は例題 3.15 で与えられている.

(1) 極値を与える候補は (3.9) より，2 つの方程式

$$y = x^2, \quad x = y^2$$

を満たす解となり，$(x, y) = (0, 0), (1, 1)$ となる．これらの候補が極値を与えるかは公式 3.16 の条件を調べてみればよい．2 階偏導関数は (3.9) で与えられており，$D = 36xy - 9$, $f_{xx}(x, y) = 6x$ である.

- $(0, 0)$ のときには $D = -9 < 0$ となり，極値をもたない.
- $(1, 1)$ のときには $D = 36 - 9 > 0$ となり，$f_{xx}(1, 1) > 0$ より極小になる.

(2) 極値を与える候補は (3.10) より，2 つの方程式

$$y(3x^2 + y^2 - 4) = 0, \quad x(3y^2 + x^2 - 4) = 0$$

を満たす解となり，$(x, y) = (0, 0), (0, \pm 2), (\pm 2, 0), (-1, -1), (-1, 1), (1, -1), (1, 1)$ となる．これらの候補が極値を与えるかは，公式 3.16 の条件を調べてみればよい．2 階偏導関数は (3.10) で与えられており，$D = 36x^2y^2 - (3x^2 + 3y^2 - 4)^2$, $f_{xx}(x, y) = 6xy$ である.

- $(0, 0), (0, \pm 2), (\pm 2, 0)$ のときには $D < 0$ となり，極値をもたない.
- $(-1, -1), (1, 1)$ のときには $D = 32 > 0$ となり，$f_{xx}(x, y) = 6 > 0$ より極小になる.
- $(-1, 1), (1, -1)$ のときには $D = 32 > 0$ となり，$f_{xx}(x, y) = -6 < 0$ より極大になる.

3.7 陰関数の定理と条件付き極大値・極小値

x と y の方程式 $F(x, y) = 0$ における解を $y = f(x)$ で表すとき，これを**陰関数**と呼ぶ．例えば，円の方程式 $x^2 + y^2 = 1$ は，$F(x, y) = x^2 + y^2 - 1$ に対して

$F(x,y)=0$ という方程式で表され，$y=\pm\sqrt{1-x^2}$ は $F(x,y)=0$ の陰関数である．

$F(x,y)=0$ の陰関数が存在して，それを $y=f(x)$ とすると，$F(x,f(x))=0$ を満たす．この両辺を x で微分すると，

$$F_x(x,f(x))+F_y(x,f(x))f'(x)=0$$

となるので，陰関数 $f(x)$ の導関数 $f'(x)$ を求めることができる．このような陰関数とその導関数の存在を保証するのが，次の陰関数の定理である．

公式 3.18　陰関数の定理

2変数関数 $F(x,y)$ の偏導関数が連続であり，ある点 (a,b) で $F(a,b)=0$, $F_y(a,b)\neq 0$ であるとする．このとき，$x=a$ の周辺で $F(x,f(x))=0$ を満たす関数 $y=f(x)$ がただ1つ定まり，$b=f(a)$ を満たし，導関数 $f'(x)$ が次で与えられて連続である．

$$f'(x)=-\frac{F_x(x,y)}{F_y(x,y)} \tag{3.13}$$

陰関数の定理の証明はここでは行わない．次の例題で陰関数の微分係数を求めてみる．

例題 3.19　陰関数の微分

次の2変数関数について $F(x,y)=0$ とするとき，2点 $(1,0)$, $(0,1)$ それぞれでの陰関数 $y=f(x)$ について，$f'(1)$ および $f'(0)$ を求めよ．

(1) $F(x,y)=x^2+y^2-1$　　(2) $F(x,y)=x^3+y^3-6xy$

解説

(1) $F_x(x,y)=2x$, $F_y(x,y)=2y$ である．

- ○ 点 $(1,0)$ については $F_y(1,0)=0$ となり，公式3.18の陰関数の定理を適用することができない．
- ○ 点 $(0,1)$ については $F_x(0,1)=0$, $F_y(0,1)=2$ より，陰関数 $y=f(x)$ について $f'(1)=0$ となる．

(2) $F_x(x,y)=3x^2-6y$, $F_y(x,y)=3y^2-6x$ である．

- 点 $(1,0)$ については $F_x(1,0)=3$, $F_y(1,0)=-6$ より，陰関数 $y=f(x)$ について $f'(1)=-3/(-6)=1/2$ となる．
- 点 $(0,1)$ については $F_x(0,1)=-6$, $F_y(0,1)=3$ より，陰関数 $y=f(x)$ について $f'(0)=2$ となる．

陰関数 $y=f(x)$ が 2 回微分可能であれば，(3.13) より，

$$
\begin{aligned}
f''(x) &= -\frac{F_{xx}(x,y)-F_{xy}(x,y)f'(x)}{F_y(x,y)} \\
&\quad + \frac{F_x(x,y)}{\{F_y(x,y)\}^2}\Big\{F_{yx}(x,y)+F_{yy}(x,y)f'(x)\Big\} \\
&= -\frac{1}{F_y(x,y)}\Big\{F_{yy}(x,y)\{f'(x)\}^2+2F_{xy}(x,y)f'(x)+F_{xx}(x,y)\Big\}
\end{aligned}
$$

と表される．$f(x)$ の極値の候補を $x=a$ とすると，$f'(a)=0$ を満たすので，

$$
f''(a) = -\frac{F_{xx}(a,f(a))}{F_y(a,f(a))}
$$

となる．1 変数関数の極値についての公式 2.13 より，次の公式が得られる．

公式 3.20　陰関数の極値問題

2 変数関数 $F(x,y)$ の 2 階偏導関数が連続であり，ある点 (a,b) で $F(a,b)=0$, $F_x(a,b)=0$, $F_y(a,b)\neq 0$ であるとする．陰関数の定理より，$x=a$ の周辺で $F(x,f(x))=0$ を満たす関数 $y=f(x)$ が定まり，$b=f(a)$ を満たす．このとき，$x=a$ は陰関数 $y=f(x)$ の極値を与える候補になる．すなわち，$f'(a)=0$ を満たす．

(1) $-\dfrac{F_{xx}(a,b)}{F_y(a,b)}>0$ なら，$b=f(a)$ は $f(x)$ の極小値になる．

(2) $-\dfrac{F_{xx}(a,b)}{F_y(a,b)}<0$ なら，$b=f(a)$ は $f(x)$ の極大値になる．

例題 3.21　陰関数の極値

次の 2 変数関数について $F(x,y)=0$ とするとき，陰関数 $y=f(x)$ の極

値について調べよ．

(1) $F(x,y)=x^2+y^2-1$ (2) $F(x,y)=5x^2+y^2-2xy-5$

解説

(1) $F_x(x,y)=2x,\ F_y(x,y)=2y$ であり，$F(x,y)=0$ と $F_x(x,y)=0$ を満たす解は $(0,1),\ (0,-1)$ である．

- 点 $(0,1)$ 周辺の陰関数については，$F_{xx}(x,y)=2,\ F_y(0,1)=2$ より $-\dfrac{F_{xx}(0,1)}{F_y(0,1)}=-1<0$ となるので，陰関数は $x=0$ で極大値 $y=1$ をもつ．
- 点 $(0,-1)$ 周辺の陰関数については，$F_y(0,-1)=-2$ より $-\dfrac{F_{xx}(0,-1)}{F_y(0,-1)}=1>0$ となるので，陰関数は $x=0$ で極小値 $y=-1$ をもつ．

(2) $F_x(x,y)=10x-2y,\ F_y(x,y)=2y-2x$ であり，$F(x,y)=0$ と $F_x(x,y)=0$ を満たす解は $x^2=1/4$ と $y=5x$ を同時に満たすことになる．よって，$(1/2,5/2),\ (-1/2,-5/2)$ が陰関数の極値を与える候補になる．

- 点 $(1/2,5/2)$ のときには，$F_{xx}(x,y)=10,\ F_y(1/2,5/2)=4$ より，

$$-\frac{F_{xx}(1/2,5/2)}{F_y(1/2,5/2)}=-\frac{5}{2}<0$$

となるので，陰関数は $x=1/2$ で極大値 $y=5/2$ をもつ．

- $(-1/2,-5/2)$ のときには，$F_{xx}(x,y)=10,\ F_y(-1/2,-5/2)=-4$ より，

$$-\frac{F_{xx}(-1/2,-5/2)}{F_y(-1/2,-5/2)}=\frac{5}{2}>0$$

となるので，陰関数は $x=-1/2$ で極小値 $y=-5/2$ をもつ．

陰関数の定理の応用例として**条件付き極値問題**がある．これは**ラグランジュの未定乗数法**として知られている．偏導関数が連続な2変数関数 $F(x,y),\ G(x,y)$ について，「$G(x,y)=0$ という条件のもとで $F(x,y)$ の極値を求める問題」を考える．

いま，点 (a,b) が $G(a,b)=0,\ G_y(a,b)\neq 0$ を満たすとし，(a,b) で $F(x,y)$

が極値をもつと仮定する．このとき，陰関数の定理より，$x = a$ の周辺で $G(x, g(x)) = 0$, $b = g(a)$, $g'(x) = -G_x(x, g(x))/G_y(x, g(x))$ を満たす関数 $y = g(x)$ がとれる．そこで，

$$h(x) = F(x, g(x))$$

とおくと，条件付き極値問題は，$h(x)$ に関する条件なしの極値問題に帰着できる．$h'(x)$ を計算すると，

$$\begin{aligned} h'(x) &= F_x(x, g(x)) + F_y(x, g(x))g'(x) \\ &= F_x(x, g(x)) - \frac{F_y(x, g(x))}{G_y(x, g(x))} G_x(x, g(x)) \end{aligned}$$

と書ける．(a, b) で極値をもつことから，$h'(a) = 0$ を満たす．ここで，

$$\lambda = \frac{F_y(a, b)}{G_y(a, b)} \tag{3.14}$$

とおく．$h'(a) = F_x(a, b) - \dfrac{F_y(a, b)}{G_y(a, b)} G_x(a, b)$ に代入すると，方程式 $h'(a) = 0$ は，

$$F_x(a, b) - \lambda G_x(a, b) = 0$$

と書ける．また，(3.14) は，

$$F_y(a, b) - \lambda G_y(a, b) = 0$$

のように変形できる．以上をまとめると次のようになる．

公式 3.22　ラグランジュの未定乗数法

偏導関数が連続な 2 変数関数 $F(x, y)$, $G(x, y)$ について，点 (a, b) が，

「$G(x, y) = 0$ という条件のもとで $F(x, y)$ の極値を求める問題」

で記述される条件付き極値問題の解を与えると仮定する．$G_x(a, b) \neq 0$ もしくは $G_y(a, b) \neq 0$ を満たすならば，

$$H(x, y, \lambda) = F(x, y) - \lambda G(x, y)$$

とおくとき，$H_x(a,b,\lambda)=0$, $H_y(a,b,\lambda)=0$ を満たす λ が存在する．

例題 3.23 条件付き極値問題

条件 $x^2+y^2=1$ のもとで，次の関数の極値を求めよ．

(1) $F(x,y)=x+y$　　(2) $F(x,y)=xy$

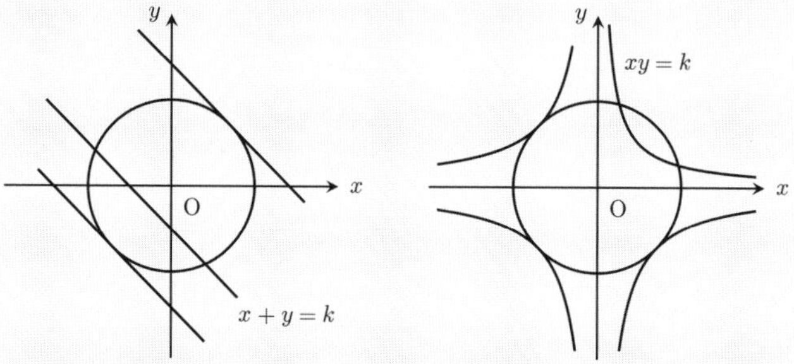

図 3.1 関数のグラフ，（左）$x+y=k$,（右）$xy=k$

解説

(1)
$$H(x,y,\lambda)=x+y-\lambda(x^2+y^2-1)$$

とおくとき，$H_x(x,y,\lambda)=1-2\lambda x=0$, $H_y(x,y,\lambda)=1-2\lambda y=0$ より，$x=y=1/2\lambda$ となる．これを $x^2+y^2=1$ に代入すると，$\lambda^2=1/2$ より $\lambda=\pm1/\sqrt{2}$ となる．したがって，条件付き極値の候補は $x=y=\pm1/\sqrt{2}$ となる．極大値は $x=y=1/\sqrt{2}$ のとき $\sqrt{2}$ となり，極小値は $x=y=-1/\sqrt{2}$ のとき $-\sqrt{2}$ となる．

(2)
$$H(x,y,\lambda)=xy-\lambda(x^2+y^2-1)$$

とおくとき，$H_x(x,y,\lambda)=y-2\lambda x=0$, $H_y(x,y,\lambda)=x-2\lambda y=0$ である．$y=2\lambda x$ を $x^2+y^2=1$ に代入すると，$x=\pm1/\sqrt{1+4\lambda^2}$ となる．同様にして，$x=2\lambda y$ を $x^2+y^2=1$ に代入すると，$y=\pm1/\sqrt{1+4\lambda^2}$ となる．これらを再び $x^2+y^2=1$ に代入すると，$2/(1+4\lambda^2)=1$ より $\lambda=\pm1/2$ が得られる．

○ $\lambda=1/2$ のときには，$x=y=\pm1/\sqrt{2}$ となり，極大値 $1/2$ を与える．

- $\lambda = -1/2$ のときには，$(x, y) = (1/\sqrt{2}, -1/\sqrt{2}), (-1/\sqrt{2}, 1/\sqrt{2})$ となり，極小値 $-1/2$ を与える．

ラグランジュの未定乗数法は，極値であるための必要条件のみを与えている点に注意する．すなわち，ラグランジュの未定乗数法により求まる解は極値を与える候補に過ぎない．したがって，極値を与えるか否かを示したいときには，縁付きヘッセ行列（サポートページを参照）に基づいた十分条件を調べる必要がある．

3.8　多変数関数の微分

2 変数関数に関する微分の性質や公式は，そのまま 3 変数以上の多変数関数の場合へ拡張することができる．この節では，主に 3 変数の場合を紹介するが，変数が 4 以上の場合も 2 変数や 3 変数の微分を自然に拡張すればよい．ただし，本節の説明には第 6 章以降で学ぶ行列の知識を使う部分があるので，行列を学んでから本節に戻ってきてもよい．

実数 x, y, z の関数を $u = f(x, y, z)$ とし，(x, y, z) が (a, b, c) に近づくときの $f(x, y, z)$ の極限を考える．関数の極限や連続性を調べるときには，次のように $(x-a,\ y-b,\ z-c)$ を極座標で表すことを考えるとよい．これを**極座標変換**という．

$$x - a = r\sin\theta\cos\varphi, \quad y - b = r\sin\theta\sin\varphi, \quad z - c = r\cos\theta \tag{3.15}$$

ここで，点 $(x-a,\ y-b,\ z-c)$ を P とし原点を O とするとき，θ は z-軸の正の向きと OP のなす角で**偏角**と呼ばれ，$0 \leq \theta \leq \pi$ を満たす．点 P の xy-平面に下ろした垂線の足を Q とするとき，φ は x-軸の正の向きと OQ のなす角で，$0 \leq \varphi < 2\pi$ を満たす．r は線分 OP の長さで，

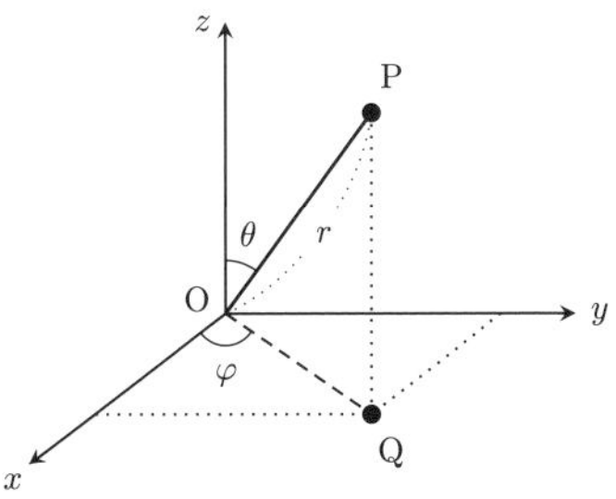

$$r = \sqrt{(x-a)^2 + (y-b)^2 + (z-c)^2}$$

で与えられる．

このとき，(x, y, z) を (a, b, c) に近づけるとき，関数 $f(x, y, z)$ が d に収束することは，

$$\lim_{r \to 0} f(a + r\sin\theta\cos\varphi,\ b + r\sin\theta\sin\varphi,\ c + r\cos\theta) = d$$

が成り立つことを意味する．また，$f(x, y, z)$ が (a, b, c) で連続であることは，

$$\lim_{r \to 0} f(a + r\sin\theta\cos\varphi,\ b + r\sin\theta\sin\varphi,\ c + r\cos\theta) = f(a, b, c)$$

が成り立つことを意味する．

$u = f(x, y, z)$ の偏導関数は，

$$u_x = \frac{\partial}{\partial x} f(x, y, z), \quad u_y = \frac{\partial}{\partial y} f(x, y, z), \quad u_z = \frac{\partial}{\partial z} f(x, y, z)$$

と表される．偏導関数，全微分なども2変数の場合と同様に与えられる．また，2階偏導関数についても

$$u_{xx} = \frac{\partial^2}{\partial x^2} f(x, y, z), \quad u_{xz} = \frac{\partial^2}{\partial z \partial x} f(x, y, z)$$

などのように表される．$u = f(x, y, z)$ なので，

$$u_x = f_x(x, y, z), \quad u_{xz} = f_{xz}(x, y, z)$$

のようにも表す．$u = f(x, y, z)$, $v = g(x, y, z)$ について，$h(u, v)$ は合成関数になり，$h(u, v) = h(f(x, y, z),\ g(x, y, z))$ の x に関する偏微分は，

$$\frac{\partial}{\partial x} h(u, v) = h_u f_x + h_v g_x$$

のようにして計算すればよい．

例題 3.24 偏微分

連続微分可能な関数 $h(\cdot)$ に対して $w = h(x^2 + y^2 + z^2 - xy - yz - zx)$ とおくとき，$w_x + w_y + w_z = 0$ を示せ．

解説 $u = x^2 + y^2 + z^2 - xy - yz - zx$ とおくと，$u_x = 2x - (y + z)$, $u_y = 2y - (z + x)$, $u_z = 2z - (x + y)$ と書けるので，

$$
\begin{aligned}
w_x + w_y + w_z &= h'(u)u_x + h'(u)u_y + h'(u)u_z \\
&= h'(u)(u_x + u_y + u_z) = 0
\end{aligned}
$$

となる．

テイラー展開についても，関数 $f(x,y,z)$ が (a,b,c) の周辺で n 回連続微分可能であるとき，$h = x-a$, $k = y-b$, $\ell = z-c$ に対して，

$$
D = h\frac{\partial}{\partial x} + k\frac{\partial}{\partial y} + \ell\frac{\partial}{\partial z}
$$

とおくとき，

$$
\begin{aligned}
f(x,y,z) = f(a,b,c) + Df(a,b,c) + \frac{1}{2}D^2 f(a,b,c)& \\
+ \cdots + \frac{1}{(n-1)!}D^{n-1}f(a,b,c) &+ R_n(x,y,z)
\end{aligned}
$$

と表される．ただし，剰余項は，

$$
R_n(x,y,z) = \frac{1}{n!}D^n f(a+\theta h,\, b+\theta k,\, c+\theta\ell)
$$

で与えられ，θ は $0 < \theta < 1$ を満たす．このテイラー展開より，$f(x,y,z)$ の (a,b,c) における 1 次近似は，

$$
\begin{aligned}
f(x,y,z) = f(a,b,c)& \\
&+ f_x(a,b,c)(x-a) + f_y(a,b,c)(y-b) + f_z(a,b,c)(z-c) \\
&+ o(r)
\end{aligned}
$$

で与えられる．ただし，$f_x(a,b,c)$, $f_y(a,b,c)$, $f_z(a,b,c)$ は x, y, z に関する偏微分係数である．2 階偏微分を $f_{xx}(a,b,c)$, $f_{xy}(a,b,c)$, $f_{xz}(a,b,c)$ などのように書き，

$$
\boldsymbol{H} = \begin{pmatrix} f_{xx}(a,b,c) & f_{xy}(a,b,c) & f_{xz}(a,b,c) \\ f_{yx}(a,b,c) & f_{yy}(a,b,c) & f_{yz}(a,b,c) \\ f_{zx}(a,b,c) & f_{zy}(a,b,c) & f_{zz}(a,b,c) \end{pmatrix}
$$

のように 3×3 行列を定める．このとき，$f(x,y,z)$ の (a,b,c) における 2 次近似

は,

$$f(x,y,z) = f(a,b,c) + f_x(a,b,c)(x-a) + f_y(a,b,c)(y-b) + f_z(a,b,c)(z-c) + (x-a,\ y-b,\ z-c)\boldsymbol{H}(x-a,\ y-b,\ z-c)^\top + o(r^2) \tag{3.16}$$

で与えられる．ただし，$(x-a,\ y-b,\ z-c)^\top$ は横ベクトル $(x-a,\ y-b,\ z-c)$ を転置して縦ベクトルにするという意味で，詳しくは第6章と第7章で説明される．

$f(x,y,z)$ の極値を与える候補は，方程式

$$f_x(a,b,c) = f_y(a,b,c) = f_z(a,b,c) = 0$$

の解として与えられる．これが極大になるか極小になるかについては，(3.16) より，

$$\begin{aligned} &f(x,y,z) - f(a,b,c) \\ &= (x-a,\ y-b,\ z-c)\boldsymbol{H}(x-a,\ y-b,\ z-c)^\top + o(r^2) \end{aligned}$$

と表されるので，右辺の第1項が正なら極小値，負なら極大値を与えることがわかる．$(x,y,z) \neq (0,0,0)$ なる任意の (x,y,z) に対して，$(x,y,z)\boldsymbol{H}(x,y,z)^\top > 0$ となる行列 $\boldsymbol{H}$ を**正定値**，$(x,y,z)\boldsymbol{H}(x,y,z)^\top < 0$ となる行列 $\boldsymbol{H}$ を**負定値**と呼び，詳しくは9.4節で説明される．

公式 3.25 極値問題

3変数関数 $f(x,y,z)$ の極値を与える候補は $f_x(a,b,c) = f_y(a,b,c) = f_z(a,b,c) = 0$ となる点 (a,b,c) として与えられる．このとき，行列 $\boldsymbol{H}$ が正定値なら極小，行列 $\boldsymbol{H}$ が負定値なら極大となる．

公式3.25を用いた極値問題の例は，第9章発展問題の問10で与えられる．

2変数関数の陰関数の定理が3.7節で与えられているが，これを3変数関数に拡張することができる．3変数の連続微分可能な関数 $F(x,y,z)$ について，

$$F(a,b,c)=0, \quad F_z(a,b,c)\neq 0$$

の場合は，(a,b) のまわりで陰関数 $z=f(x,y)$ が存在して，

$$F(x,\,y,\,f(x,y))=0, \quad f(a,b)=c$$

を満たす．また，$z=z(x,y)=f(x,y)$ とすると，

$$F_x(x,y,z)+F_z(x,y,z)z_x=0, \quad F_y(x,y,z)+F_z(x,y,z)z_y=0$$

と書けるので，陰関数 $z=z(x,y)$ の偏導関数は，次のように表される．

$$z_x=-\frac{F_x(x,y,z)}{F_z(x,y,z)}, \quad z_y=-\frac{F_y(x,y,z)}{F_z(x,y,z)}$$

例題 3.26　接平面と法線

$x^2+y^2+z^2=r^2$ は半径 r の球面を表している．球面上の点 (a,b,c) における接平面の式を求めよ．また，点 (a,b,c) を通り，接平面に直交する法線を求めよ．

解説　$F(x,y,z)=x^2+y^2+z^2-r^2$ とおくと，$F_x(a,b,c)=2a$, $F_y(a,b,c)=2b$, $F_z(a,b,c)=2c$ である．(a,b,c) は球面上の点だから，a, b, c がすべて 0 になることはないので $c\neq 0$ とする．このとき，陰関数 $z=f(x,y)$ が存在して，$c=f(a,b)$, $f_x(a,b)=-a/c$, $f_y(a,b)=-b/c$ を満たす．公式 3.9 の接平面の方程式に代入すると，

$$z=c-\frac{a}{c}(x-a)-\frac{b}{c}(y-c)$$

$$\text{または}\quad a(x-a)+b(y-b)+c(z-c)=0$$

となる．また，法線は次で与えられる．

$$\frac{x-a}{a}=\frac{y-b}{b}=\frac{z-c}{c}$$

陰関数の定理の応用例として，公式 3.22 で条件付き極値問題についてラグランジュの未定乗数法を与えた．この公式の 3 変数の場合への拡張が次で与えられる．

公式 3.27 ラグランジュの未定乗数法

2回連続偏微分可能な関数 $F(x, y, z)$, $G(x, y, z)$ について,

「$G(x, y, z) = 0$ という条件のもとで $F(x, y, z)$ の極値を求める問題」

を考える. いま, 点 (a, b, c) がこの極値を与える候補であると仮定する. $G_x(a, b, c) \neq 0$, $G_y(a, b, c) \neq 0$, $G_z(a, b, c) \neq 0$ のいずれかを満たすならば,

$$H(x, y, z, \lambda) = F(x, y, z) - \lambda G(x, y, z)$$

とおくとき, $H_x(a, b, c, \lambda) = 0$, $H_y(a, b, c, \lambda) = 0$, $H_z(a, b, c, \lambda) = 0$ を満たす λ が存在する.

例題 3.28 条件付き極値問題

条件 $x^2 + y^2 + z^2 = 1$ のもとで, $F(x, y, z) = x + y + z$ の極値を求めよ.

解説 公式 3.27 より,

$$H(x, y, z, \lambda) = x + y + z - \lambda(x^2 + y^2 + z^2 - 1)$$

とおくとき, $H_x(x, y, z, \lambda) = 1 - 2\lambda x = 0$, $H_y(x, y, z, \lambda) = 1 - 2\lambda y = 0$, $H_z(x, y, z, \lambda) = 1 - 2\lambda z = 0$ より, $x = y = z = 1/2\lambda$ となる. これを $x^2 + y^2 + z^2 = 1$ に代入すると, $\lambda^2 = 3/4$ より $\lambda = \pm\sqrt{3}/2$ となる. したがって, 極値を与える候補は $x = y = z = \pm 1/\sqrt{3}$ となる. 極大値は $x = y = z = 1/\sqrt{3}$ のとき $\sqrt{3}$ となり, 極小値は $x = y = -1/\sqrt{3}$ のとき $-\sqrt{3}$ となる.

基本問題

問 1 $(x, y) \to (0, 0)$ とするとき, 次の関数の極限値を求めよ.

(1) $f(x, y) = x + y^2$　　(2) $f(x, y) = \dfrac{x + x^2 + y^3}{x + y}$

(3) $f(x, y) = \dfrac{x^3 + y^3}{x^2 + y^2}$　　(4) $f(x, y) = \dfrac{x^3 + 2y}{x^2 + y}$

問 2 次の関数は $(x, y) = (0, 0)$ で連続になるか．

(1) $f(x, y) = e^{x^2+y^2}$　　(2) $f(x, y) = \begin{cases} 0 & ((x, y) = (0, 0)) \\ \dfrac{x^2 + y^2}{x + y} & ((x, y) \neq (0, 0)) \end{cases}$

問 3 次の関数は $(x, y) = (0, 0)$ で偏微分可能であるか．偏微分可能であれば偏微分係数を求め，全微分可能であるかを調べよ．

(1) $f(x, y) = \begin{cases} 0 & ((x, y) = (0, 0)) \\ \dfrac{x^2 + y^2}{x + y} & ((x, y) \neq (0, 0)) \end{cases}$

(2) $f(x, y) = \begin{cases} 0 & ((x, y) = (0, 0)) \\ \dfrac{x^2}{x^2 + y^2} & ((x, y) \neq (0, 0)) \end{cases}$

問 4 次の偏導関数を求めよ．

(1) $f(x, y) = x^3 + xy^3$　　(2) $f(x, y) = \dfrac{x^2 y}{1 + x}$　$(x > 0)$

問 5 次の 2 階偏導関数を求めよ．

(1) $f(x, y) = x^3 + xy^3$　　(2) $f(x, y) = \dfrac{x^2 y}{1 + x}$　$(x > 0)$

問 6 $z = f(x, y) = \dfrac{x}{1 + y}$ について，次の点における接平面の式と法線の式を求めよ．

(1) $(x, y) = (1, 1)$　　(2) $(x, y) = (-1, 2)$

問 7 次の 2 変数関数を $(0, 0)$ のまわりでテイラー展開して 2 次多項式で近似せよ．

(1) $f(x, y) = \dfrac{1}{1 + x + y}$　　(2) $f(x, y) = xye^{-(x^2+y^2)/2}$

問 8 次の 2 変数関数の極値を求めよ．

(1) $f(x, y) = x^3 - 6xy + y^3$　　(2) $f(x, y) = xye^{-(x^2+y^2)/2}$

問 9 次の方程式で定まる陰関数 $y = f(x)$ の極値を求めよ．

(1) $x^3 + y^3 - 3xy = 0$　　(2) $xy^2 + x^2 + 4 = 0$

問 10 2変数関数 $G(x, y)$ と $F(x, y)$ が次で与えられているとき，$G(x, y) = 0$ の条件のもとで $F(x, y)$ の極値を求めよ．

(1) $G(x, y) = x + y - 1, \quad F(x, y) = x^2y^2$

(2) $G(x, y) = 2x^2 + y^2 - 2, \quad F(x, y) = xy + \sqrt{2}\,x$

問 11 次の条件付き最大化・最小化問題を解け．

(1) 面積が一定の長方形の中で，辺の周の長さが最小になるものを求めよ．

(2) 辺の周の長さが一定の長方形の中で，面積が最大になるものを求めよ．

発展問題

問 12 関数 $f(x, y) = |xy|$ は $(x, y) = (a, b)$ で偏微分可能であるか．偏微分可能であれば偏微分係数を求めよ．

問 13 2変数関数 $F(x, y)$ の偏導関数が連続であり，ある点 (a, b) で $F(a, b) = 0$, $F_y(a, b) \neq 0$ であるとする．$x = a$ の周辺で $F(x, f(x)) = 0$ を満たす陰関数を $y = f(x)$ とするとき，$x = a$ における $y = f(x)$ の接線の方程式と法線の方程式を求めよ．

問 14 関数 $w = f(x, y, z)$ に対して，

$$\Delta w = \frac{\partial^2 w}{\partial x^2} + \frac{\partial^2 w}{\partial y^2} + \frac{\partial^2 w}{\partial z^2}$$

とおくとき，Δ を**ラプラシアン**と呼ぶ．次の値を求めよ．

(1) $\Delta \dfrac{1}{\sqrt{x^2 + y^2 + z^2}}$　　(2) $\Delta \log(x^2 + y^2 + z^2)$

問 15 条件 $x^2 + y^2 + z^2 = 1$ のもとで，$F(x, y, z) = xyz$ の極値を求めよ．

第 4 章

積分

本章では，1 変数関数の積分から多変数関数の積分まで一連の内容を一通り解説する．積分とは何か，どのように計算するのかを学ぶことができる．不定積分，簡単な微分方程式の解，定積分，重積分，重積分の変数変換について説明する．

4.1 不定積分

関数 $f(x)$ に対して，$F'(x) = f(x)$ となるような $F(x)$ のことを，$f(x)$ の**原始関数**と呼ぶ．原始関数を**不定積分**とも呼ぶ．$f(x)$ の原始関数を求めることを $f(x)$ を**積分する**といい，

$$F(x) = \int f(x)\,dx$$

と書く．また，この $f(x)$ を**被積分関数**という．積分は微分の逆をすることになるので，例えば，$f(x) = x^2$ の積分は $F_1(x) = \int x^2\,dx = x^3/3$ と書ける．$F_2(x) = \int x^2\,dx = x^3/3 + 5$ としても，$F_2'(x) = x^2$ になるので，これも不定積分になる．そこで，一般に不定積分を，定数 C を用いて，

$$\int x^2\,dx = \frac{x^3}{3} + C$$

のように表す．ここで，C を**積分定数**と呼ぶ．

例題 4.1　不定積分 (I)

次の不定積分を示せ．

(1) $\displaystyle\int x^a\,dx = \frac{1}{a+1}x^{a+1} + C \quad (a \neq -1)$

(2) $\displaystyle\int x^{-1}\,dx = \log|x| + C$

(3) $\displaystyle\int e^{ax}\,dx = \frac{1}{a}e^{ax} + C \quad (a \neq 0)$

(4) $\displaystyle\int \frac{1}{\sqrt{x^2+a}}\,dx = \log(x + \sqrt{x^2+a}\,) + C \quad (a \neq 0)$

解説 これらの等式は，右辺を微分することにより確かめられる．とくに，(4) については次のように書ける．

$$\frac{d}{dx}\left\{\log(x+\sqrt{x^2+a}\,)+C\right\} = \frac{1}{x+\sqrt{x^2+a}}\left(1+\frac{x}{\sqrt{x^2+a}}\right) = \frac{1}{\sqrt{x^2+a}}$$

例題 4.2 不定積分 (II)

次の不定積分を求めよ．

(1) $\displaystyle\int \frac{3x^3+2x^2+x+1}{x}\,dx$　　(2) $\displaystyle\int \frac{3x-1}{\sqrt{x}}\,dx$

解説

(1) $\displaystyle\int \left(3x^2+2x+1+\frac{1}{x}\right)dx = x^3+x^2+x+\log|x|+C$

(2) $\displaystyle\int \left(3\sqrt{x}-\frac{1}{\sqrt{x}}\right)dx = 2x^{3/2}-2\sqrt{x}+C$

公式 4.3 置換積分

t から x への関数 $x = g(t)$ により変数を変換するとき，次の変形が成り立つ．これを**置換積分**と呼ぶ．

$$\int f(x)\,dx = \int f(g(t))g'(t)\,dt$$

実際に，$x = g(t)$ の両辺を t で微分すると，

$$\frac{dx}{dt} = g'(t)$$

であるから，dt を両辺に掛けると，

$$dx = g'(t)\,dt$$

と表される．$\displaystyle\int f(x)\,dx$ の x と dx を $x = g(t)$ と $dx = g'(t)\,dt$ でおきかえると，$\displaystyle\int f(g(t))g'(t)\,dt$ が得られることがわかる．また，逆をたどると，右辺から左辺が得られる．

例題 4.4　置換積分

置換積分をして次の不定積分を求めよ．

(1) $\displaystyle\int \frac{1}{2x+3}\,dx$　　　(2) $\displaystyle\int \frac{e^x}{(1+e^x)^2}\,dx$

解説

(1) $t = 2x+3$ とおくと $x = (t-3)/2$ なので，$dx = dt/2$ より次のように書ける．

$$\int \frac{1}{2x+3}\,dx = \int \frac{1}{t}\frac{1}{2}\,dt = \frac{1}{2}\log t + C = \frac{1}{2}\log(2x+3) + C$$

(2) $t = 1+e^x$ とおくと $dt = e^x\,dx$ より次のようになる．

$$\int \frac{e^x}{(1+e^x)^2}\,dx = \int \frac{1}{t^2}\,dt = -\frac{1}{t} + C = -\frac{1}{1+e^x} + C$$

積の微分の公式から，

$$\frac{d}{dx}\{f(x)g(x)\} = f'(x)g(x) + f(x)g'(x)$$

と書けるので，両辺の不定積分は，

$$f(x)g(x) = \int f'(x)g(x)\,dx + \int f(x)g'(x)\,dx$$

となり，次の公式が得られる．

公式 4.5 部分積分

次の等式は**部分積分**と呼ばれる.

$$\int f(x)g'(x)\,dx = f(x)g(x) - \int f'(x)g(x)\,dx$$

例題 4.6 部分積分

部分積分を用いて次の不定積分を求めよ.

(1) $\int xe^x\,dx$ (2) $\int \log x\,dx$

解説

(1) $f(x) = x$, $g'(x) = e^x$ とおくと, $f'(x) = 1$, $g(x) = e^x$ より次のようになる.

$$\int xe^x\,dx = xe^x - \int e^x\,dx = xe^x - e^x + C$$

(2) $f(x) = \log x$, $g'(x) = 1$ とおくと, $f'(x) = 1/x$, $g(x) = x$ より次のようになる.

$$\int \log x\,dx = x\log x - \int 1\,dx = x\log x - x + C$$

4.2 簡単な微分方程式

変数 x の関数 $y = y(x)$ とその導関数 $y'(x)$ との関係を与える式を **1 階の微分方程式**と呼ぶ. 不定積分により微分方程式を解くことになるが, 求めた原始関数には積分定数が含まれる. その積分定数を定めるには, $x = a$ のときの y の値が $y(a) = b$ となるような条件を課す必要がある. この条件を**初期条件**と呼ぶ. ここでは, 変数分離形と同次形と呼ばれる簡単な微分方程式の解法について学ぶ.

まず, 導関数 $y'(x) = dy/dx$ が x の関数と y の関数の積で表される微分方程式を扱う. このような微分方程式を**変数分離形**と呼ぶ.

$$\frac{dy}{dx} = g(x)h(y)$$

これを $y' = g(x)h(y)$ とも表す．この場合，

$$\frac{1}{h(y)}\frac{dy}{dx} = g(x)$$

と書けるので，両辺を x に関して不定積分すると，左辺は，

$$\int \frac{1}{h(y)}\frac{dy}{dx}\,dx = \int \frac{1}{h(y)}\,dy$$

となる．したがって，次の公式が得られる．

公式 4.7　変数分離形の微分方程式

微分方程式 $y' = y'(x) = g(x)h(y)$ の解は次で与えられる．

$$\int \frac{1}{h(y)}\,dy = \int g(x)\,dx$$

ただし，積分定数は初期条件 $y(a) = b$ により定まる．

例題 4.8　変数分離形

次の微分方程式を解け．ただし，初期条件は $y(0) = 1$ とする．

(1) $y' = (2ax + b)y$　　　(2) $y' = ae^x y$

解説

(1) $\displaystyle\int \frac{y'}{y}\,dx = \int (2ax + b)\,dx$ より $\log|y| = ax^2 + bx + C'$ となるので，$y = C\exp\{ax^2 + bx\}$ と書ける．ただし，$\exp\{x\} = e^x$ を意味する．ここで，$y(0) = 1$ より $C = 1$ となるので，求める微分方程式の解は次のようになる．

$$y = \exp\{ax^2 + bx\}$$

(2) $\displaystyle\int \frac{y'}{y}\,dx = \int ae^x\,dx$ より $\log|y| = ae^x + C'$ となるので，$y = C\exp\{ae^x\}$ と書ける．ここで，$y(0) = 1$ より $1 = Ce^a$ となるので，求める微分方程式の解は次のようになる．

$$y = \exp\{ae^x - a\}$$

次に，微分方程式が，

$$\frac{dy}{dx} = g\left(\frac{y}{x}\right) \tag{4.1}$$

の形をしているものを扱う．この微分方程式を**同次形**という．この場合は，$z = z(x) = y/x$ とおくと，$y = xz$ となり，両辺を x で微分すると，$y' = z + xz'$ と書ける．一方，$y' = g(z)$ であるから，

$$z + xz' = g(z)$$

となる．これは $xz' = g(z) - z$ と表されて分離形の微分方程式に帰着できるので，次の公式を得る．

公式 4.9　同次形の微分方程式

同次形の微分方程式 $y' = g\left(\frac{y}{x}\right)$ については，$z = z(x) = \frac{y}{x}$ とおくと，z の解は，

$$\int \frac{1}{g(z) - z}\,dz = \log|x| + C$$

として与えられるので，y の解は $y = xz$ で与えられる．ただし，積分定数は初期条件 $y(a) = b$ により定まる．

例題 4.10　同次形

次の微分方程式を解け．ただし，初期条件は $y(1) = 1$ とする．

(1) $xyy' = x^2 + y^2$　　　(2) $x^2y' = xy + y^2$

解説

(1) $y' = x/y + y/x$ と変形できるので，同次形の微分方程式 (4.1) において $g(z) = z + 1/z$ に対応する．公式 4.9 において，

$$\int \frac{1}{g(z) - z}\,dz = \int z\,dz = \frac{z^2}{2} + C'$$

と書ける．したがって，解は $z^2/2 + C' = \log|x|$ で与えられる．$z = y/x$ であり，$y(1) = 1$ より $C' = -1/2$ となるので，次が解になる．

$$y = x\sqrt{2\log|x| + 1}$$

(2) $y' = y/x + (y/x)^2$ と変形できるので，同次形の微分方程式 (4.1) において $g(z) = z + z^2$ に対応する．公式 4.9 において，

$$\int \frac{1}{g(z) - z}\,dz = \int z^{-2}\,dz = -z^{-1} + C'$$

と書ける．したがって，解は $-z^{-1} + C' = \log|x|$ で与えられる．$z = y/x$ であり，$y(1) = 1$ より $C' = 1$ となるので，次が解となる．

$$y = \frac{x}{1 - \log|x|}$$

4.3 定積分と広義積分

連続な関数 $y = f(x)$ について，x-軸上の閉区間 $[a, b]$ と曲線 $y = f(x)$ で囲まれた面積は**定積分**

$$\int_a^b f(x)\,dx$$

として求めることができる．この値は次のようにして定義する．

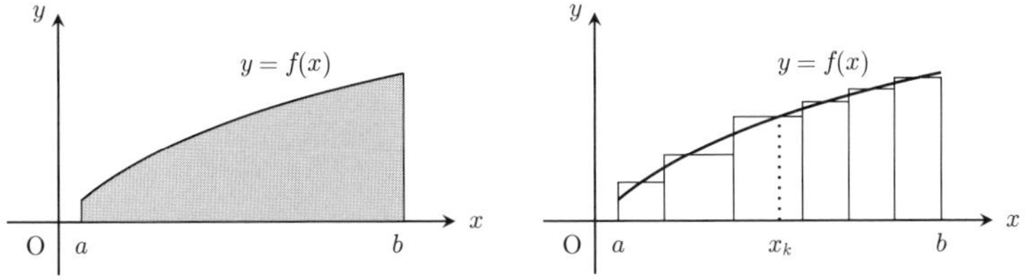

閉区間 $[a, b]$ を $a = a_0 < a_1 < a_2 < \cdots < a_{n-1} < a_n = b$ という n 個の区間に分割し，各区間から実数 $x_1, x_2, \ldots, x_n$ を任意に選ぶと，$a_{k-1} \leq x_k \leq a_k$ を満たす．この区間の幅を $\Delta x_k = a_k - a_{k-1}$ で表し，

$$\sum_{k=1}^{n} f(x_k)\,\Delta x_k$$

を作り，分割を細かくしていくときの極限を定積分 $\displaystyle\int_a^b f(x)\,dx$ とする．すなわち，$|\Delta| = \max\{\Delta x_k \mid k = 1, 2, \ldots, n\}$ に対して，

$$\lim_{|\Delta|\to 0} \sum_{k=1}^{n} f(x_k)\,\Delta x_k = \int_a^b f(x)\,dx$$

として定義する．この極限が存在するとき**積分可能**であるという．閉区間 $[a, b]$ 上で連続な関数 $f(x)$ は積分可能である．

公式 4.11　微分積分学の基本定理

関数 $f(x)$ の原始関数の1つを $F(x)$ で表すと，

$$\int_a^b f(x)\,dx = \Big[F(x)\Big]_a^b = F(b) - F(a)$$

のように書ける．原始関数は $f(x)$ の不定積分であるから，定積分が不定積分に基づいて表されることを示している．また，不定積分 $F(x)$ の微分は $F'(x) = f(x)$ であるから，次の等式が成り立つ．

$$\frac{d}{dx}\int_a^x f(t)\,dt = F'(x) = f(x)$$

例題 4.12　定積分

次の積分の値を求めよ．

(1) $\displaystyle\int_0^1 \frac{x^2+3x+3}{x+1}\,dx$　　(2) $\displaystyle\int_2^3 \frac{2x}{x^2-1}\,dx$

解説

(1)
$$\int_0^1 \frac{x^2+3x+3}{x+1}\,dx = \int_0^1 \left(x + 2 + \frac{1}{x+1}\right)dx$$
$$= \left[\frac{x^2}{2} + 2x + \log(x+1)\right]_0^1 = \frac{5}{2} + \log 2$$

(2) $$\int_2^3 \frac{2x}{x^2-1}\,dx = \int_2^3 \left(\frac{1}{x-1}+\frac{1}{x+1}\right)dx$$
$$= \Big[\log(x-1)+\log(x+1)\Big]_2^3$$
$$= \log 2 + \log 4 - \log 3 = \log\frac{8}{3}$$

公式 4.13 置換積分と部分積分

(1) 閉区間 $[\alpha,\beta]$ から $[a,b]$ への関数 $x=g(t)$ が連続微分可能であり，$g(\alpha)=a$, $g(\beta)=b$ とする．$f(x)$ が積分可能であるとき，$x=g(t)$ で変換するときの置換積分は次のようになる．

$$\int_a^b f(x)\,dx = \int_\alpha^\beta f(g(t))g'(t)\,dt$$

(2) 閉区間 $[a,b]$ 上の連続微分可能な関数 $f(x)$, $g(x)$ に対して，$f'(x)g(x)$ と $f(x)g'(x)$ が積分可能であるとき，次の部分積分が成り立つ．

$$\int_a^b f(x)g'(x)\,dx = \Big[f(x)g(x)\Big]_a^b - \int_a^b f'(x)g(x)\,dx$$

例題 4.14 定積分の計算

次の積分の値を求めよ．

(1) $\displaystyle\int_{-1}^2 xe^{ax^2}\,dx$ (2) $\displaystyle\int_1^2 x^2\log x\,dx$

解説

(1) $t=x^2$ とおくと $dt=2x\,dx$（もしくは，$x\,dx=dt/2$）と書けるので，置換積分により次のようになる．

$$\int_{-1}^2 xe^{ax^2}\,dx = \int_1^4 \frac{1}{2}e^{at}\,dt = \left[\frac{1}{2a}e^{at}\right]_1^4 = \frac{1}{2a}(e^{4a}-e^a)$$

(2) $f(x)=\log x$, $g'(x)=x^2$ とおくと，$f'(x)=1/x$, $g(x)=x^3/3$ となるので，部分積分により次のようになる．

$$\int_1^2 x^2 \log x\, dx = \left[\frac{x^3}{3}\log x\right]_1^2 - \frac{1}{3}\int_1^2 x^2\, dx$$
$$= \frac{8\log 2}{3} - \frac{1}{3}\left[\frac{x^3}{3}\right]_1^2 = \frac{8\log 2}{3} - \frac{7}{9}$$

定積分は閉区間 $[a,b]$ 上の関数について定義されるので，例えば，$\int_0^1 x^{-1/2}\, dx$ という積分は，$x = 0$ で $x^{-1/2}$ が発散して本来の意味では定義できない．しかし，$0 < a < 1$ に対して $[a,1]$ 上の積分については定義することができて，

$$\int_a^1 \frac{1}{\sqrt{x}}\, dx = \left[2\sqrt{x}\right]_a^1 = 2 - 2\sqrt{a}$$

となる．そこで，$(0,1]$ 上の積分を

$$\int_0^1 \frac{1}{\sqrt{x}}\, dx = \lim_{a\to 0+}\int_a^1 \frac{1}{\sqrt{x}}\, dx = \lim_{a\to 0+}(2 - 2\sqrt{a}\,) = 2$$

のようにして求めることができる．これを**広義積分**と呼ぶ．

広義積分の考え方を用いると，$f(x) = e^{-x}$ の $[0,\infty)$ 上の積分についても

$$\lim_{b\to\infty}\int_0^b e^{-x}\, dx = \lim_{b\to\infty}\left[-e^{-x}\right]_0^b = \lim_{b\to\infty}(1 - e^{-b}) = 1$$

のようにして求めることができる．

例題 4.15　広義積分

次の積分の値を求めよ．

(1) $\int_1^\infty \frac{1}{x^3}\, dx$　　(2) $\int_0^\infty xe^{-x^2/2}\, dx$

解説

(1) $b \to \infty$ とすると，次のように書ける．

$$\int_1^b \frac{1}{x^3}\, dx = \left[-\frac{1}{2x^2}\right]_1^b = -\frac{1}{2b^2} + \frac{1}{2} \to \frac{1}{2}$$

(2) $b \to \infty$ とすると，

$$\int_0^b xe^{-x^2/2}\, dx = \left[-e^{-x^2/2}\right]_0^b = -e^{-b^2/2} + 1 \to 1$$

となり，広義積分は1になる．

公式 4.16 ライプニッツの積分法則

$a(\theta)$, $b(\theta)$ が θ に関して微分可能であるとする．θ に関して微分可能で x に関して積分可能な関数 $f(x,\theta)$ に対して，次の等式が成り立つ．

$$\frac{d}{d\theta}\int_{b(\theta)}^{a(\theta)} f(x,\theta)\,dx$$
$$= f(a(\theta),\theta)\,a'(\theta) - f(b(\theta),\theta)\,b'(\theta) + \int_{b(\theta)}^{a(\theta)} \frac{\partial}{\partial\theta} f(x,\theta)\,dx$$

例題 4.17 ライプニッツの積分法則の例

次の関数 $h_1(\theta)$, $h_2(\theta)$ の導関数を求めよ．

(1) $h_1(\theta) = \displaystyle\int_{\theta}^{\infty} \frac{1}{x} e^{-\theta x}\,dx \quad (\theta > 0)$ (2) $h_2(\theta) = \displaystyle\int_{-\infty}^{\theta^2} e^{-(x-\theta)^2/2}\,dx$

解説 公式 4.16 のライプニッツの積分法則を用いる．

(1)
$$h_1'(\theta) = -\frac{1}{\theta}e^{-\theta^2} - \int_{\theta}^{\infty} e^{-\theta x}\,dx$$
$$= -\frac{1}{\theta}e^{-\theta^2} - \left[-\frac{1}{\theta}e^{-\theta x} \right]_{\theta}^{\infty} = -\frac{2}{\theta}e^{-\theta^2}$$

(2)
$$h_2'(\theta) = 2\theta e^{-(\theta^2-\theta)^2/2} + \int_{-\infty}^{\theta^2} (x-\theta)e^{-(x-\theta)^2/2}\,dx$$
$$= 2\theta e^{-(\theta-1)^2\theta^2/2} + \left[-e^{-(x-\theta)^2/2} \right]_{-\infty}^{\theta^2} = (2\theta-1)e^{-(\theta-1)^2\theta^2/2}$$

4.4 重積分

連続な関数 $z = f(x,y)$ について，xy-平面上の長方形 $[a,b]\times[c,d]$ と曲面 $z = f(x,y)$ で囲まれた体積は，定積分

$$\iint_D f(x,y)\,dxdy$$

として求めることができる．ただし，$D = [a,b]\times[c,d]$ とする．この値は次のよ

うにして定義する.

閉区間 $[a,b]$ を $a = a_0 < a_1 < a_2 < \cdots < a_{m-1} < a_m = b$ という m 個の区間に分割し，各区間から実数 $x_1, x_2, \ldots, x_m$ を任意に選ぶと，$a_{i-1} \leq x_i \leq a_i$ を満たす．同様に，閉区間 $[c,d]$ を $c = c_0 < c_1 < c_2 < \cdots < c_{n-1} < c_n = d$ という n 個の区間に分割し，各区間から実数 $y_1, y_2, \ldots, y_n$ を任意に選ぶと，$c_{j-1} \leq y_j \leq c_j$ を満たす．$\Delta x_i = a_i - a_{i-1}$, $\Delta y_j = c_j - c_{j-1}$ とし，

$$\sum_{i=1}^{m}\sum_{j=1}^{n} f(x_i, y_j)\,\Delta x_i \Delta y_j$$

を作り，分割を細かくしていくときの極限を定積分 $\iint_D f(x,y)\,dxdy$ とする．すなわち，$|\Delta| = \max\{\Delta x_i \Delta y_j \mid i = 1, \ldots, m,\ j = 1, \ldots, n\}$ に対して，

$$\lim_{|\Delta| \to 0} \sum_{i=1}^{m}\sum_{j=1}^{n} f(x_i, y_j)\,\Delta x_i \Delta y_j = \iint_D f(x,y)\,dxdy$$

として定義する．この極限が存在するとき積分可能であるといい，これを**重積分**と呼ぶ．D 上で連続な関数 $f(x,y)$ は積分可能である．

重積分の実際の計算は変数ごとに順次積分していく．例えば，$D = [a,b] \times [c,d]$ 上の $f(x,y)$ の積分は，

$$\iint_D f(x,y)\,dxdy = \int_c^d \left\{ \int_a^b f(x,y)\,dx \right\} dy$$

$$\text{または} \quad \iint_D f(x,y)\,dxdy = \int_a^b \left\{ \int_c^d f(x,y)\,dy \right\} dx$$

として，計算しやすい方から積分計算を行う．これを**逐次積分**（**累次積分**）と呼ぶ．ただし，

$$\int_c^d \left\{ \int_a^b |f(x,y)|\,dx \right\} dy < \infty \quad \text{または} \quad \int_a^b \left\{ \int_c^d |f(x,y)|\,dy \right\} dx < \infty$$

であることが仮定される．

公式 4.18 逐次積分

一般に，積分領域が $D = \{(x,y) \mid a \leq x \leq b,\ g_1(x) \leq y \leq g_2(x)\}$ のように書けるときには，関数 $f(x,y)$ の逐次積分は，

$$\iint_D f(x,y)\,dxdy = \int_a^b \left\{ \int_{g_1(x)}^{g_2(x)} f(x,y)\,dy \right\} dx$$

のように書ける．ただし，$|f(x,y)|$ の逐次積分が有限であるとする．

例題 4.19 重積分

次の重積分の値を求めよ．ただし，積分領域は D で与えられる．

(1) $\displaystyle\iint_D xy\,dxdy,\quad D = \{(x,y) \mid 0 \leq x \leq 1,\ 0 \leq y \leq \sqrt{x}\}$

(2) $\displaystyle\iint_D e^{-y^2}\,dxdy,\quad D = \{(x,y) \mid 0 \leq y \leq 1,\ 0 \leq x \leq y\}$

解説

(1)
$$\begin{aligned}\iint_D xy\,dxdy &= \int_0^1 \left\{ \int_0^{\sqrt{x}} xy\,dy \right\} dx \\ &= \int_0^1 x\left[\frac{y^2}{2}\right]_0^{\sqrt{x}} dx = \int_0^1 \frac{x^2}{2}\,dx = \left[\frac{x^3}{6}\right]_0^1 = \frac{1}{6}\end{aligned}$$

(2)
$$\begin{aligned}\iint_D e^{-y^2}\,dxdy &= \int_0^1 \left\{ \int_0^y e^{-y^2}\,dx \right\} dy = \int_0^1 e^{-y^2}\Big[x\Big]_0^y dy \\ &= \int_0^1 ye^{-y^2}\,dy = \left[-\frac{1}{2}e^{-y^2}\right]_0^1 = \frac{1}{2}\left(1 - \frac{1}{e}\right)\end{aligned}$$

4.5 重積分の変数変換

1 変数の積分については，変数を変換するときの積分は置換積分として表されることを学んだ．ここでは，置換積分を 2 変数の場合へ拡張することを考えよう．

x, y は 2 変数 s, t の 2 つの関数 $g(s,t)$, $h(s,t)$ によって，

$$x = g(s,t), \quad y = h(s,t)$$

と表されるとし，(x,y) と (s,t) の対応は単射であるとする．このとき，重積分

$$\iint_D f(x,y)\,dxdy$$

が (s,t) の変数に基づいてどのように表されるかを考える．

x と y の微小な変化量をそれぞれ dx, dy とし，s と t の微小な変化量をそれぞれ ds, dt とすると，全微分の式 (3.3) より，

$$dx = x_s\,ds + x_t\,dt, \quad dy = y_s\,ds + y_t\,dt \tag{4.2}$$

と表される．ただし，$x_s = \partial g(s,t)/\partial s$, $y_s = \partial h(s,t)/\partial s$ であり，x_t, y_t も同様に与えられる．

全微分の式 (4.2) は，4 点 $(0,0)$, $(dx,0)$, $(0,dy)$, (dx,dy) で囲まれた正方形が，下図のように 4 点

$$\mathrm{A}(0,0), \quad \mathrm{B}(x_s\,ds, x_t\,dt), \quad \mathrm{C}(y_s\,ds, y_t\,dt), \quad \mathrm{D}(x_s\,ds + y_s\,ds,\ x_t\,dt + y_t\,dt)$$

で囲まれる平行四辺形に移ることを示している．

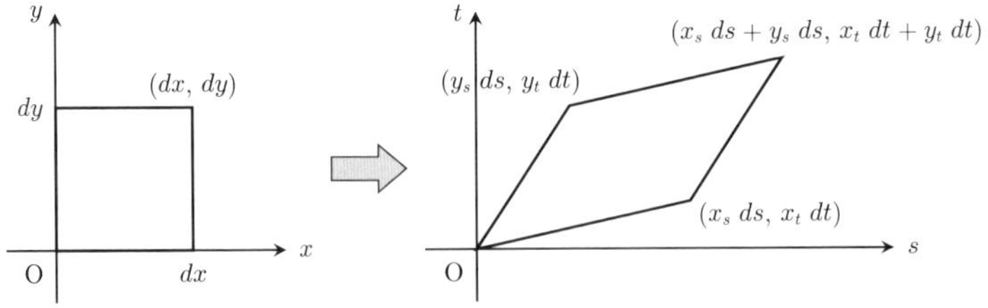

平行四辺形 ABCD の面積は，第 5 章の例題 5.7 を用いると，行列式

$$\begin{vmatrix} x_s\,ds & x_t\,dt \\ y_s\,ds & y_t\,dt \end{vmatrix} = \begin{vmatrix} x_s & x_t \\ y_s & y_t \end{vmatrix} dsdt = (x_s y_t - x_t y_s)\,dsdt$$

の絶対値で与えられる．ここで，

$$\frac{\partial(x,y)}{\partial(s,t)} = \begin{vmatrix} x_s & x_t \\ y_s & y_t \end{vmatrix} = x_s y_t - x_t y_s \tag{4.3}$$

を**ヤコビアン**と呼ぶ．この記号を用いると，xy-平面の微小な面積 $dxdy$ を，st-平面での面積に換算する式は，

$$dxdy = \left|\frac{\partial(x,y)}{\partial(s,t)}\right| dsdt$$

で与えられることになる．以上をまとめると次の公式が得られる．

公式 4.20　変数変換

2つの変数 x と y が変数 (s,t) の関数として $x = g(s,t)$, $y = h(s,t)$ と表されるとし，(x,y) と (s,t) の対応は単射であるとする．このとき，次の変数変換の公式が成り立つ．

$$\iint_D f(x,y)\,dxdy = \iint_{D'} f(g(s,t),\, h(s,t))\left|\frac{\partial(g(s,t),\, h(s,t))}{\partial(s,t)}\right| dsdt$$

ただし，D' は $D' = \{(s,t) \mid (g(s,t),\, h(s,t)) \in D\}$ となるような領域である．

変数変換の代表例は線形変換である．実数 a, b, c, d に対して $x = as + bt$, $y = cs + dt$ なる変換を**線形変換**と呼ぶ．このとき，

$$\frac{\partial(as+bt,\, cs+dt)}{\partial(s,t)} = \begin{vmatrix} a & b \\ c & d \end{vmatrix} = ad - bc$$

となるので，次の公式を得る．

公式 4.21　線形変換

$x = as + bt$, $y = cs + dt$ なる線形変換に対して，

$$\iint_D f(x,y)\,dxdy = \iint_{D'} f(as+bt,\, cs+dt)|ad-bc|\,dsdt$$

となる．ただし，D' は $D' = \{(s,t) \mid (as+bt,\, cs+dt) \in D\}$ となるような領域である．

例題 4.22 変数変換

次の重積分の値を求めよ．

(1) $\displaystyle\iint_D xy\,dxdy,\quad D=\{(x,y)\mid 0\le x+y\le 2,\ 0\le x-y\le 2\}$

(2) $\displaystyle\iint_D (x-y)e^{x^2-y^2}\,dxdy,\quad D=\{(x,y)\mid 0\le x+y\le 1,\ 0\le x-y\le 1\}$

解説

(1) $s=x+y,\ t=x-y$ なる変数変換を考えると，$x=(s+t)/2,\ y=(s-t)/2$ よりヤコビアン (4.3) は，

$$\frac{\partial(x,y)}{\partial(s,t)}=\begin{vmatrix} x_s & x_t \\ y_s & y_t \end{vmatrix}=\begin{vmatrix} 1/2 & 1/2 \\ 1/2 & -1/2 \end{vmatrix}=-\frac{1}{2}$$

と書けるので，次のようになる．

$$\begin{aligned}\iint_D xy\,dxdy &= \frac{1}{8}\int_0^2\left\{\int_0^2 (s+t)(s-t)\,ds\right\}dt\\ &=\frac{1}{8}\left\{\int_0^2\int_0^2 s^2\,dsdt-\int_0^2\int_0^2 t^2\,dsdt\right\}=0\end{aligned}$$

(2) $x^2-y^2=(x+y)(x-y)$ より，(1) と同じ変数変換を用いると，次のようになる．

$$\begin{aligned}\iint_D (x-y)e^{x^2-y^2}\,dxdy &= \frac{1}{2}\int_0^1\left\{\int_0^1 te^{ts}\,ds\right\}dt=\frac{1}{2}\int_0^1\Big[e^{ts}\Big]_{s=0}^{s=1}dt\\ &=\frac{1}{2}\int_0^1 (e^t-1)\,dt=\frac{1}{2}\Big[e^t-t\Big]_0^1=\frac{e-2}{2}\end{aligned}$$

ガンマ関数とベータ関数の間の関係式も変数変換を用いて示すことができる．正の実数 a,b に対して，**ガンマ関数** $\Gamma(a)$ と**ベータ関数** $B(a,b)$ は，

$$\Gamma(a)=\int_0^\infty x^{a-1}e^{-x}\,dx$$

$$B(a,b)=\int_0^1 x^{a-1}(1-x)^{b-1}\,dx$$

で定義される．

例題 4.23 ガンマ関数とベータ関数の性質

次の等式を示せ．

(1) $B(a,b) = \dfrac{\Gamma(a)\Gamma(b)}{\Gamma(a+b)}$　　(2) $\Gamma(a+1) = a\Gamma(a)$

解説

(1) まず，

$$\Gamma(a)\Gamma(b) = \int_0^\infty \int_0^\infty x^{a-1} y^{b-1} e^{-(x+y)}\, dxdy$$

と表しておく．$z = x + y$, $w = x/(x+y)$ なる変数変換を考えると，$x = zw$, $y = z(1-w)$ よりヤコビアン (4.3) は，

$$\frac{\partial(x,y)}{\partial(z,w)} = \begin{vmatrix} x_z & x_w \\ y_z & y_w \end{vmatrix} = \begin{vmatrix} w & z \\ 1-w & -z \end{vmatrix} = -z$$

と書ける．$x > 0$ を任意にとって固定すると，$w = x/(x+y)$ は $y > 0$ の範囲で y に関して単調減少し，$y \to 0$ とすると $w \to 1$ となり，$y \to \infty$ とすると $w \to 0$ となる．したがって，w のとり得る値の範囲は $(0,1)$ となるので，

$$\begin{aligned}
\Gamma(a)\Gamma(b) &= \int_0^1 \left\{ \int_0^\infty (zw)^{a-1} \{z(1-w)\}^{b-1} e^{-z} z\, dz \right\} dw \\
&= \int_0^1 w^{a-1}(1-w)^{b-1}\, dw \int_0^\infty z^{a+b-1} e^{-z}\, dz \\
&= B(a,b)\Gamma(a+b)
\end{aligned}$$

となる．

(2) 部分積分により，次のようにして等式が得られる．

$$\begin{aligned}
\Gamma(a+1) &= \int_0^\infty x^a e^{-x}\, dx \\
&= \Big[-x^a e^{-x} \Big]_0^\infty + a \int_0^\infty x^{a-1} e^{-x}\, dx = a\Gamma(a)
\end{aligned}$$

重積分の極座標変換による変数変換はとても重要で，ガウス積分などを計算するときに利用される．この内容については，次の第5章で取り上げる．

4.6　多変数関数の積分

2変数関数に関する積分の性質や公式は，そのまま多変数関数の場合へ拡張することができる．この節では，主に3変数の場合を紹介するが，変数が4以上の場合も2変数や3変数の積分をそのまま拡張すればよい．ただし，本節の説明には第6章以降で学ぶ行列の知識を使う部分があるので，行列を学んでから本節に戻ってきてもよい．

実数 $x,\ y,\ z$ の関数 $f(x,y,z)$ を $\mathbb{R}^3$ 内の部分集合 D 上で積分するには，4.4節と同様の考え方で重積分を定義できる．この重積分を実際に計算するには，累次積分を用いて，

$$\iiint_D f(x,y,z)\,dxdydz = \int_{D_z}\left[\int_{D_y(z)}\left\{\int_{D_x(y,z)} f(x,y,z)\,dx\right\}dy\right]dz$$

のようにして求める．ただし，$D_x(y,z)$ は x の範囲で (y,z) に依存し，$D_y(z)$ は y の範囲で z に依存し，D_z は z の範囲であり，全体で D になるように定められる．

いま，3変数 $u,\ v,\ w$ の関数 $g_1(u,v,w),\ g_2(u,v,w),\ g_3(u,v,w)$ によって，

$$x = g_1(u,v,w), \quad y = g_2(u,v,w), \quad z = g_3(u,v,w)$$

と表されるとする．$x_u,\ x_v,\ x_w$ をそれぞれ $g_1(u,v,w)$ の $u,\ v,\ w$ による偏導関数とし，$y,\ z$ についても同様に定義すると，重積分

$$\iiint_D f(x,y,z)\,dxdydz$$

は (u,v,w) による変数によって次のように変換される．変数変換の**ヤコビアン**を

$$\frac{\partial(x,y,z)}{\partial(u,v,w)} = \begin{vmatrix} x_u & x_v & x_w \\ y_u & y_v & y_w \\ z_u & z_v & z_w \end{vmatrix} \tag{4.4}$$

とする．ただし，右辺は 3×3 行列の行列式である．行列式の詳しい説明については第 8 章が参照される．

公式 4.24 変数変換

3 つの変数 x, y, z が，変数 u, v, w の関数として $x = g_1(u,v,w)$, $y = g_2(u,v,w)$, $z = g_3(u,v,w)$ と表されるとし，(x,y,z) と (u,v,w) の対応は単射であるとする．このとき，次の変数変換の公式が成り立つ．

$$\begin{aligned}&\iiint_D f(x,y,z)\,dxdydz\\ &= \iiint_{D'} f(g_1(u,v,w),\,g_2(u,v,w),\,g_3(u,v,w))\left|\frac{\partial(x,y,z)}{\partial(u,v,w)}\right| dudvdw\end{aligned}$$

ただし，D' は $D' = \{(u,v,w) \mid (g_1(u,v,w),\,g_2(u,v,w),\,g_3(u,v,w)) \in D\}$ となるような領域である．

実数 a_i, b_i, c_i $(i = 1,2,3)$ に対して，線形変換

$$x = g_1(u,v,w) = a_1u + a_2v + a_3w$$

$$y = g_2(u,v,w) = b_1u + b_2v + b_3w$$

$$z = g_3(u,v,w) = c_1u + c_2v + c_3w$$

を考える．ヤコビアンを J とおくと，

$$\begin{aligned}J &= \frac{\partial(a_1u + a_2v + a_3w,\ b_1u + b_2v + b_3w,\ c_1u + c_2v + c_3w)}{\partial(u,v,w)}\\ &= \begin{vmatrix} a_1 & a_2 & a_3 \\ b_1 & b_2 & b_3 \\ c_1 & c_2 & c_3 \end{vmatrix}\end{aligned}$$

となるので，次の公式を得る．

公式 4.25 線形変換

$x = a_1u + a_2v + a_3w$, $y = b_1u + b_2v + b_3w$, $z = c_1u + c_2v + c_3w$ なる線形変換に対して，

$$\iiint_D f(x,y,z)\,dxdydz$$
$$= \iiint_{D'} f(g_1(u,v,w),\ g_2(u,v,w),\ g_3(u,v,w))|J|\,dudvdw$$

となる．ただし，D' は次のような領域である．

$$D' = \{(u,v,w) \mid (a_1u + a_2v + a_3w,\ b_1u + b_2v + b_3w,\ c_1u + c_2v + c_3w) \in D\}$$

3×3 行列の行列式の計算が必要なので，公式 4.24，公式 4.25 のヤコビアンの計算例は第 8 章（発展問題の問 12 (1)）で与えられる．

基本問題

問 1　置換積分をして次の不定積分を求めよ．

(1) $\displaystyle\int (2x+1)^n\,dx \quad (n \neq -1)$　　(2) $\displaystyle\int e^{ax+b}\,dx$

問 2　部分積分を用いて次の不定積分を求めよ．

(1) $\displaystyle\int \frac{\log x}{x^2}\,dx$　　(2) $\displaystyle\int \sqrt{x^2+a}\,dx \quad (a > 0)$

問 3　次の不定積分を求めよ．

(1) $\displaystyle\int x\sqrt{1-x}\,dx$　　(2) $\displaystyle\int \frac{x+5}{x^2+x-2}\,dx$

問 4　次の微分方程式を解け．ただし，初期条件は $y(0) = 1$ とする．

(1) $(1-bx)y' = aby$　　(2) $(1-be^x)y' = abe^xy$

問 5　次の微分方程式を解け．ただし，初期条件は $y(1) = 1$ とする．

(1) $xy' = x + y$　　(2) $xy^2y' = x^3 + y^3$

問 6　次の定積分の値を求めよ．

(1) $\displaystyle\int_1^2 \frac{x^3+2x}{x^2+1}\,dx$　　(2) $\displaystyle\int_2^3 \frac{2x}{x^2-1}\,dx$

問 7 n を自然数とするとき，次の定積分の値を求めよ．

(1) $\displaystyle\int_0^1 (2x+3)^{-n}\,dx$　　(2) $\displaystyle\int_0^\infty x^{n-1}e^{-x}\,dx$

問 8 次の定積分の値を求めよ．

(1) $\displaystyle\int_0^1 \frac{1}{\sqrt{1-x}}\,dx$　　(2) $\displaystyle\int_0^1 \frac{x^n}{\sqrt{1-x}}\,dx \quad (n \in \mathbb{N})$

問 9 次の重積分の値を求めよ．

(1) $\displaystyle\iint_D \frac{1}{x+y}\,dxdy, \quad D = \{(x,y) \mid 0 \leq x \leq 1,\ 1 \leq y \leq 2\}$

(2) $\displaystyle\iint_D xe^{-(1+y)x}\,dxdy, \quad D = \{(x,y) \mid 0 \leq x < \infty,\ 0 \leq y < \infty\}$

問 10 次の重積分の値を求めよ．

(1) $\displaystyle\iint_D \frac{x-y}{1+x+y}\,dxdy, \quad D = \{(x,y) \mid 0 \leq x+y \leq 1,\ 0 \leq x-y \leq 1\}$

(2) $\displaystyle\iint_D \frac{xy}{(x+y)^2}e^{-x-y}\,dxdy, \quad D = \{(x,y) \mid 0 < x < \infty,\ 0 < y < \infty\}$

発展問題

問 11 自然数 n に対して $\displaystyle I_n = \int \frac{1}{(x^2+1)^n}\,dx$ とおくとき，I_n を I_{n-1} を用いて表せ．

問 12 次の定積分を求めよ．

(1) $\displaystyle\int_0^1 \frac{1}{\sqrt{x+a}\,\sqrt{x+b}}\,dx$ （a, b は正の定数）

(2) $\displaystyle\int_0^1 (-\log x)^n\,dx$ （n は自然数）

問 13 次の積分をガンマ関数もしくはベータ関数を用いて表せ．ただし，a は正の実数とする．

(1) $\displaystyle\int_0^\infty (\log x)x^{a-1}e^{-x}\,dx$　　(2) $\displaystyle\int_{-\infty}^\infty \frac{1}{(1+x^2)^{a+1}}\,dx$

問 14 次の問に答えよ．

(1) 等式 $\displaystyle\int_a^b \left\{ \int_a^x f(x,y)\,dy \right\} dx = \int_a^b \left\{ \int_y^b f(x,y)\,dx \right\} dy$ を示せ．

(2) $f(x) \geq 0$ の関数 $f(x)$ に対して $\displaystyle\int_0^\infty xf(x)\,dx < \infty$ とする．また，$F(x) = \displaystyle\int_0^x f(t)\,dt$ とおくとき，$\displaystyle\lim_{x\to\infty} F(x) = 1$ であるとする．このとき，次を示せ．

$$\int_0^\infty xf(x)\,dx = \int_0^\infty \{1 - F(x)\}\,dx$$

(3) $f(x) = e^{-x}$ のとき，(2) の等式が成り立つことを確かめよ．

問 15 z が (x, y) の関数として 2 回連続微分可能であるとする．このとき，次の事項を示せ．

(1) $z = f(x) + g(y)$ という形で表される必要十分条件は，$\dfrac{\partial^2 z}{\partial x \partial y} = 0$ である．

(2) $z = f(x)g(y)$ という形で表される必要十分条件は，$z\dfrac{\partial^2 z}{\partial x \partial y} = \dfrac{\partial z}{\partial x}\dfrac{\partial z}{\partial y}$ である．

問 16 閉区間 $[a, b]$ で連続な関数 $f(x)$, $g(x)$ について，$g(x) > 0$ ならば，

$$\int_a^b f(x)g(x)\,dx = f(c)\int_a^b g(x)\,dx$$

となる c が開区間 (a, b) に存在することを示せ．

第5章

三角関数の微積分

微積分の標準的な教科書では，三角関数は関数の例として微分と積分の事項の中で取り上げられている．しかし，三角関数を身近で使うことがないと，高等学校で学んだ三角関数の性質などは忘れているのが普通である．また，微積分について学びたくても，三角関数が登場すると敬遠したくなる場合もある．そこで本書では，三角関数だけを取り上げる章として本章を設け，その微分積分に関する事項を説明することにする．2倍角の公式などの三角関数の基本的な性質を公式としてまとめ，三角関数の微分と積分，重積分と極座標変換について解説する．また，三角関数の積分の応用例として，図形の面積・体積や曲線の長さについても説明する．

5.1 三角関数の性質

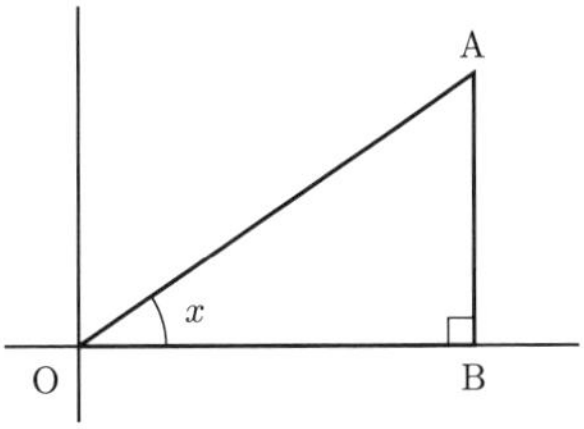

右の図のように $\angle$OBA が直角になる三角形 OBA において，$\angle$AOB を x とする．辺 OA，辺 OB，辺 AB の長さをそれぞれ $\overline{\mathrm{OA}}$, $\overline{\mathrm{OB}}$, $\overline{\mathrm{AB}}$ とするとき，$\sin x$, $\cos x$ は,

$$\sin x = \frac{\overline{\mathrm{AB}}}{\overline{\mathrm{OA}}}, \quad \cos x = \frac{\overline{\mathrm{OB}}}{\overline{\mathrm{OA}}}$$

で定義される．

$\sin x$, $\cos x$ は，それぞれ**サイン関数**（**正弦関数**），**コサイン関数**（**余弦関数**）と呼ばれ，その形状は次の図で描かれるように，-1 と 1 の間のすべての値を周期 2π で繰り返す関数である．

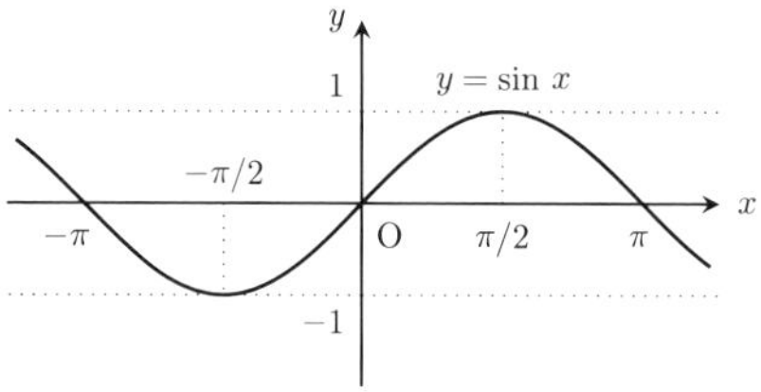

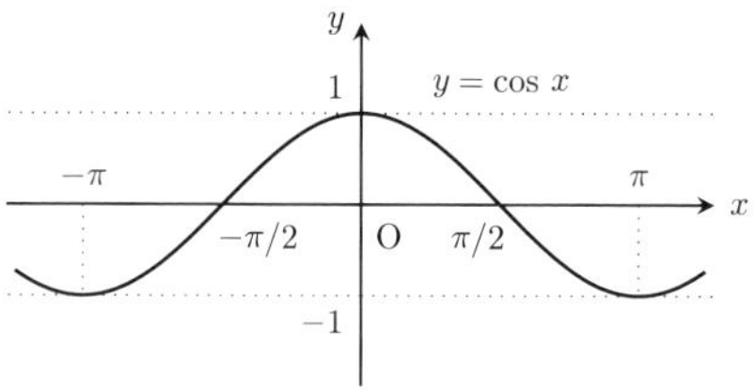

また，$\tan x$ は**タンジェント関数**（**正接関数**）と呼ばれ，

$$\tan x = \frac{\overline{\mathrm{AB}}}{\overline{\mathrm{OB}}} = \frac{\sin x}{\cos x}$$

で定義される．その形状は右の図で描かれている．

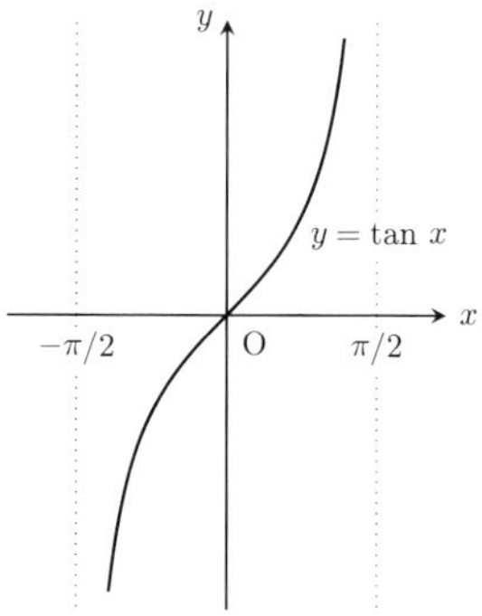

以下に，三角関数の基本的な性質を公式としてまとめておく．

公式 5.1　基本的な性質

(1) $\sin(-\theta) = -\sin\theta, \quad \sin\left(\theta + \frac{\pi}{2}\right) = \cos\theta, \quad \sin(\theta + \pi) = -\sin\theta$

(2) $\cos(-\theta) = \cos\theta, \quad \cos\left(\theta + \frac{\pi}{2}\right) = -\sin\theta, \quad \cos(\theta + \pi) = -\cos\theta$

(3) $\tan(-\theta) = -\tan\theta, \quad \tan\left(\theta + \frac{\pi}{2}\right) = -\frac{1}{\tan\theta}, \quad \tan(\theta + \pi) = \tan\theta$

(4) $\sin^2\theta + \cos^2\theta = 1$　　(5) $1 + \tan^2\theta = \frac{1}{\cos^2\theta}$

公式 5.2　加法定理

(1) $\sin(\alpha \pm \beta) = \sin\alpha\cos\beta \pm \cos\alpha\sin\beta$

(2) $\cos(\alpha \pm \beta) = \cos\alpha\cos\beta \mp \sin\alpha\sin\beta$

(3) $\tan(\alpha \pm \beta) = \dfrac{\tan\alpha \pm \tan\beta}{1 \mp \tan\alpha\tan\beta}$

公式 5.3 2 倍角の公式

(1) $\sin 2\theta = 2\sin\theta\cos\theta$

(2) $\cos 2\theta = \cos^2\theta - \sin^2\theta = 2\cos^2\theta - 1 = 1 - 2\sin^2\theta$

(3) $\tan 2\theta = \dfrac{2\tan\theta}{1-\tan^2\theta}$

公式 5.4 半角の公式

(1) $\sin^2\dfrac{\theta}{2} = \dfrac{1-\cos\theta}{2}$ (2) $\cos^2\dfrac{\theta}{2} = \dfrac{1+\cos\theta}{2}$

(3) $\tan^2\dfrac{\theta}{2} = \dfrac{1-\cos\theta}{1+\cos\theta}$

公式 5.5 3 倍角の公式

(1) $\sin 3\theta = 3\sin\theta - 4\sin^3\theta$ (2) $\cos 3\theta = -3\cos\theta + 4\cos^3\theta$

(3) $\tan 3\theta = \dfrac{\tan^3\theta - 3\tan\theta}{3\tan^2\theta - 1}$

公式 5.6 和と積の公式

(1) $\sin A + \sin B = 2\sin\dfrac{A+B}{2}\cos\dfrac{A-B}{2}$

(2) $\sin A - \sin B = 2\cos\dfrac{A+B}{2}\sin\dfrac{A-B}{2}$

(3) $\cos A + \cos B = 2\cos\dfrac{A+B}{2}\cos\dfrac{A-B}{2}$

(4) $\cos A - \cos B = -2\sin\dfrac{A+B}{2}\sin\dfrac{A-B}{2}$

(5) $\sin\alpha\cos\beta = \dfrac{1}{2}\{\sin(\alpha+\beta) + \sin(\alpha-\beta)\}$

(6) $\cos\alpha\sin\beta = \dfrac{1}{2}\{\sin(\alpha+\beta) - \sin(\alpha-\beta)\}$

(7) $\cos\alpha\cos\beta = \dfrac{1}{2}\{\cos(\alpha+\beta) + \cos(\alpha-\beta)\}$

(8) $\sin\alpha\sin\beta = -\dfrac{1}{2}\{\cos(\alpha+\beta) - \cos(\alpha-\beta)\}$

例題 5.7 平行四辺形の面積

2点 $\mathrm{A}(a_1, b_1)$, $\mathrm{B}(a_2, b_2)$ と原点 O を結ぶ線分 OA, OB を2辺とする平行四辺形の面積 S は，行列式を用いて，

$$S = \left| \begin{vmatrix} a_1 & b_1 \\ a_2 & b_2 \end{vmatrix} \right| = |a_1 b_2 - a_2 b_1|$$

で与えられることを示せ．ただし，行列式の外側の記号 $|\cdot|$ は絶対値を表す．

解説 点 A, B が第1象限にある場合を考える．$\angle\mathrm{AOB}$ を θ で表し，線分 OA と線分 OB の長さを ℓ_1, ℓ_2 で表すと，平行四辺形の面積は $S = \ell_1\ell_2\sin\theta$ で与えられる．

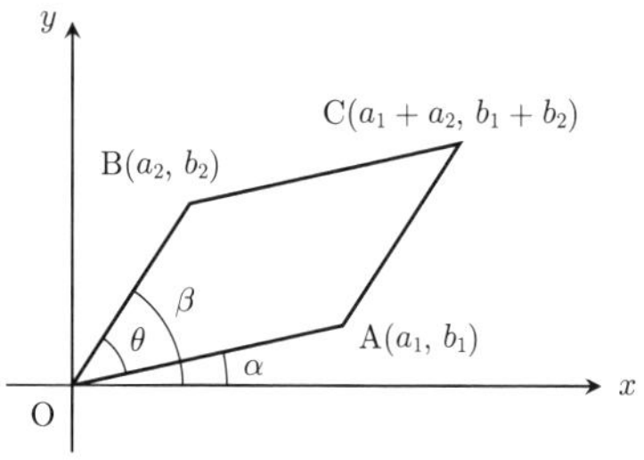

x-軸の正の方向から線分 OA, OB までの角をそれぞれ α, β とおくと，$\theta = \beta - \alpha$ であるから加法定理により，

$$\sin\theta = \sin(\beta - \alpha) = \sin\beta\cos\alpha - \cos\beta\sin\alpha$$

と書ける．したがって，

$$S = (\ell_1\cos\alpha)(\ell_2\sin\beta) - (\ell_1\sin\alpha)(\ell_2\cos\beta)$$

となる．ここで，$\ell_1\cos\alpha = a_1$, $\ell_2\sin\beta = b_2$, $\ell_1\sin\alpha = b_1$, $\ell_2\cos\beta = a_2$ であるから，$S = a_1b_2 - a_2b_1$ となる．

一般に，点 A, B が2次元平面上にあるときには，同様にして，平行四辺形の面積が $S = |a_1b_2 - a_2b_1|$ となることが示される．また，平行四辺形の面積は，公式 4.20 において重積分の変数変換を行うときに用いられる．

公式 5.8 sinc 関数の極限値

$\dfrac{\sin x}{x}$ は **sinc 関数**と呼ばれ，$x \to 0$ での極限値は次のようになる．

$$\lim_{x\to 0} \frac{\sin x}{x} = 1 \tag{5.1}$$

証明 はさみうちの原理を用いて示される．右の図のように半径 1 の扇形 OAB と，∠OBC が直角になるような三角形 OCB を考える．このとき，3 つの図形の面積の大きさを比較すると，

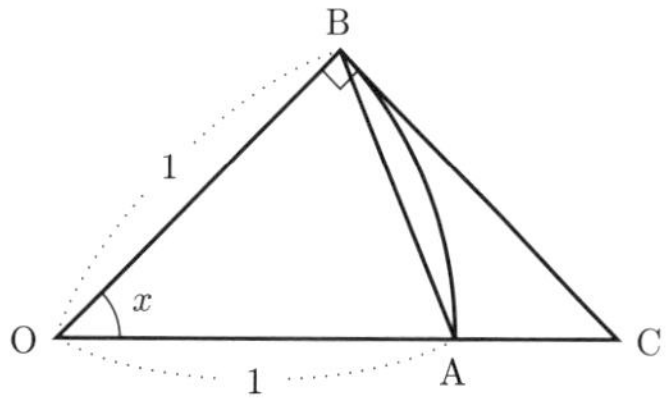

$$\text{三角形 OAB の面積} < \text{扇形 OAB の面積} < \text{三角形 OCB の面積}$$

となる．ここで，∠AOB を x とすると，$\overline{\mathrm{OA}} = \overline{\mathrm{OB}} = 1$ より，

$$\text{三角形 OAB の面積} = \frac{1}{2}\overline{\mathrm{OB}}(\overline{\mathrm{OA}}\sin x) = \frac{1}{2}\sin x$$

である．また，

$$\text{三角形 OCB の面積} = \frac{1}{2}\overline{\mathrm{OB}}\left(\overline{\mathrm{OB}}\frac{\overline{\mathrm{BC}}}{\overline{\mathrm{OB}}}\right) = \frac{1}{2}\tan x$$

である．扇形 OAB の面積は $x/2$ であるから，

$$\frac{1}{2}\sin x < \frac{1}{2}x < \frac{1}{2}\tan x$$

という不等式が成り立つ．$\sin x > 0$ であるから，$1 < \dfrac{x}{\sin x} < \dfrac{1}{\cos x}$ となり，この逆数をとると，

$$\cos x < \frac{\sin x}{x} < 1$$

となる．ここで，$x \to 0+$ とすると $\cos x \to 1$ であるから，はさみうちの原理より $\displaystyle\lim_{x\to 0+} \frac{\sin x}{x} = 1$ となる．また，

$$\lim_{x\to 0-} \frac{\sin x}{x} = \lim_{x\to 0-} \frac{\sin(-x)}{-x} = \lim_{x\to 0+} \frac{\sin x}{x} = 1$$

となるので，(5.1) が示される． ∎

5.2 三角関数の微分

三角関数の導関数は次で与えられる．

公式 5.9　三角関数の導関数

$$(\sin x)' = \cos x, \quad (\cos x)' = -\sin x, \quad (\tan x)' = \frac{1}{\cos^2 x}$$

証明 $\sin x$ の導関数は，$\sin(x+h) - \sin x = 2\cos(x+h/2)\sin(h/2)$ より，

$$\begin{aligned}(\sin x)' &= \lim_{h\to 0} \frac{\sin(x+h) - \sin x}{h} = \lim_{h\to 0} \frac{2\cos(x+h/2)\sin(h/2)}{h} \\ &= \lim_{h\to 0} \cos\left(x + \frac{h}{2}\right) \lim_{h\to 0} \frac{\sin(h/2)}{h/2} = \cos x\end{aligned}$$

となる．ただし，最後の変形には (5.1) を用いた．また，次のようになる．

$$\begin{aligned}(\cos x)' &= \left\{\sin\left(x + \frac{\pi}{2}\right)\right\}' = \cos\left(x + \frac{\pi}{2}\right) = -\sin x \\ (\tan x)' &= \left(\frac{\sin x}{\cos x}\right)' = \frac{\cos x \cos x - \sin x(-\sin x)}{\cos^2 x} = \frac{1}{\cos^2 x}\end{aligned}$$

■

例題 5.10　三角関数の導関数

次の関数の導関数を求めよ．

(1) $f(x) = x\sin x + \cos x$　　(2) $f(x) = \sin^3 2x$

解説

(1) $f'(x) = \sin x + x\cos x - \sin x = x\cos x$

(2) $f'(x) = 3\sin^2 2x \times \cos 2x \times 2 = 6\sin^2 2x \cos 2x$

例題 5.11　三角関数の *n* 次導関数

$y = \sin x$ について，x に関する n 次導関数を $y^{(n)}$ で表すとき，

$$y^{(n)} = \sin\left(x + \frac{n\pi}{2}\right)$$

と書けることを示せ．また，$y=\cos x$ について，$y^{(n)}$ はどのように表されるか．

解説 公式 5.1 を用いると，

$$y^{(1)} = \cos x = \sin\left(x + 1\cdot\frac{\pi}{2}\right),\quad y^{(2)} = -\sin x = \sin\left(x + 2\cdot\frac{\pi}{2}\right)$$
$$y^{(3)} = -\cos x = \sin\left(x + 3\cdot\frac{\pi}{2}\right),\quad y^{(4)} = \sin x = \sin\left(x + 4\cdot\frac{\pi}{2}\right)$$

と書けるので，$y^{(n)} = \sin(x + n\pi/2)$ が成り立つ．

また，$y=\cos x$ については，

$$y^{(1)} = -\sin x = \cos\left(x + 1\cdot\frac{\pi}{2}\right),\quad y^{(2)} = -\cos x = \cos\left(x + 2\cdot\frac{\pi}{2}\right)$$
$$y^{(3)} = \sin x = \cos\left(x + 3\cdot\frac{\pi}{2}\right),\quad y^{(4)} = \cos x = \cos\left(x + 4\cdot\frac{\pi}{2}\right)$$

と書けるので次が成り立つ．

$$y^{(n)} = \cos\left(x + \frac{n\pi}{2}\right)$$

次に，逆三角関数の微分を考えよう．$\sin x$ は周期 2π の周期関数であり，x の範囲を $-\pi/2 \le x \le \pi/2$ に制限すると，$[-\pi/2, \pi/2]$ から $[-1, 1]$ への 1 対 1 の関数になる．このとき，$\sin x$ の逆関数がとれるので，それを $\sin^{-1} x$ もしくは $\mathrm{Arcsin}\, x$ と書き，**アーク・サイン関数**（**逆正弦関数**）と呼ぶ．

$$\sin^{-1} : [-1, 1] \to \left[-\frac{\pi}{2}, \frac{\pi}{2}\right]$$

同様に，$\cos x$ の逆関数を $\cos^{-1} x$ もしくは $\mathrm{Arccos}\, x$ と書き，**アーク・コサイン関数**（**逆余弦関数**）と呼ぶ．$\tan x$ の逆関数を $\tan^{-1} x$ もしくは $\mathrm{Arctan}\, x$ と書き，**アーク・タンジェント関数**（**逆正接関数**）と呼ぶ．

$$\cos^{-1} : [-1, 1] \to [0, \pi],\quad \tan^{-1} : (-\infty, \infty) \to \left(-\frac{\pi}{2}, \frac{\pi}{2}\right)$$

$\sin^{-1} x = y$ とおくと $x = \sin y$ であるから，$\cos y = \sqrt{1-\sin^2 y} = \sqrt{1-x^2}$ と書ける．この両辺を x で微分すると，

$$\frac{d}{dx}\cos y = \frac{dy}{dx}\frac{d}{dy}\cos y = -\frac{dy}{dx}\sin y,\quad \frac{d}{dx}\sqrt{1-x^2} = -\frac{x}{\sqrt{1-x^2}}$$

となることから，

$$\frac{dy}{dx}\sin y = \frac{x}{\sqrt{1-x^2}}$$

と書ける．$\sin y = x$ であるから，次のようになる．

$$(\sin^{-1} x)' = \frac{dy}{dx} = \frac{1}{\sqrt{1-x^2}}$$

同様に，$\cos^{-1} x = y$ とおくと $x = \cos y$ であるから，$\sin y = \sqrt{1-\cos^2 y} = \sqrt{1-x^2}$ と書ける．この両辺を x で微分すると，

$$\frac{d}{dx}\sin y = \frac{dy}{dx}\frac{d}{dy}\sin y = \frac{dy}{dx}x = -\frac{x}{\sqrt{1-x^2}}$$

と書けるので，次のようになる．

$$(\cos^{-1} x)' = \frac{dy}{dx} = -\frac{1}{\sqrt{1-x^2}}$$

$(\tan^{-1} x)'$ については，$\tan^{-1} x = y$ とおくと $x = \tan y$ であるから，

$$\frac{dy}{dx} = \left(\frac{dx}{dy}\right)^{-1} = \left(\frac{1}{\cos^2 y}\right)^{-1} = \cos^2 y$$

と書ける．$1 + \tan^2 y = 1/\cos^2 y$ であるから，

$$(\tan^{-1} x)' = \frac{dy}{dx} = \frac{1}{1+\tan^2 y} = \frac{1}{1+x^2}$$

となる．以上をまとめると次のようになる．

公式 5.12　逆三角関数の導関数

$$(\sin^{-1} x)' = \frac{1}{\sqrt{1-x^2}}, \quad (\cos^{-1} x)' = -\frac{1}{\sqrt{1-x^2}}, \quad (\tan^{-1} x)' = \frac{1}{1+x^2}$$

例題 5.13　逆三角関数の微分

次の関数の導関数を求めよ．

(1) $f(x) = \sin^{-1} x^2$　　(2) $f(x) = \cos^{-1}\sqrt{1-x^2}$　$(|x| < 1,\ x \neq 0)$

解説

(1) $t=x^2$ とおくと，次のように書ける．

$$f'(x)=\frac{d}{dt}(\sin^{-1}t)\frac{dt}{dx}=\frac{1}{\sqrt{1-t^2}}2x=\frac{2x}{\sqrt{1-x^4}}$$

(2) $t=\sqrt{1-x^2}$ とおくと，$x\neq 0$ のとき次のようになる．

$$f'(x)=\frac{d}{dt}(\cos^{-1}t)\frac{dt}{dx}=-\frac{1}{\sqrt{1-t^2}}\frac{-x}{\sqrt{1-x^2}}=\frac{x/|x|}{\sqrt{1-x^2}}$$

例題 5.14　逆三角関数の性質

$\sin^{-1}x+\cos^{-1}x=\pi/2$ を示せ．

解説　$f(x)=\sin^{-1}x+\cos^{-1}x$ とおき，x に関して微分すると，

$$\frac{d}{dx}f(x)=\frac{d}{dx}\sin^{-1}x+\frac{d}{dx}\cos^{-1}x=\frac{1}{\sqrt{1-x^2}}-\frac{1}{\sqrt{1-x^2}}=0$$

となる．微分方程式 $f'(x)=0$ が得られるので，その解は $f(x)=C$ となる．$f(0)=\sin^{-1}0+\cos^{-1}0=0+\pi/2$ より，$C=\pi/2$ となる．

$\sin x$, $\cos x$ の $x=0$ のまわりでのテイラー展開であるマクローリン展開は，次のようになる．

公式 5.15　三角関数のマクローリン展開

(1) $\sin x$ のマクローリン展開

$$\sin x=x-\frac{x^3}{3!}+\frac{x^5}{5!}-\frac{x^7}{7!}+\cdots+(-1)^{n-1}\frac{x^{2n-1}}{(2n-1)!}+R_{2n+1}$$

$$R_{2n+1}=(-1)^n\frac{\cos\theta x}{(2n+1)!}x^{2n+1}$$

(2) $\cos x$ のマクローリン展開

$$\cos x=1-\frac{x^2}{2!}+\frac{x^4}{4!}-\frac{x^6}{6!}+\cdots+(-1)^{n-1}\frac{x^{2n-2}}{(2n-2)!}+R_{2n}$$

$$R_{2n}=(-1)^n\frac{\cos\theta x}{(2n)!}x^{2n}$$

証明

(1) $f(x) = \sin x$ のとき，例題 5.11 より $k = 1, \ldots, n-1$ に対して $f^{(k)}(x) = \sin(x + k\pi/2)$ と書けるので，

$$f^{(2k)}(0) = 0, \quad f^{(2k-1)}(0) = (-1)^{k-1}$$
$$f^{(2n+1)}(\theta x) = (-1)^n \cos\theta x$$

をテイラー展開の公式に代入すればよい．

(2) $f(x) = \cos x$ のとき，例題 5.11 より $k = 1, \ldots, n-1$ に対して $f^{(k)}(x) = \cos(x + k\pi/2)$ と書けるので，

$$f^{(2k)}(0) = (-1)^k, \quad f^{(2k-1)}(0) = 0$$
$$f^{(2n)}(\theta x) = (-1)^n \cos\theta x$$

をテイラー展開の公式に代入すればよい． ■

例題 5.16 三角関数のマクローリン展開

次の関数のマクローリン展開を与えよ．

(1) $\sin^2 x$ (2) $\sin x \cos x$

解説 公式 5.3 の 2 倍角の公式を用いると，それぞれに公式 5.15 のマクローリン展開が適用できることがわかる．

(1)
$$\begin{aligned}\sin^2 x &= \frac{1-\cos 2x}{2}\\ &= \frac{1}{2}\left\{\frac{(2x)^2}{2!} - \frac{(2x)^4}{4!} + \frac{(2x)^6}{6!} - \cdots + (-1)^{n-1}\frac{(2x)^{2n-2}}{(2n-2)!}\right\} - R_{2n}\end{aligned}$$

となり，剰余項は $R_{2n} = \dfrac{(-1)^n}{2}\dfrac{\cos 2\theta x}{(2n)!}(2x)^{2n}$ で与えられる．

(2)
$$\begin{aligned}\sin x \cos x &= \frac{\sin 2x}{2}\\ &= \frac{1}{2}\left\{2x - \frac{(2x)^3}{3!} + \frac{(2x)^5}{5!} - \cdots + (-1)^{n-1}\frac{(2x)^{2n-1}}{(2n-1)!}\right\}\\ &\qquad + R_{2n+1}\end{aligned}$$

と書けて，剰余項は $R_{2n+1} = \dfrac{(-1)^n}{2}\dfrac{\cos 2\theta x}{(2n+1)!}(2x)^{2n+1}$ となる．

5.3 三角関数の積分

関数 $f(x)$ とその原始関数 $F(x)$ との間には $F'(x) = f(x)$ という関係があるので，不定積分は $F(x) = \int F'(x)\,dx$ で与えられる．このことを利用すると，三角関数について次のような不定積分が得られる．

公式 5.17　三角関数の不定積分

$$\int \sin x\,dx = -\cos x + C, \quad \int \cos x\,dx = \sin x + C$$
$$\int \frac{1}{\cos^2 x}\,dx = \tan x + C, \quad \int \frac{1}{x^2+a^2}\,dx = \frac{1}{a}\tan^{-1}\frac{x}{a} + C \quad (a \neq 0)$$
$$\int \frac{1}{\sqrt{a^2-x^2}}\,dx = \sin^{-1}\frac{x}{a} + C \quad (a > 0)$$

例題 5.18　三角関数の不定積分

次の不定積分を示せ．

(1) $\displaystyle\int \tan x\,dx = -\log|\cos x| + C$

(2) $\displaystyle\int \sin^2 x\,dx = \frac{1}{2}\left(x - \frac{1}{2}\sin 2x\right) + C$

(3) $\displaystyle\int \sqrt{a^2-x^2}\,dx = \frac{1}{2}\left(x\sqrt{a^2-x^2} + a^2\sin^{-1}\frac{x}{a}\right) + C \quad (a > 0)$

解説　いずれも右辺を微分することにより確かめられる．

(1) $|\cos x| = -\cos x$ の場合，

$$\frac{d}{dx}\left\{-\log(-\cos x)\right\} = -\frac{\sin x}{-\cos x} = \tan x$$

となって示される．

(2) $$\frac{d}{dx}\frac{1}{2}\left(x - \frac{1}{2}\sin 2x\right) = \frac{1}{2}\left(1 - \frac{1}{2}2\cos 2x\right) = \sin^2 x$$

(3)

$$\frac{d}{dx}\frac{1}{2}\left(x\sqrt{a^2-x^2}+a^2\sin^{-1}\frac{x}{a}\right)$$
$$=\frac{1}{2}\left(\sqrt{a^2-x^2}-\frac{x^2}{\sqrt{a^2-x^2}}+\frac{a^2}{\sqrt{a^2-x^2}}\right)=\sqrt{a^2-x^2}$$

例題 5.19 三角関数の定積分

次の定積分を求めよ.

(1) $\displaystyle\int_0^{\pi/2}\sin x\cos^2 x\,dx$ (2) $\displaystyle\int_0^{\pi/2}\frac{\cos x}{1+\sin^2 x}\,dx$

解説

(1) $t=\cos x$ とおくと $dt=-\sin x\,dx$ より，次のようになる.

$$\int_0^{\pi/2}\sin x\cos^2 x\,dx=\int_0^1 t^2\,dt=\left[\frac{t^3}{3}\right]_0^1=\frac{1}{3}$$

(2) $t=\sin x$ とおくと $dt=\cos x\,dx$ より，次のようになる.

$$\int_0^{\pi/2}\frac{\cos x}{1+\sin^2 x}\,dx=\int_0^1\frac{1}{1+t^2}\,dt=\left[\tan^{-1}x\right]_0^1=\frac{\pi}{4}$$

三角関数の有理式の積分については，次の変換公式が利用できる.

公式 5.20 三角関数の変数変換

$\tan\dfrac{x}{2}=t$ とおくとき，次の式が成り立つ.

$$\sin x=\frac{2t}{1+t^2},\quad \cos x=\frac{1-t^2}{1+t^2},\quad \tan x=\frac{2t}{1-t^2},\quad dx=\frac{2}{1+t^2}\,dt$$

証明 2倍角の公式より，$\sin x=\sin(2\times(x/2))=2\sin(x/2)\cos(x/2)$ と書けるので，

$$\sin x=2\frac{\sin(x/2)}{\cos(x/2)}\cos^2\frac{x}{2}=2\left(\tan\frac{x}{2}\right)\frac{1}{1+\tan^2(x/2)}=\frac{2t}{1+t^2}$$

となる．同様に，$\cos x=\cos(2\times(x/2))=2\cos^2(x/2)-1$ と書けるので，

$$\cos x=2\frac{1}{1+\tan^2(x/2)}-1=\frac{1-t^2}{1+t^2}$$

となる．また，$\tan x = \sin x / \cos x$ に代入すると，

$$\tan x = \frac{2t/(1+t^2)}{(1-t^2)/(1+t^2)} = \frac{2t}{1-t^2}$$

となる．最後に，dt/dx は次のようにして得られる．

$$\frac{dt}{dx} = \left(\tan\frac{x}{2}\right)' = \frac{1}{2}\frac{1}{\cos^2(x/2)} = \frac{1}{2}\left(1+\tan^2\frac{x}{2}\right) = \frac{1+t^2}{2}$$ ∎

例題 5.21　三角関数の有理式の積分

次の不定積分を求めよ．

(1) $\displaystyle\int \frac{1}{\sin x}\,dx$　　　(2) $\displaystyle\int \frac{1}{\cos x}\,dx$

解説　いずれも $t = \tan(x/2)$ とおいて，公式 5.20 を利用する．

(1)

$$\int \frac{1}{\sin x}\,dx = \int \frac{1+t^2}{2t}\frac{2}{1+t^2}\,dt$$
$$= \int \frac{1}{t}\,dt = \log|t| + C = \log\left|\tan\frac{x}{2}\right| + C$$

(2)

$$\int \frac{1}{\cos x}dx = \int \frac{1+t^2}{1-t^2}\frac{2}{1+t^2}\,dt = \int \left(\frac{1}{1-t} + \frac{1}{1+t}\right)dt$$
$$= \log\left|\frac{1+t}{1-t}\right| + C = \log\left|\frac{1+\tan(x/2)}{1-\tan(x/2)}\right| + C$$

例題 5.22　指数関数 × 三角関数と三角関数の累乗の積分

(1) $\displaystyle I = \int e^{ax}\sin bx\,dx,\ J = \int e^{ax}\cos bx\,dx$ の不定積分を求めよ．ただし，$a \neq 0$ とする．

(2) $\displaystyle I_n = \int_0^{\pi/2} \sin^n x\,dx$ の定積分の値を求めよ．ただし，n は自然数とする．

解説

(1) I と J それぞれに部分積分を適用する．$f(x) = \sin bx,\ g'(x) = e^{ax}$ とおくと，$f'(x) = b\cos bx,\ g(x) = e^{ax}/a$ より，

$$I = \int e^{ax}\sin bx\,dx = \frac{1}{a}e^{ax}\sin bx + C - \frac{b}{a}\int e^{ax}\cos bx\,dx$$

と書けるので，$aI + bJ = e^{ax}\sin bx + C$ が得られる．同様にして，J について部分積分を行うと，$aJ - bI = e^{ax}\cos bx + C$ が得られる．こうして得られた連立線形方程式を解くと，次のようになる．

$$I = \frac{e^{ax}(a\sin bx - b\cos bx)}{a^2+b^2} + C$$
$$J = \frac{e^{ax}(b\sin bx + a\cos bx)}{a^2+b^2} + C$$

(2) 部分積分を用いる．$n \geq 2$ に対して $f(x) = \sin^{n-1} x,\ g'(x) = \sin x$ とおくと，$f'(x) = (n-1)\sin^{n-2} x\cos x,\ g(x) = -\cos x$ より，

$$\begin{aligned} I_n &= \int_0^{\pi/2} \sin^n x\,dx \\ &= \Big[-\cos x\sin^{n-1} x\Big]_0^{\pi/2} + (n-1)\int_0^{\pi/2}\cos^2 x\sin^{n-2} x\,dx \end{aligned}$$

と表されるので，漸化式

$$I_n = (n-1)I_{n-2} - (n-1)I_n \quad \text{すなわち} \quad I_n = \frac{n-1}{n}I_{n-2}$$

が得られる．$I_1 = 1,\ I_0 = \pi/2$ であるから次が得られる．

$$I_n = \begin{cases} \dfrac{n-1}{n}\cdot\dfrac{n-3}{n-2}\cdots\dfrac{2}{3} & (n\text{ が奇数}) \\ \dfrac{n-1}{n}\cdot\dfrac{n-3}{n-2}\cdots\dfrac{1}{2}\cdot\dfrac{\pi}{2} & (n\text{ が偶数}) \end{cases}$$

5.4 重積分と極座標変換

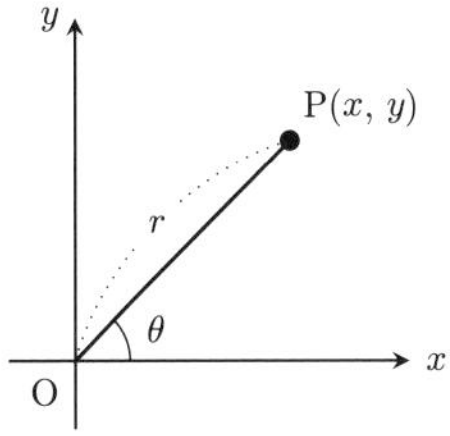

右の図のように，xy-平面上に任意の点 $\mathrm{P}(x,y)$ をとり，原点 O と点 P を結ぶ線分の長さを $\overline{\mathrm{OP}}=r$ とし，x-軸の正の方向から OP までの角を θ とおく．このとき，(x,y) と (r,θ) の間には，

$$\begin{cases} x = r\cos\theta \\ y = r\sin\theta \end{cases}, \qquad \begin{cases} r = \sqrt{x^2+y^2} \\ \tan\theta = \dfrac{y}{x} \quad (x \neq 0) \end{cases}$$

のような対応関係があり，しかも 1 対 1 に対応する．(x,y) を**直交座標**，(r,θ) を**極座標**と呼び，(x,y) から (r,θ) への変換を**極座標変換**と呼ぶ．$-\infty < x < \infty$, $-\infty < y < \infty$ の範囲は，$0 \leq r < \infty$, $0 \leq \theta < 2\pi$ の範囲に変換される．極座標変換のヤコビアンは，

$$\frac{\partial(x,y)}{\partial(r,\theta)} = \begin{vmatrix} \cos\theta & \sin\theta \\ -r\sin\theta & r\cos\theta \end{vmatrix} = r(\cos^2\theta + \sin^2\theta) = r$$

となる．したがって，関数 $f(x,y)$ の重積分の極座標変換は次のようになる．

公式 5.23　極座標変換

$x = r\cos\theta$, $y = r\sin\theta$ の極座標変換により，2 変数関数 $f(x,y)$ の D 上の重積分は，

$$\iint_D f(x,y)\,dxdy = \iint_{D'} f(r\cos\theta, r\sin\theta)r\,drd\theta$$

のように書ける．ただし，$D' = \{(r,\theta) \mid (r\cos\theta, r\sin\theta) \in D\}$ である．

例題 5.24　極座標変換

次の重積分を求めよ．

(1) $\displaystyle\iint_D \frac{1}{(1+x^2+y^2)^2}\,dxdy, \quad D = \mathbb{R}\times\mathbb{R}$

(2) $\displaystyle\iint_D y\,dxdy, \quad D = \{(x,y) \mid x^2+y^2 \leq 4,\ x \geq 0,\ y \geq 0\}$

解説 公式 5.23 の極座標変換 $x = r\cos\theta,\ y = r\sin\theta$ を用いる．

(1)
$$\iint_D \frac{1}{(1+x^2+y^2)^2}\,dxdy = \int_0^\infty \frac{r}{(1+r^2)^2}\,dr \int_0^{2\pi} 1\,d\theta$$
$$= \Big[-\frac{1}{2}\frac{1}{1+r^2} \Big]_0^\infty \times 2\pi = \pi$$

(2) $x^2+y^2 \leq 4,\ x \geq 0,\ y \geq 0$ を満たす (x,y) の範囲を極座標で表示すると，$0 \leq r \leq 2,\ 0 \leq \theta \leq \pi/2$ となる．したがって，次のようになる．

$$\iint_D y\,dxdy = \int_0^2 r^2\,dr \int_0^{\pi/2} \sin\theta\,d\theta$$
$$= \Big[\frac{r^3}{3}\Big]_0^2 \times \Big[-\cos\theta \Big]_0^{\pi/2} = \frac{8}{3}$$

例題 5.25 ガウス積分

(1) $I = \displaystyle\int_{-\infty}^{\infty} e^{-x^2/2}\,dx$ を**ガウス積分**と呼ぶ．この値を求めよ．

(2) $\Gamma(1/2) = \sqrt{\pi}$ を示せ．

解説

(1) 公式 5.23 の極座標変換 $x = r\cos\theta,\ y = r\sin\theta$ を用いる．

$$I^2 = \int_{-\infty}^{\infty} e^{-x^2/2}\,dx \int_{-\infty}^{\infty} e^{-y^2/2}\,dy = \iint_{\mathbb{R}^2} e^{-(x^2+y^2)/2}\,dxdy$$
$$= \int_0^\infty re^{-r^2/2}\,dr \int_0^{2\pi} 1\,d\theta = \Big[-e^{-r^2/2} \Big]_0^\infty \times 2\pi = 2\pi$$

と書けるので，$I = \sqrt{2\pi}$ となる．

(2) $y = x^2/2$ とおいて変数変換をすると，

$$I = 2\int_0^\infty e^{-x^2/2}\,dx = 2\int_0^\infty \frac{1}{\sqrt{2}} y^{\frac{1}{2}-1} e^{-y}\,dy = \sqrt{2}\,\Gamma\Big(\frac{1}{2}\Big)$$

と書ける．(1) より $I = \sqrt{2\pi}$ であるから，$\sqrt{2\pi} = \sqrt{2}\,\Gamma(1/2)$ となり，$\Gamma(1/2) = \sqrt{\pi}$ が得られる．

5.5 図形の面積・体積と曲線の長さ

最後に，図形の面積・体積と曲線の長さの求め方についてまとめておこう．

まず，区間 $[a,b]$ 上の x に対して $f(x) \geq 0$ である曲線 $y = f(x)$ について，右の図のように，この曲線と x-軸と 2 つの直線 $x = a$, $x = b$ で囲まれた面積 S を次の積分で求める．

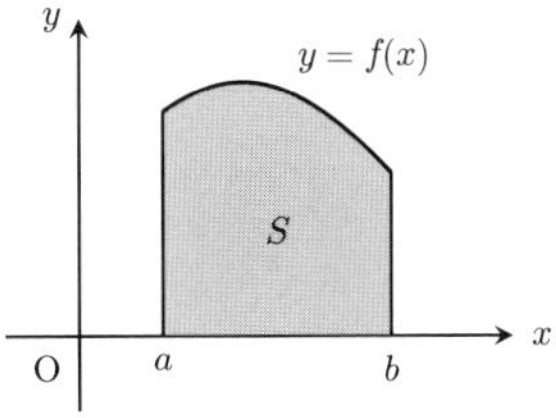

公式 5.26　面積

$a \leq x \leq b$ において $f(x) \geq 0$ のとき，面積 S は次のようになる．

$$S = \int_a^b f(x)\,dx$$

例題 5.27　円の面積

半径 r の円の面積を公式 5.26 を用いて求めよ．

解説　$x^2 + y^2 = r^2$ より $y = f(x) = \pm\sqrt{r^2 - x^2}$ と書けるので，公式 5.26 にあてはめると，円の面積 S は，

$$S = 4\int_0^r \sqrt{r^2 - x^2}\,dx$$

となる．ここで，$x = r\cos\theta$ とおいて変数変換すると，2 倍角の公式を用いて，

$$\begin{aligned} S &= 4r^2 \int_0^{\pi/2} \sqrt{1 - \cos^2\theta}\,\sin\theta\,d\theta = 4r^2 \int_0^{\pi/2} \sin^2\theta\,d\theta \\ &= 4r^2 \int_0^{\pi/2} \frac{1 - \cos 2\theta}{2}\,d\theta = 2r^2 \left[\theta - \frac{\sin 2\theta}{2}\right]_0^{\pi/2} = \pi r^2 \end{aligned}$$

となる．

曲線と x-軸で囲まれた面積の公式は，x と y が媒介変数 t を用いて $x = x(t)$, $y = y(t)$ で表される形で用いられる場合がある．$dx = x'(t)\,dt$ であるから，$y =$

$f(x)$ については,

$$f(x)\,dx = f(x(t))x'(t)\,dt = y(t)x'(t)\,dt$$

と書けることから，次の公式を得る.

公式 5.28　媒介変数に基づいた面積

x と y が媒介変数 t を用いて $x = x(t)$, $y = y(t)$ と表される場合，区間 $\alpha \leq t \leq \beta$ に対する曲線 $y = f(x)$ と x-軸で囲まれた面積 S は，次のようになる.

$$S = \int_\alpha^\beta |f(x(t))x'(t)|\,dt = \int_\alpha^\beta |y(t)x'(t)|\,dt$$

例題 5.29　サイクロイドの面積

正の定数 a に対して，$x = x(t)$ と $y = y(t)$ が,

$$x(t) = a(t - \sin t), \quad y(t) = a(1 - \cos t)$$

で与えられるとき，$(x(t), y(t))$ の描く軌跡を**サイクロイド**と呼ぶ．$0 \leq t \leq 2\pi$ に対して，サイクロイドと x-軸で囲まれた図形の面積を求めよ.

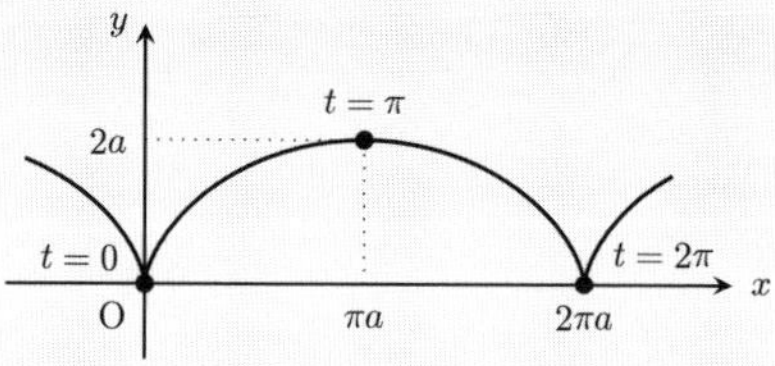

解説　公式 5.28 を用いると，$x'(t) = a(1 - \cos t)$ より次のようになる.

$$\begin{aligned} S &= a^2 \int_0^{2\pi} (1 - \cos t)^2\,dt \\ &= a^2 \int_0^{2\pi} (1 - 2\cos t + \cos^2 t)\,dt \\ &= a^2 \int_0^{2\pi} \left(1 - 2\cos t + \frac{1 + \cos 2t}{2}\right) dt \\ &= a^2 \left[t - 2\sin t + \frac{1}{2}\left(t + \frac{1}{2}\sin 2t\right)\right]_0^{2\pi} = 3\pi a^2 \end{aligned}$$

次に，右の図のように，区間 $[a,b]$ 上の点 x での切断面の面積が $S(x)$ で与えられる立体を考える．x が $[a,b]$ の範囲を動くとき，切断面 $S(x)$ が移動してできる体積は次で与えられる．

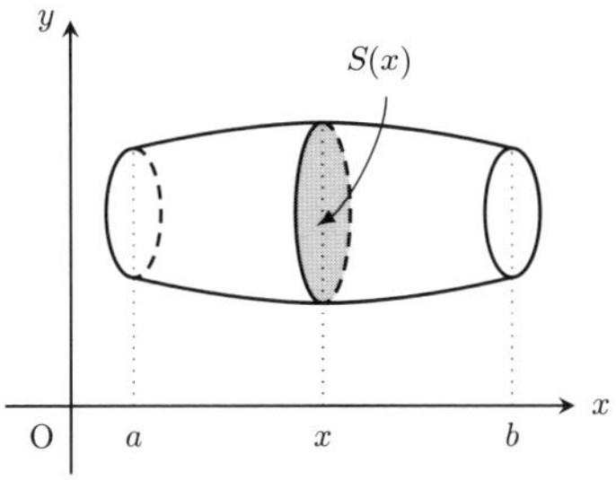

公式 5.30　体積

$a \leq x \leq b$ における切断面の面積が $S(x)$ である立体の体積 V は，次のようになる．

$$V = \int_a^b S(x)\,dx$$

例題 5.31　球の体積

半径 r の球の体積を公式 5.30 を用いて求めよ．

解説　原点を中心に半径 r の球を描き，x-軸上の点 x で x-軸と直交する平面で球を切断すると，切断面の円の半径は $\sqrt{r^2 - x^2}$ になるので，切断面の面積は $S(x) = \pi(r^2 - x^2)$ と書ける．したがって，球の体積 V は次で与えられる．

$$V = 2\pi \int_0^r (r^2 - x^2)\,dx = 2\pi \left[r^2 x - \frac{x^3}{3} \right]_0^r = \frac{4}{3}\pi r^3$$

公式 5.32　回転体の体積

$a \leq x \leq b$ 上の曲線 $y = f(x)$ を x-軸のまわりに回転させてできる回転体の体積 V は，x での切断面の面積が $S(x) = \pi\{f(x)\}^2$ で与えられるから，次のようになる．

$$V = \pi \int_a^b \{f(x)\}^2\,dx$$

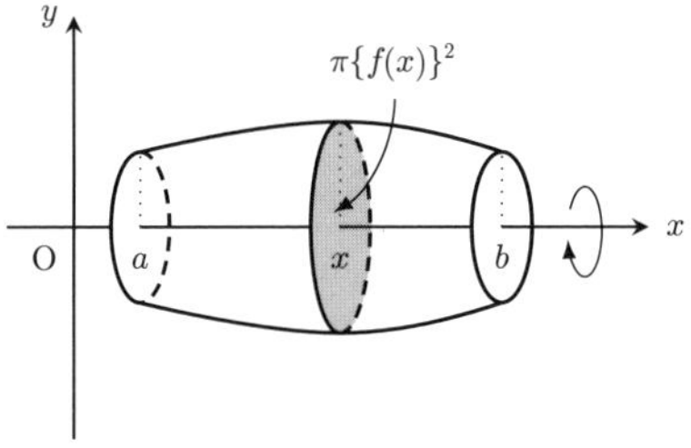

例題 5.33　直円錐の体積

底面の半径が r で高さが h の直円錐の体積 V について，公式 5.32 を用いて求めよ．

解説　円錐の頂点を原点 O にとり，底面の円の中心と円錐の頂点を結ぶ直線が x-軸上にあるようにおく．このとき，直線 $f(x) = (r/h)x$ を x-軸を中心に回転させると円錐が描けることから，円錐の体積 V は次で与えられる．

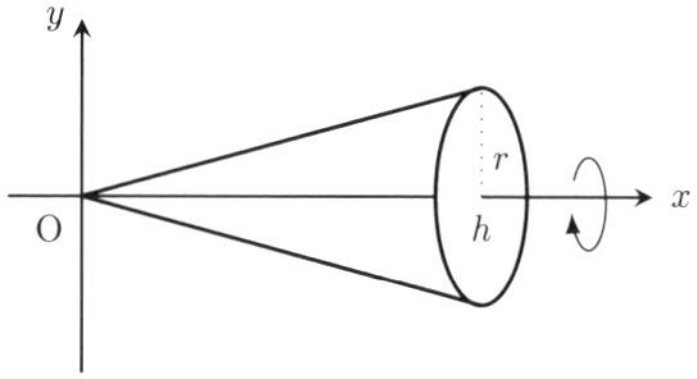

$$V = \pi \int_0^h \left(\frac{r}{h}x\right)^2 dx = \frac{\pi r^2}{h^2} \int_0^h x^2\,dx = \frac{1}{3}\pi r^2 h$$

x と y が媒介変数 t を用いて $x = x(t)$, $y = y(t)$ で表されるときの回転体の体積を求めよう．$dx = x'(t)\,dt$, $y(t) = f(x(t))$ であるから，

$$\{f(x)\}^2\,dx = \Big\{f(x(t))\Big\}^2 |x'(t)|\,dt = \{y(t)\}^2 |x'(t)|\,dt$$

と書けることから，次の公式を得る．

公式 5.34　媒介変数に基づいた回転体の体積

x と y が媒介変数 t を用いて $x = x(t)$, $y = y(t)$ と表される場合，区間 $\alpha \leq t \leq \beta$ に対する曲線 $y = f(x)$ を x-軸のまわりに回転して得られる回転体の体積 V は，次のようになる．

$$V = \pi \int_\alpha^\beta \Big\{f(x(t))\Big\}^2 |x'(t)|\,dt = \pi \int_\alpha^\beta \{y(t)\}^2 |x'(t)|\,dt$$

例題 5.35　サイクロイドの体積

例題 5.29 で取り上げたサイクロイドは，

$$x(t) = a(t - \sin t), \quad y(t) = a(1 - \cos t)$$

に基づいた点 $(x(t), y(t))$ の描く軌跡である．$0 \leq t \leq 2\pi$ に対して，サイクロイドを x-軸のまわりに回転させた図形の体積を求めよ．

解説 公式 5.34 を用いると，$x'(t) = a(1 - \cos t)$ より，

$$\begin{aligned} V &= \pi a^3 \int_0^{2\pi} (1 - \cos t)^3 \, dt \\ &= \pi a^3 \int_0^{2\pi} (1 - 3\cos t + 3\cos^2 t - \cos^3 t) \, dt \end{aligned}$$

と書ける．ここで，2 倍角の公式 5.3 と 3 倍角の公式 5.5 より，

$$\cos^2 t = \frac{1 + \cos 2t}{2}, \quad \cos^3 t = \frac{3\cos t + \cos 3t}{4}$$

であるから，次のように書ける．

$$\begin{aligned} V &= \pi a^3 \int_0^{2\pi} \left(\frac{5}{2} - \frac{15}{4} \cos t + \frac{3}{2} \cos 2t - \frac{1}{4} \cos 3t \right) dt \\ &= \pi a^3 \left[\frac{5}{2} t - \frac{15}{4} \sin t + \frac{3}{4} \sin 2t - \frac{1}{12} \sin 3t \right]_0^{2\pi} = 5\pi^2 a^3 \end{aligned}$$

区間 $[a, b]$ 上の x に対して，曲線 $y = f(x)$ の長さ L は次の積分で求める．

公式 5.36 曲線の長さ

$a \leq x \leq b$ 上の曲線 $y = f(x)$ の長さ L は次のようになる．

$$L = \int_a^b \sqrt{1 + \{f'(x)\}^2} \, dx$$

例題 5.37 円周の長さ

公式 5.36 を用いて，半径 r の円周の長さを求めよ．

解説 $x^2 + y^2 = r^2$ より $y = f(x) = \pm\sqrt{r^2 - x^2}$ と書ける．$f(x) = \sqrt{r^2 - x^2}$ の場合は，$f'(x) = -x/\sqrt{r^2 - x^2}$ より公式 5.36 にあてはめると，円周の長さ L は，

$$L = 4\int_0^r \sqrt{1+\frac{x^2}{r^2-x^2}}\,dx = 4r\int_0^r \frac{1}{\sqrt{r^2-x^2}}\,dx$$

となる．ここで，$x = ru$ とおくと $dx = r\,du$ より，

$$L = 4r\int_0^1 \frac{1}{\sqrt{1-u^2}}\,du$$

と書ける．被積分関数は $\sin^{-1} u$ の導関数になるので，次が得られる．

$$L = 4r\Big[\sin^{-1} u\Big]_0^1 = 4r(\sin^{-1} 1 - \sin^{-1} 0) = 4r\frac{\pi}{2} = 2\pi r$$

曲線の長さの公式は，x と y が媒介変数 t を用いて $x = x(t)$, $y = y(t)$ で表される形で用いられる場合がある．$dx = x'(t)\,dt$, $dy = y'(t)\,dt$ であるから，

$$\sqrt{1+\left(\frac{dy}{dx}\right)^2}\,dx = \sqrt{(dx)^2+(dy)^2} = \sqrt{\{x'(t)\}^2+\{y'(t)\}^2}\,dt$$

と書けることから，次の公式を得る．

公式 5.38 媒介変数に基づいた曲線の長さ

x と y が媒介変数 t を用いて $x = x(t)$, $y = y(t)$ と表される場合，区間 $\alpha \leq t \leq \beta$ に対する曲線 $y = f(x)$ の長さ L は，次のようになる．

$$L = \int_\alpha^\beta \sqrt{\{x'(t)\}^2+\{y'(t)\}^2}\,dt$$

例題 5.39 サイクロイドの長さ

例題 5.29 で取り上げたサイクロイドは，

$$x(t) = a(t-\sin t), \quad y(t) = a(1-\cos t)$$

に基づいた点 $(x(t), y(t))$ の描く軌跡である．$0 \leq t \leq 2\pi$ に対して，サイクロイドの長さを求めよ．

解説 公式 5.38 を用いると，$x'(t) = a(1-\cos t)$, $y'(t) = a\sin t$ より，

$$L = a\int_0^{2\pi} \sqrt{(1-\cos t)^2+\sin^2 t}\,dt = a\int_0^{2\pi} \sqrt{2(1-\cos t)}\,dt$$

と書ける．ここで，半角の公式 5.4 より $\cos t = 1 - 2\sin^2(t/2)$ であるから，

$$\begin{aligned} L &= a\int_0^{2\pi} \sqrt{2 \cdot 2\sin^2 \frac{t}{2}}\, dt \\ &= 2a\int_0^{2\pi} \sin\frac{t}{2}\, dt = 2a\Big[-2\cos\frac{t}{2}\Big]_0^{2\pi} = 8a \end{aligned}$$

となる．

基本問題

問 1 次の関数の導関数を求めよ．

(1) $f(x) = \sqrt{1 - \sin x}$ (2) $f(x) = \dfrac{1}{\tan x}$

問 2 次の関数の導関数を求めよ．

(1) $f(x) = \cos^{-1}\dfrac{1}{x} \quad (x > 1)$ (2) $f(x) = \dfrac{1}{\tan^{-1} x}$

問 3 次の関数のマクローリン展開を与えよ．

(1) $\dfrac{(1 - \tan^2\theta)^2}{(1 + \tan^2\theta)^2}$ (2) $(\sin\theta)(4\cos^2\theta - 1)$

問 4 マクローリン展開を用いて次の不等式を示せ．

(1) $x - \dfrac{x^3}{6} < \sin x < x \quad \left(0 < x < \dfrac{\pi}{2}\right)$

(2) $1 - \dfrac{x^2}{2} < \cos x < 1 - \dfrac{x^2}{2} + \dfrac{x^4}{24} \quad \left(0 < x < \dfrac{\pi}{2}\right)$

問 5 次の定積分を求めよ．

(1) $\displaystyle\int_{-1}^{1} \frac{1}{x^2 + 1}\, dx$ (2) $\displaystyle\int_0^{a/2} \frac{1}{\sqrt{a^2 - x^2}}\, dx \quad (a > 0)$

(3) $\displaystyle\int_0^{a} \sqrt{a^2 - x^2}\, dx \quad (a > 0)$

問 6 次の不定積分を求めよ．

(1) $\displaystyle\int \frac{1}{1 + \sin x}\, dx$ (2) $\displaystyle\int \frac{x\sin x}{\cos^2 x}\, dx$

問 7 次の重積分を求めよ.

(1) $\displaystyle\iint_D \frac{1}{\sqrt{1-x^2-y^2}}\,dxdy, \quad D=\{(x,y)\mid x^2+y^2<1\}$

(2) $\displaystyle\iint_D \frac{1}{\sqrt{x^2+y^2}}\,dxdy, \quad D=\{(x,y)\mid x^2+y^2\leq x\}$

問 8 m と n を自然数とするとき, 次の等式を示せ.

(1) $\displaystyle\int_0^{2\pi}\cos mx\cos nx\,dx=\int_0^{2\pi}\sin mx\sin nx\,dx=\begin{cases}0 & (m\neq n)\\ \pi & (m=n)\end{cases}$

(2) $\displaystyle\int_0^{2\pi}\sin mx\cos nx\,dx=0$

問 9 a と b を正の実数とするとき, xy-平面上の楕円

$$D=\left\{(x,y)\;\middle|\;\left(\frac{x}{a}\right)^2+\left(\frac{y}{b}\right)^2\leq 1\right\}$$

を考える. D の面積を求めよ.

問 10 $a>0,\ 0\leq t\leq 2\pi$ に対して, t を媒介変数として (x,y) が $x=a\cos t,\ y=a\sin t$ で与えられる曲線を考える.

(1) この曲線の長さを求めよ.

(2) この曲線で囲まれた図形の面積を求めよ.

問 11 $a>r>0$ に対して, $x^2+(y-a)^2=r^2$ を x-軸のまわりに回転させてできるドーナツ形の立体の体積を求めよ.

発展問題

問 12 関数 $z=f(x,y)$ に対して,

$$\Delta z=\frac{\partial^2 z}{\partial x^2}+\frac{\partial^2 z}{\partial y^2}$$

とおくとき, Δ を**ラプラシアン**と呼ぶ. とくに, $\Delta f(x,y)=0$ となる関数は**調和関数**と呼ばれる. 次の関数が調和関数になることを示せ.

(1) $f(x,y)=\log\sqrt{x^2+y^2}$　　(2) $f(x,y)=\tan^{-1}\dfrac{y}{x}$

問 13 関数 $z=f(x,y)$ の 2 階偏導関数が連続であるとき, $x=r\cos\theta,\ y=r\sin\theta$ の合成関数 $z=f(r\cos\theta, r\sin\theta)$ について, 次の等式を示せ.

(1) $\left(\dfrac{\partial z}{\partial x}\right)^2 + \left(\dfrac{\partial z}{\partial y}\right)^2 = \left(\dfrac{\partial z}{\partial r}\right)^2 + \left(\dfrac{1}{r}\dfrac{\partial z}{\partial \theta}\right)^2$

(2) $\dfrac{\partial^2 z}{\partial x^2} + \dfrac{\partial^2 z}{\partial y^2} = \dfrac{\partial^2 z}{\partial r^2} + \dfrac{1}{r}\dfrac{\partial z}{\partial r} + \dfrac{1}{r^2}\dfrac{\partial^2 z}{\partial \theta^2}$

問 14 例題 5.18 (3) で扱った不定積分

$$I = \int \sqrt{a^2 - x^2}\, dx$$

を次のような初等的な方法で求めることを考える．原点 O を中心に半径 a の円を描き，その円周上に点 A(x, y) をとり，A から x-軸に下ろした垂線の足を B とする．

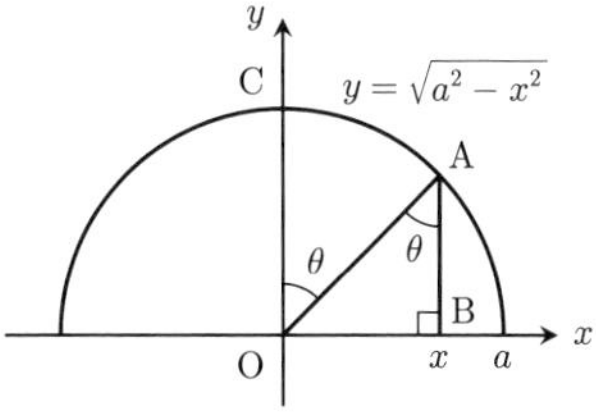

(1) 直角三角形 OAB の面積 I_1 を求めよ．

(2) y-軸と円との交点を C とするとき，扇形 OAC の面積 I_2 を求めよ．

(3) $I = I_1 + I_2$ が例題 5.18 (3) で与えられた等式に一致することを確かめよ．

問 15 極座標 (r, θ) を用いて表される関数 $r = g(\theta)$ は，$x = g(\theta)\cos\theta$, $y = g(\theta)\sin\theta$ とおくことにより，(x, y) が描く軌跡は曲線を定めることになる．

定数 $a > 0$ に対して，

$$r = a(1 + \cos\theta) \quad (0 \leq \theta \leq 2\pi)$$

で定まる曲線は**カージオイド**（**心臓形**）と呼ばれる．

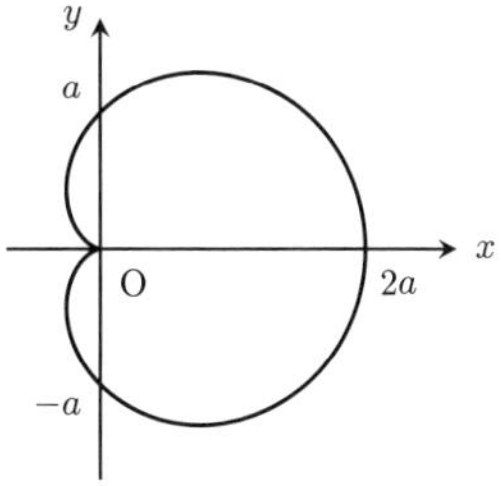

(1) 曲線上の点 $(0, a)$ における接線と法線の方程式を与えよ．

(2) 囲まれる図形の面積を求めよ．

(3) 曲線の長さを求めよ．

問 16 定数 $a > 0$ に対して，

$$r = a\theta \quad (0 \leq \theta \leq 2\pi)$$

で定まる曲線は**アルキメデスの螺旋**と呼ばれる．

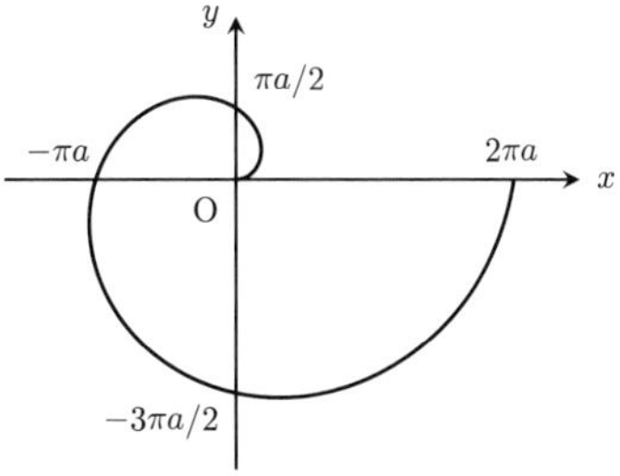

(1) 曲線上の点 $(-\pi a, 0)$ における接線と法線の方程式を与えよ．

(2) 曲線の長さを求めよ．

Memo

第6章

2次元ベクトルと2 × 2行列

本章から線形代数の内容に入る．線形代数の多くの教科書では，抽象的なベクトル空間についての内容（本書では第 10 章）から説明がはじまるが，本書は行列の様々な計算ができるようになることが目的なので，ベクトルや行列演算の説明からはじめる．とくに，本章では，最も簡単な 2 次元ベクトルと 2×2 行列の場合について，行列の和と積，逆行列，行列式，対称行列の固有値と固有ベクトルを一通り解説し，どのような行列演算ができるのかについて全体像を把握する．一般の行列については，第 7 章から順次説明していく．

6.1 ベクトルと行列の和と積

2 つの実数 a_1, a_2 の組を

$$\begin{pmatrix} a_1 \\ a_2 \end{pmatrix} \quad \text{もしくは} \quad (a_1, a_2)$$

と書いて**数ベクトル**もしくは単に**ベクトル**と呼ぶ．左のベクトルは縦に並べているので**縦ベクトル**，右のベクトルは横に並べているので**横ベクトル**と呼ぶ．2 次元ベクトルに対して，1 次元の数のことを**スカラー**と呼ぶ．

$$\boldsymbol{a} = \begin{pmatrix} a_1 \\ a_2 \end{pmatrix}$$

と表すとき，縦ベクトル $\boldsymbol{a}$ を横ベクトルに変形する操作を**転置**と呼び，

$$\boldsymbol{a}^\top = (a_1, a_2)$$

のように表す．同様に，横ベクトル (a_1, a_2) の転置は縦ベクトルになり，

$$(a_1, a_2)^\top = \boldsymbol{a}$$

と書くことができる．また，$\mathbf{0}=(0,0)^\top$ を**ゼロベクトル**と呼ぶ．

右の図の xy-平面上で表すと，ベクトル $\boldsymbol{a}$ は，原点Oから点 $\mathrm{A}(a_1,a_2)$ へ向かう方向をもつ量であり，$\overrightarrow{a}$ のように表すこともある．線分OAの長さがベクトル $\boldsymbol{a}$ の大きさとなり，それを $\|\boldsymbol{a}\|$ で表すと，

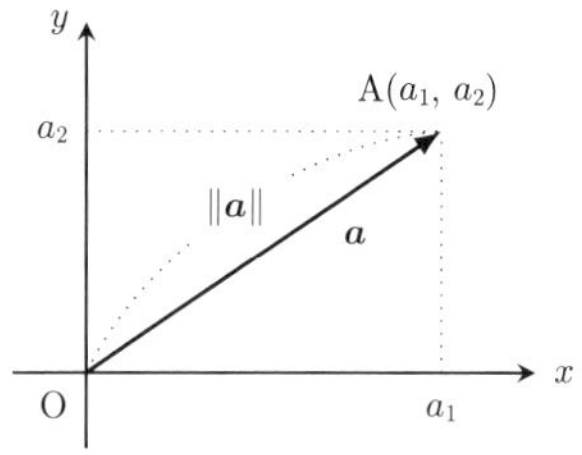

$$\|\boldsymbol{a}\|=\sqrt{a_1^2+a_2^2}$$

で与えられる．これを $\boldsymbol{a}$ の**長さ**（**ノルム**）と呼ぶ．

いま，2つのベクトル $\boldsymbol{a}=(a_1,a_2)^\top$, $\boldsymbol{b}=(b_1,b_2)^\top$ と実数（スカラー）c に対して，ベクトルの和と差 $\boldsymbol{a}+\boldsymbol{b}$, $\boldsymbol{a}-\boldsymbol{b}$ およびベクトルの実数倍 $c\boldsymbol{a}$ を

$$\boldsymbol{a}+\boldsymbol{b}=\begin{pmatrix}a_1+b_1\\a_2+b_2\end{pmatrix},\quad \boldsymbol{a}-\boldsymbol{b}=\begin{pmatrix}a_1-b_1\\a_2-b_2\end{pmatrix},\quad c\boldsymbol{a}=\begin{pmatrix}ca_1\\ca_2\end{pmatrix}$$

のように定義する．

$\boldsymbol{a}+\boldsymbol{b}$ は下の図（左）のように，辺 $\boldsymbol{a}$ と $\boldsymbol{b}$ が作る平行四辺形において，点Oを始点とする対角線になることがわかる．$\boldsymbol{a}-\boldsymbol{b}$ は下の図（右）のようになる．

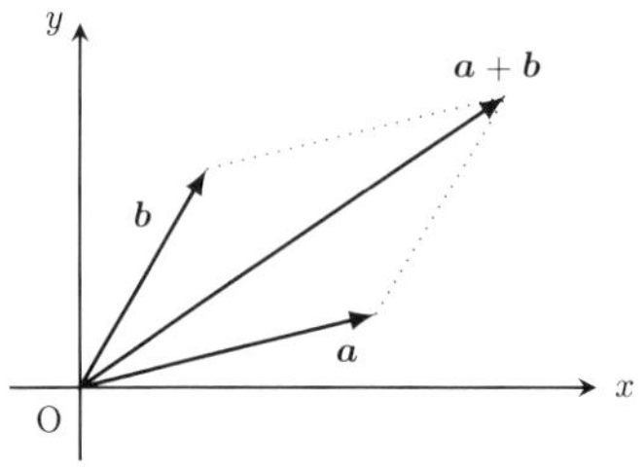

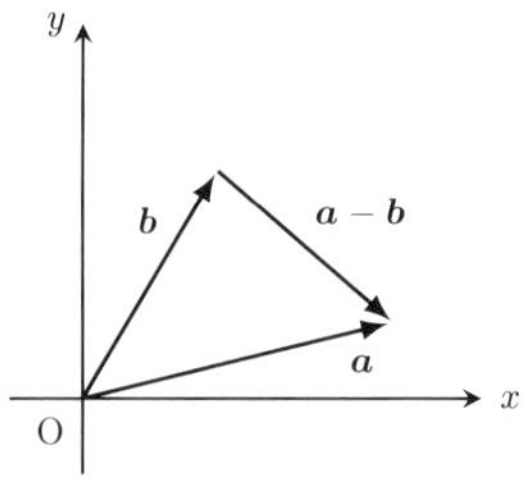

$c>0$ のときには，$c\boldsymbol{a}$ は右の図のように，$\boldsymbol{a}$ の長さを c 倍するベクトルになり，$c<0$ のときには $c\boldsymbol{a}$ は $\boldsymbol{a}$ の逆方向へ $|c|$ 倍したベクトルになる．$c\boldsymbol{a}$ の長さは次のようになる．

$$\begin{aligned}\|c\boldsymbol{a}\|&=\sqrt{(ca_1)^2+(ca_2)^2}\\&=|c|\sqrt{a_1^2+a_2^2}=|c|\|\boldsymbol{a}\|\end{aligned}$$

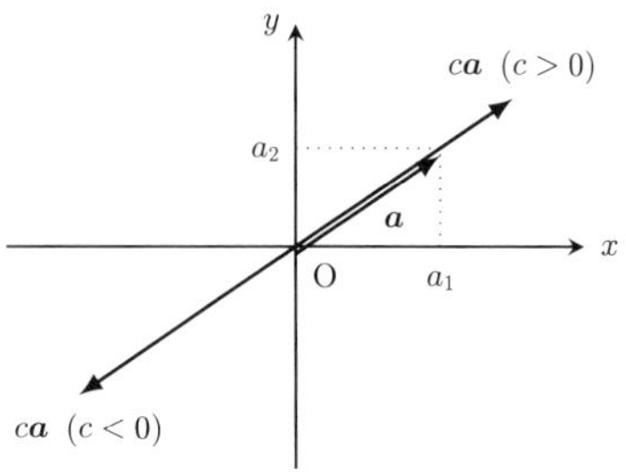

2 つのベクトル $\boldsymbol{a} = (a_1, a_2)^\top$, $\boldsymbol{b} = (b_1, b_2)^\top$ について，

$$\boldsymbol{a}^\top \boldsymbol{b} = (a_1, a_2) \begin{pmatrix} b_1 \\ b_2 \end{pmatrix} = a_1 b_1 + a_2 b_2$$

を $\boldsymbol{a}$ と $\boldsymbol{b}$ の**内積**と呼ぶ．$\boldsymbol{a}$ の長さは内積を用いると，$\|\boldsymbol{a}\| = \sqrt{\boldsymbol{a}^\top \boldsymbol{a}}$ と表される．

公式 6.1　余弦定理と内積

右の図のように，$\boldsymbol{a}$ と $\boldsymbol{b}$ の**なす角**を θ とすると，

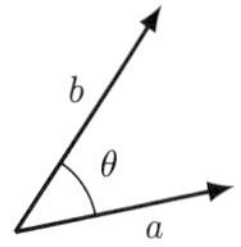

$$\|\boldsymbol{a} - \boldsymbol{b}\|^2 = \|\boldsymbol{a}\|^2 + \|\boldsymbol{b}\|^2 - 2\|\boldsymbol{a}\| \cdot \|\boldsymbol{b}\| \cos\theta$$

なる関係式が成り立つ．これを**余弦定理**と呼ぶ．これを用いると関係式

$$\cos\theta = \frac{\boldsymbol{a}^\top \boldsymbol{b}}{\|\boldsymbol{a}\| \cdot \|\boldsymbol{b}\|} = \frac{a_1 b_1 + a_2 b_2}{\sqrt{a_1^2 + a_2^2}\sqrt{b_1^2 + b_2^2}} \tag{6.1}$$

が得られる．この式から，$\boldsymbol{a}$ と $\boldsymbol{b}$ が**直交する**必要十分条件は $\boldsymbol{a}^\top \boldsymbol{b} = 0$ となる．

証明　余弦定理は，右の図において点 B から辺 OA に下ろした垂線の足を P とするとき，直角三角形 BPA に三平方の定理を適用することで得られる．実際，線分 BP の長さは $\|\boldsymbol{b}\| \sin\theta$ であり，線分 PA の長さは $\|\boldsymbol{a}\| - \|\boldsymbol{b}\| \cos\theta$ であるから，三平方の定理より，

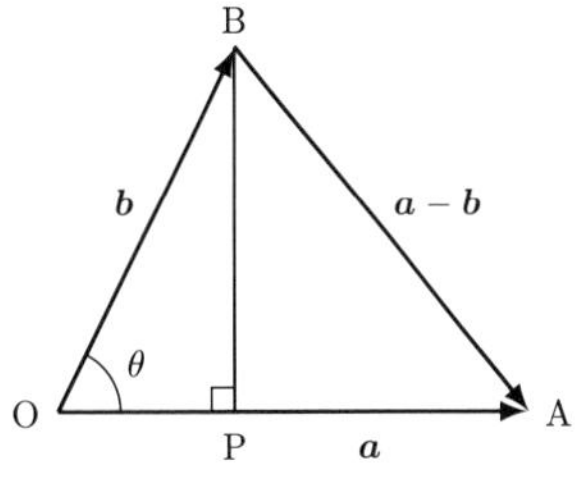

$$\begin{aligned} \|\boldsymbol{a} - \boldsymbol{b}\|^2 &= (\|\boldsymbol{b}\| \sin\theta)^2 + (\|\boldsymbol{a}\| - \|\boldsymbol{b}\| \cos\theta)^2 \\ &= \|\boldsymbol{a}\|^2 + \|\boldsymbol{b}\|^2 - 2\|\boldsymbol{a}\| \cdot \|\boldsymbol{b}\| \cos\theta \end{aligned}$$

が得られる．一方，

$$\|\boldsymbol{a} - \boldsymbol{b}\|^2 = (\boldsymbol{a} - \boldsymbol{b})^\top (\boldsymbol{a} - \boldsymbol{b}) = \|\boldsymbol{a}\|^2 + \|\boldsymbol{b}\|^2 - 2\boldsymbol{a}^\top \boldsymbol{b}$$

と表されるので，この 2 つの等式から (6.1) が導かれる．■

4個の実数 a_{11}, a_{12}, a_{21}, a_{22} を次のような形で表したものを $\boldsymbol{A}$ で表し，2 × 2 **行列**と呼ぶ.

$$\boldsymbol{A} = \begin{pmatrix} a_{11} & a_{12} \\ a_{21} & a_{22} \end{pmatrix}$$

a_{11} を $\boldsymbol{A}$ の $(1,1)$ **成分**と呼び，同様にして a_{12}, a_{21}, a_{22} をそれぞれ $\boldsymbol{A}$ の $(1,2)$ 成分，$(2,1)$ 成分，$(2,2)$ 成分と呼ぶ．行列 $\boldsymbol{A}$ は，2つの横ベクトル (a_{11}, a_{12}), (a_{21}, a_{22}) を縦方向に並べたもので，それぞれの横ベクトルを**行ベクトル**と呼ぶ．同様に，2つの縦ベクトル $\begin{pmatrix} a_{11} \\ a_{21} \end{pmatrix}$, $\begin{pmatrix} a_{12} \\ a_{22} \end{pmatrix}$ を横方向に並べて表すとき，それぞれの縦ベクトルを**列ベクトル**と呼ぶ．すなわち，次のように表される.

$$\boldsymbol{A} = \begin{pmatrix} (a_{11}, a_{12}) \\ (a_{21}, a_{22}) \end{pmatrix} = \left(\begin{pmatrix} a_{11} \\ a_{21} \end{pmatrix}, \ \begin{pmatrix} a_{12} \\ a_{22} \end{pmatrix} \right)$$

とくに，この行列は，行ベクトルの個数と列ベクトルの個数が2で等しいので2次**正方行列**と呼ぶ.

いま，2つの2次正方行列 $\boldsymbol{A}$ と $\boldsymbol{B}$ が,

$$\boldsymbol{A} = \begin{pmatrix} a_{11} & a_{12} \\ a_{21} & a_{22} \end{pmatrix}, \quad \boldsymbol{B} = \begin{pmatrix} b_{11} & b_{12} \\ b_{21} & b_{22} \end{pmatrix}$$

で与えられるとき，$\boldsymbol{A}$ と $\boldsymbol{B}$ の和と差は,

$$\boldsymbol{A} + \boldsymbol{B} = \begin{pmatrix} a_{11} + b_{11} & a_{12} + b_{12} \\ a_{21} + b_{21} & a_{22} + b_{22} \end{pmatrix}, \quad \boldsymbol{A} - \boldsymbol{B} = \begin{pmatrix} a_{11} - b_{11} & a_{12} - b_{12} \\ a_{21} - b_{21} & a_{22} - b_{22} \end{pmatrix}$$

で定義される．また，c 倍した行列は,

$$c\boldsymbol{A} = \begin{pmatrix} ca_{11} & ca_{12} \\ ca_{21} & ca_{22} \end{pmatrix}$$

で定義される.

2つの行列 $\boldsymbol{A}$ と $\boldsymbol{B}$ の積は,

$$\boldsymbol{AB} = \begin{pmatrix} a_{11}b_{11} + a_{12}b_{21} & a_{11}b_{12} + a_{12}b_{22} \\ a_{21}b_{11} + a_{22}b_{21} & a_{21}b_{12} + a_{22}b_{22} \end{pmatrix} \tag{6.2}$$

で定義される．次の式で具体的に説明すると，$\boldsymbol{A}$ の第 1 行（行ベクトル）と $\boldsymbol{B}$ の第 1 列（列ベクトル）の内積が $\boldsymbol{AB}$ の $(1,1)$ 成分になり，$\boldsymbol{A}$ の第 1 行と $\boldsymbol{B}$ の第 2 列の内積が $\boldsymbol{AB}$ の $(1,2)$ 成分になる．

$$\begin{pmatrix} a_{11} & a_{12} \\ \star & \star \end{pmatrix} \begin{pmatrix} b_{11} & \star \\ b_{21} & \star \end{pmatrix} = \begin{pmatrix} a_{11}b_{11} + a_{12}b_{21} & \star \\ \star & \star \end{pmatrix}$$

$$\begin{pmatrix} a_{11} & a_{12} \\ \star & \star \end{pmatrix} \begin{pmatrix} \star & b_{12} \\ \star & b_{22} \end{pmatrix} = \begin{pmatrix} \star & a_{11}b_{12} + a_{12}b_{22} \\ \star & \star \end{pmatrix}$$

また，$\boldsymbol{A}$ の第 2 行と $\boldsymbol{B}$ の第 1 列の内積が $\boldsymbol{AB}$ の $(2,1)$ 成分になり，$\boldsymbol{A}$ の第 2 行と $\boldsymbol{B}$ の第 2 列の内積が $\boldsymbol{AB}$ の $(2,2)$ 成分になる．

$$\begin{pmatrix} \star & \star \\ a_{21} & a_{22} \end{pmatrix} \begin{pmatrix} b_{11} & \star \\ b_{21} & \star \end{pmatrix} = \begin{pmatrix} \star & \star \\ a_{21}b_{11} + a_{22}b_{21} & \star \end{pmatrix}$$

$$\begin{pmatrix} \star & \star \\ a_{21} & a_{22} \end{pmatrix} \begin{pmatrix} \star & b_{12} \\ \star & b_{22} \end{pmatrix} = \begin{pmatrix} \star & \star \\ \star & a_{21}b_{12} + a_{22}b_{22} \end{pmatrix}$$

行列の積のルールをもう少しわかりやすく説明するために，$\boldsymbol{A}$, $\boldsymbol{B}$ の (i,j) 成分を a_{ij}, b_{ij} で表し，$\boldsymbol{AB} = \boldsymbol{C}$ と書くときの $\boldsymbol{C}$ の (i,j) 成分を c_{ij} で表す．このとき，c_{ij} は a_{ik} と b_{kj} の積を k について足し合わせたものとして，

$$c_{ij} = a_{i1}b_{1j} + a_{i2}b_{2j} = \sum_{k=1}^{2} a_{ik}b_{kj}$$

のように表される．

2 つのベクトル $\boldsymbol{a} = (a_1, a_2)^\top$ と $\boldsymbol{b} = (b_1, b_2)^\top$ の積については，

$$\boldsymbol{a}^\top \boldsymbol{b} = (a_1, a_2) \begin{pmatrix} b_1 \\ b_2 \end{pmatrix} = a_1 b_1 + a_2 b_2$$

$$\boldsymbol{a}\boldsymbol{b}^\top = \begin{pmatrix} a_1 \\ a_2 \end{pmatrix} (b_1, b_2) = \begin{pmatrix} a_1 b_1 & a_1 b_2 \\ a_2 b_1 & a_2 b_2 \end{pmatrix}$$

と書ける．また，行列 $\boldsymbol{A}$ とベクトル $\boldsymbol{b}$ の積，ベクトル $\boldsymbol{a}^\top$ と行列 $\boldsymbol{B}$ の積については，

$$\boldsymbol{A}\boldsymbol{b} = \begin{pmatrix} a_{11} & a_{12} \\ a_{21} & a_{22} \end{pmatrix} \begin{pmatrix} b_1 \\ b_2 \end{pmatrix} = \begin{pmatrix} a_{11}b_1 + a_{12}b_2 \\ a_{21}b_1 + a_{22}b_2 \end{pmatrix}$$

$$\boldsymbol{a}^\top \boldsymbol{B} = (a_1, a_2) \begin{pmatrix} b_{11} & b_{12} \\ b_{21} & b_{22} \end{pmatrix} = (a_1 b_{11} + a_2 b_{21},\ a_1 b_{12} + a_2 b_{22})$$

と書ける．

6.2 逆行列と行列式

2次正方行列 $\boldsymbol{I}$ で $\boldsymbol{A}\boldsymbol{I} = \boldsymbol{I}\boldsymbol{A} = \boldsymbol{A}$ を満たすものを**単位行列**と呼ぶ．本書では，単位行列を $\boldsymbol{I}$ という記号で表す．単位行列は，

$$\boldsymbol{I} = \begin{pmatrix} 1 & 0 \\ 0 & 1 \end{pmatrix}$$

で与えられる．

2次正方行列 $\boldsymbol{B}$ で $\boldsymbol{A}\boldsymbol{B} = \boldsymbol{B}\boldsymbol{A} = \boldsymbol{I}$ を満たすものを行列 $\boldsymbol{A}$ の**逆行列**と呼び $\boldsymbol{A}^{-1}$ で表す．実際，(6.2) において $\boldsymbol{A}\boldsymbol{B} = \boldsymbol{I}$ として，

$$a_{11}b_{11} + a_{12}b_{21} = 1, \quad a_{11}b_{12} + a_{12}b_{22} = 0$$

$$a_{21}b_{11} + a_{22}b_{21} = 0, \quad a_{21}b_{12} + a_{22}b_{22} = 1$$

を解くと，$b_{21} = -a_{21}b_{11}/a_{22}$ と $b_{12} = -a_{12}b_{22}/a_{11}$ を得る．これらを最初と最後の式に代入すると，

$$b_{11} = \frac{a_{22}}{a_{11}a_{22} - a_{12}a_{21}}, \qquad b_{22} = \frac{a_{11}}{a_{11}a_{22} - a_{12}a_{21}}$$

$$b_{21} = -\frac{a_{21}}{a_{11}a_{22} - a_{12}a_{21}}, \quad b_{12} = -\frac{a_{12}}{a_{11}a_{22} - a_{12}a_{21}}$$

となるので，

$$\boldsymbol{A}^{-1} = \frac{1}{a_{11}a_{22} - a_{12}a_{21}} \begin{pmatrix} a_{22} & -a_{12} \\ -a_{21} & a_{11} \end{pmatrix}$$

と書ける.

逆行列を求めるとき, $a_{11}a_{22} - a_{12}a_{21} \neq 0$ という条件が必要であることに注意する. つまり, この条件が $\boldsymbol{A}$ の逆行列が存在するための条件となる. 行列 $\boldsymbol{A}$ の逆行列が存在するとき, $\boldsymbol{A}$ は**正則行列**もしくは単に**正則**であるという. 逆行列が存在しない (すなわち, $a_{11}a_{22} - a_{12}a_{21} = 0$ である) 場合はどのような状況に対応するのであろうか. $a_{22} = a_{12}a_{21}/a_{11}$ であるから, これを行列 $\boldsymbol{A}$ の第2列の列ベクトルに代入すると,

$$\begin{pmatrix} a_{12} \\ a_{22} \end{pmatrix} = \begin{pmatrix} a_{12} \\ a_{12}a_{21}/a_{11} \end{pmatrix} = \frac{a_{12}}{a_{11}} \begin{pmatrix} a_{11} \\ a_{21} \end{pmatrix}$$

となり, 行列 $\boldsymbol{A}$ の第2列の列ベクトルが, 行列 $\boldsymbol{A}$ の第1列の列ベクトルの定数倍になることがわかる. 同様にして, 第2行の行ベクトルは,

$$(a_{21}, a_{22}) = \left(a_{21}, \frac{a_{12}a_{21}}{a_{11}}\right) = \frac{a_{21}}{a_{11}}(a_{11}, a_{12}) \tag{6.3}$$

となり, 行列 $\boldsymbol{A}$ の第2行の行ベクトルが, 行列 $\boldsymbol{A}$ の第1行の行ベクトルの定数倍になることがわかる. このような行列をランク1の行列と呼ぶ. また, 2つの列ベクトルについて, 片方が他方の定数倍で表されないときには, ランク2の行列と呼ぶ. 2次正方行列の列ベクトルの個数は2であるから, ランク2の行列は最大のランクであり, この場合を**フルランク**であるという. フルランクな行列は**正則**となる.

このように, $a_{11}a_{22} - a_{12}a_{21}$ は行列 $\boldsymbol{A}$ が正則であるか否かを判定する条件として用いられる. これを行列 $\boldsymbol{A}$ の**行列式**と呼び,

$$|\boldsymbol{A}| = a_{11}a_{22} - a_{12}a_{21} \quad \text{もしくは} \quad \det(\boldsymbol{A}) = a_{11}a_{22} - a_{12}a_{21}$$

という記号で表す. 例題5.7からわかるように, 行列式 $|\boldsymbol{A}|$ の絶対値は2つのベクトル $\boldsymbol{a}_1 = (a_{11}, a_{12})$ と $\boldsymbol{a}_2 = (a_{21}, a_{22})$ が作る平行四辺形の面積になる. また, $\boldsymbol{A}$ の逆行列は次のように表すことができる.

$$\boldsymbol{A}^{-1} = \frac{1}{|\boldsymbol{A}|} \begin{pmatrix} a_{22} & -a_{12} \\ -a_{21} & a_{11} \end{pmatrix}$$

2つの正則な2次正方行列 $\boldsymbol{A}$, $\boldsymbol{B}$ に対して，行列の積 $\boldsymbol{AB}$ の行列式は行列式 $|\boldsymbol{A}|$, $|\boldsymbol{B}|$ の積として $|\boldsymbol{AB}| = |\boldsymbol{A}||\boldsymbol{B}|$ のように表される．実際，(6.2) より，

$$\begin{aligned} |\boldsymbol{AB}| &= (a_{11}b_{11} + a_{12}b_{21})(a_{21}b_{12} + a_{22}b_{22}) \\ &\qquad - (a_{11}b_{12} + a_{12}b_{22})(a_{21}b_{11} + a_{22}b_{21}) \\ &= a_{11}a_{22}(b_{11}b_{22} - b_{12}b_{21}) + a_{12}a_{21}(b_{12}b_{21} - b_{11}b_{22}) \\ &= (a_{11}a_{22} - a_{12}a_{21})(b_{11}b_{22} - b_{12}b_{21}) = |\boldsymbol{A}||\boldsymbol{B}| \end{aligned}$$

となる．$\boldsymbol{AA}^{-1} = \boldsymbol{I}$ より，この等式を用いると $|\boldsymbol{A}||\boldsymbol{A}^{-1}| = |\boldsymbol{I}| = 1$ となり，等式 $|\boldsymbol{A}^{-1}| = \dfrac{1}{|\boldsymbol{A}|}$ が得られる．

2つの正則な2次正方行列 $\boldsymbol{A}$, $\boldsymbol{B}$ に対して，積 $\boldsymbol{AB}$ の逆行列は，$(\boldsymbol{AB})^{-1} = \boldsymbol{B}^{-1}\boldsymbol{A}^{-1}$ と表すことができる．実際，(6.2) より，

$$(\boldsymbol{AB})^{-1} = \frac{1}{|\boldsymbol{AB}|} \begin{pmatrix} a_{21}b_{12} + a_{22}b_{22} & -a_{11}b_{12} - a_{12}b_{22} \\ -a_{21}b_{11} - a_{22}b_{21} & a_{11}b_{11} + a_{12}b_{21} \end{pmatrix}$$

であり，$|\boldsymbol{AB}| = |\boldsymbol{A}||\boldsymbol{B}|$ と，

$$\begin{pmatrix} a_{21}b_{12} + a_{22}b_{22} & -a_{11}b_{12} - a_{12}b_{22} \\ -a_{21}b_{11} - a_{22}b_{21} & a_{11}b_{11} + a_{12}b_{21} \end{pmatrix} = \begin{pmatrix} b_{22} & -b_{12} \\ -b_{21} & b_{11} \end{pmatrix} \begin{pmatrix} a_{22} & -a_{12} \\ -a_{21} & a_{11} \end{pmatrix}$$

のように書けることから，$(\boldsymbol{AB})^{-1} = \boldsymbol{B}^{-1}\boldsymbol{A}^{-1}$ が成り立つ．

行列 $\boldsymbol{A}$ の中で a_{11}, a_{22} を**対角成分**，a_{12}, a_{21} を**非対角成分**と呼ぶ．対角成分の和を**トレース**と呼び，

$$\mathrm{tr}\,(\boldsymbol{A}) = a_{11} + a_{22}$$

と書く．2つの行列 $\boldsymbol{A}$ と $\boldsymbol{B}$ の積のトレースについては，$\mathrm{tr}\,(\boldsymbol{AB}) = \mathrm{tr}\,(\boldsymbol{BA})$ が成り立つ．実際，(6.2) より，

$$\begin{aligned}\operatorname{tr}(\boldsymbol{AB}) &= a_{11}b_{11} + a_{12}b_{21} + a_{21}b_{12} + a_{22}b_{22} \\ &= b_{11}a_{11} + b_{12}a_{21} + b_{21}a_{12} + b_{22}a_{22} = \operatorname{tr}(\boldsymbol{BA})\end{aligned}$$

となることからわかる.

行列 $\boldsymbol{A}$ の**転置**を $\boldsymbol{A}^\top$ で表すと,

$$\boldsymbol{A} = \begin{pmatrix} a_{11} & a_{12} \\ a_{21} & a_{22} \end{pmatrix} \quad \text{に対して} \quad \boldsymbol{A}^\top = \begin{pmatrix} a_{11} & a_{21} \\ a_{12} & a_{22} \end{pmatrix}$$

と書ける. これを**転置行列**と呼ぶ. 転置行列の行列式とトレースについては, $|\boldsymbol{A}^\top| = |\boldsymbol{A}|$, $\operatorname{tr}(\boldsymbol{A}^\top) = \operatorname{tr}(\boldsymbol{A})$ が成り立つ. また, $(\boldsymbol{A}^\top)^{-1} = (\boldsymbol{A}^{-1})^\top$ が成り立つ. 実際, 次のようになる.

$$(\boldsymbol{A}^\top)^{-1} = \frac{1}{|\boldsymbol{A}^\top|} \begin{pmatrix} a_{22} & -a_{21} \\ -a_{12} & a_{11} \end{pmatrix} = (\boldsymbol{A}^{-1})^\top$$

2 つの行列の積 $\boldsymbol{AB}$ の転置は $(\boldsymbol{AB})^\top = \boldsymbol{B}^\top \boldsymbol{A}^\top$ となる. 実際, (6.2) より,

$$\begin{aligned}(\boldsymbol{AB})^\top &= \begin{pmatrix} a_{11}b_{11} + a_{12}b_{21} & a_{21}b_{11} + a_{22}b_{21} \\ a_{11}b_{12} + a_{12}b_{22} & a_{21}b_{12} + a_{22}b_{22} \end{pmatrix} \\ &= \begin{pmatrix} b_{11} & b_{21} \\ b_{12} & b_{22} \end{pmatrix} \begin{pmatrix} a_{11} & a_{21} \\ a_{12} & a_{22} \end{pmatrix} = \boldsymbol{B}^\top \boldsymbol{A}^\top\end{aligned}$$

のように変形できる. この等式を用いると,

$$\begin{aligned}&|\boldsymbol{B}^\top \boldsymbol{A}^\top| = |(\boldsymbol{AB})^\top| = |\boldsymbol{AB}| = |\boldsymbol{A}||\boldsymbol{B}| \\ &\operatorname{tr}(\boldsymbol{B}^\top \boldsymbol{A}^\top) = \operatorname{tr}((\boldsymbol{AB})^\top) = \operatorname{tr}(\boldsymbol{AB}) = \operatorname{tr}(\boldsymbol{BA})\end{aligned}$$

のように変形することができる. また, 次のようにも変形できる.

$$(\boldsymbol{B}^\top \boldsymbol{A}^\top)^{-1} = (\boldsymbol{A}^\top)^{-1}(\boldsymbol{B}^\top)^{-1} = (\boldsymbol{A}^{-1})^\top(\boldsymbol{B}^{-1})^\top = (\boldsymbol{B}^{-1}\boldsymbol{A}^{-1})^\top$$

以上をまとめると, 次の公式が得られる.

公式 6.2 行列の演算 (I)

2 次正方行列 $\boldsymbol{A}$ が,

$$\boldsymbol{A}=\begin{pmatrix} a_{11} & a_{12} \\ a_{21} & a_{22} \end{pmatrix}$$

で与えられるとき，$\boldsymbol{A}$ の行列式は $|\boldsymbol{A}|=a_{11}a_{22}-a_{12}a_{21}$，$\boldsymbol{A}$ のトレースは $\mathrm{tr}\,(\boldsymbol{A})=a_{11}+a_{22}$ と定義され，次の等式が成り立つ．

$$|\boldsymbol{A}^\top|=|\boldsymbol{A}|,\quad \mathrm{tr}\,(\boldsymbol{A}^\top)=\mathrm{tr}\,(\boldsymbol{A})$$

とくに，$\boldsymbol{A}$ が正則行列のとき，$\boldsymbol{A}$ の逆行列 $\boldsymbol{A}^{-1}$ は，

$$\boldsymbol{A}^{-1}=\frac{1}{|\boldsymbol{A}|}\begin{pmatrix} a_{22} & -a_{12} \\ -a_{21} & a_{11} \end{pmatrix}$$

で与えられ，$\boldsymbol{A}\boldsymbol{A}^{-1}=\boldsymbol{A}^{-1}\boldsymbol{A}=\boldsymbol{I}$ を満たし，次の等式が成り立つ．

$$|\boldsymbol{A}^{-1}|=\frac{1}{|\boldsymbol{A}|},\quad (\boldsymbol{A}^\top)^{-1}=(\boldsymbol{A}^{-1})^\top$$

公式 6.3　行列の演算 (II)

2次正方行列 $\boldsymbol{A}$ と $\boldsymbol{B}$ について，

$$|\boldsymbol{A}\boldsymbol{B}|=|\boldsymbol{A}||\boldsymbol{B}|,\quad \mathrm{tr}\,(\boldsymbol{A}\boldsymbol{B})=\mathrm{tr}\,(\boldsymbol{B}\boldsymbol{A})$$

が成り立つ．$\boldsymbol{A}, \boldsymbol{B}$ が正則行列のときには，次が成り立つ．

$$(\boldsymbol{A}\boldsymbol{B})^{-1}=\boldsymbol{B}^{-1}\boldsymbol{A}^{-1},\quad (\boldsymbol{B}^\top\boldsymbol{A}^\top)^{-1}=(\boldsymbol{B}^{-1}\boldsymbol{A}^{-1})^\top$$

6.3　連立線形方程式の解と固有値

さて，次の連立線形方程式の解について考えよう．

$$\begin{cases} a_{11}x_1+a_{12}x_2=b_1 \\ a_{21}x_1+a_{22}x_2=b_2 \end{cases} \tag{6.4}$$

この連立線形方程式を行列を用いて表すと，

$$\begin{pmatrix} a_{11} & a_{12} \\ a_{21} & a_{22} \end{pmatrix} \begin{pmatrix} x_1 \\ x_2 \end{pmatrix} = \begin{pmatrix} b_1 \\ b_2 \end{pmatrix}$$

と書ける.

$$\boldsymbol{A} = \begin{pmatrix} a_{11} & a_{12} \\ a_{21} & a_{22} \end{pmatrix}, \quad \boldsymbol{x} = \begin{pmatrix} x_1 \\ x_2 \end{pmatrix}, \quad \boldsymbol{b} = \begin{pmatrix} b_1 \\ b_2 \end{pmatrix}$$

とおくと，連立線形方程式は $\boldsymbol{Ax} = \boldsymbol{b}$ のように表すことができる.

$\boldsymbol{A}$ が正則行列なら，$\boldsymbol{x} = \boldsymbol{A}^{-1}\boldsymbol{b}$ として解を求めることができる．$\boldsymbol{A}$ が正則でないときには $a_{22} = a_{12}a_{21}/a_{11}$ となるので，(6.3) を用いると連立線形方程式 (6.4) は,

$$\begin{cases} a_{11}x_1 + a_{12}x_2 = b_1 \\ a_{11}x_1 + a_{12}x_2 = \dfrac{a_{11}b_2}{a_{21}} \end{cases}$$

のように変形できる．この連立線形方程式の左辺は共通なので，解が存在するためには，$b_1 = a_{11}b_2/a_{21}$ でなければならない．例えば，$b_1 = b_2 = 0$ の場合は，$a_{11}x_1 + a_{12}x_2 = 0$ を満たすすべての組 (x_1, x_2) が解となる.

公式 6.4 連立線形方程式の解

(1) $\boldsymbol{A}$ が正則行列のとき，$\boldsymbol{Ax} = \boldsymbol{b}$ の解は $\boldsymbol{x} = \boldsymbol{A}^{-1}\boldsymbol{b}$ となる．$\boldsymbol{A}$ が正則でないとき，解が存在する必要十分条件は $a_{21}b_1 = a_{11}b_2$ となる.

(2) $\boldsymbol{b} = (b_1, b_2)^\top = \boldsymbol{0}$ の場合について，$\boldsymbol{A}$ が正則行列のときには，$\boldsymbol{Ax} = \boldsymbol{0}$ の解は**自明な解** $\boldsymbol{x} = \boldsymbol{0}$ となる.

(3) $\boldsymbol{b} = \boldsymbol{0}$ のとき，$\boldsymbol{Ax} = \boldsymbol{0}$ が自明な解 $\boldsymbol{x} = \boldsymbol{0}$ 以外の解をもつためには，$\boldsymbol{A}$ が正則行列でないこと，すなわち $|\boldsymbol{A}| = 0$ であることが必要十分である．このとき，$a_{11}x_1 + a_{12}x_2 = 0$ もしくは $a_{21}x_1 + a_{22}x_2 = 0$ を満たすすべての $\boldsymbol{x} = (x_1, x_2)^\top$ が解となる.

適当な実数 λ を用いて，等式

$$\boldsymbol{Ax} = \lambda\boldsymbol{x} \quad \text{もしくは} \quad (\lambda\boldsymbol{I} - \boldsymbol{A})\boldsymbol{x} = \boldsymbol{0}$$

を満たすとき，λ を $\boldsymbol{A}$ の**固有値**，そのときの $\boldsymbol{x}$ を λ に対する**固有ベクトル**と呼ぶ．公式 6.4 より，$(\lambda \boldsymbol{I} - \boldsymbol{A})\boldsymbol{x} = \boldsymbol{0}$ が $\boldsymbol{x} = \boldsymbol{0}$ 以外の解をもつためには $\lambda \boldsymbol{I} - \boldsymbol{A}$ が正則行列でないこと，すなわち次の等式が成り立つことが必要十分である．

$$|\lambda \boldsymbol{I} - \boldsymbol{A}| = 0 \quad \text{もしくは} \quad \begin{vmatrix} \lambda - a_{11} & a_{12} \\ a_{21} & \lambda - a_{22} \end{vmatrix} = 0$$

この等式は $(\lambda - a_{11})(\lambda - a_{22}) - a_{12}a_{21} = 0$ と変形できて，

$$\lambda^2 - (a_{11} + a_{22})\lambda + a_{11}a_{22} - a_{12}a_{21} = 0$$

と書けるので，2 次方程式の解は，

$$\lambda = \frac{1}{2}\left(a_{11} + a_{22} \pm \sqrt{(a_{11} - a_{22})^2 + 4a_{12}a_{21}}\right)$$

と書ける．この解は複素数まで考える必要があるが，ここでは実数の場合，すなわち $(a_{11} - a_{22})^2 + 4a_{12}a_{21} \geq 0$ の場合を扱う．

このλを代入した方程式 $(\lambda \boldsymbol{I} - \boldsymbol{A})\boldsymbol{x} = \boldsymbol{0}$ を満たす $\boldsymbol{x} = (x_1, x_2)^\top$ の解が，λ に対する固有ベクトルになる．公式 6.4 より，

$$(\lambda - a_{11})x_1 - a_{12}x_2 = 0 \quad \text{もしくは} \quad a_{21}x_1 - (\lambda - a_{22})x_2 = 0$$

を満たすものすべてが解となる．例えば，$a_{12} \neq 0$ の場合，$x_1 = a_{12}$ とすると $x_2 = \lambda - a_{11}$ となるので，$(a_{12},\ \lambda - a_{11})^\top$ が λ の固有ベクトルになる．

公式 6.5　固有値と固有ベクトル

2 次正方行列 $\boldsymbol{A}$ の固有値 λ は，

$$\lambda = \frac{1}{2}\left(a_{11} + a_{22} \pm \sqrt{(a_{11} - a_{22})^2 + 4a_{12}a_{21}}\right)$$

で与えられ，λ の固有ベクトルは方程式 $(\lambda - a_{11})x_1 - a_{12}x_2 = 0$ の解 $\boldsymbol{x} = (x_1, x_2)^\top$ として与えられる．例えば，$(a_{12},\ \lambda - a_{11})^\top$ や $(\lambda - a_{22},\ a_{21})^\top$ が λ の固有ベクトルになる．

例題 6.6 固有値と固有ベクトルの計算

次の行列の固有値と固有ベクトルを求めよ.

(1) $\boldsymbol{A} = \begin{pmatrix} 2 & 1 \\ 1 & 2 \end{pmatrix}$ (2) $\boldsymbol{B} = \begin{pmatrix} 2 & 0 \\ 1 & 1 \end{pmatrix}$

解説 公式 6.5 を用いる.

(1) $\boldsymbol{A}$ の固有値は $\lambda = (4 \pm 2)/2 = 1, 3$ となる. 固有ベクトルは $(1, \lambda - 2)^\top$ に代入すると得られる.

- $\lambda = 1$ の固有ベクトルは $(1, 1-2)^\top = (1, -1)^\top$ となる.
- $\lambda = 3$ の固有ベクトルは $(1, 3-2)^\top = (1, 1)^\top$ となる.

(2) $\boldsymbol{B}$ の固有値は $\lambda = (3 \pm 1)/2 = 1, 2$ となる. 固有ベクトルは $(\lambda - 1, 1)^\top$ に代入すると得られる.

- $\lambda = 1$ の固有ベクトルは $(0, 1)^\top$ となる.
- $\lambda = 2$ の固有ベクトルは $(1, 1)^\top$ となる.

6.4 対称行列の対角化と 2 次形式

例題 6.6 の行列 $\boldsymbol{A}$ は, $\boldsymbol{A}^\top = \boldsymbol{A}$ を満たす. このような行列を**対称行列**と呼ぶ. また, 2 つの固有ベクトル $(1, -1)^\top$ と $(1, 1)^\top$ の内積は,

$$(1, -1)\begin{pmatrix} 1 \\ 1 \end{pmatrix} = 1 - 1 = 0$$

となり, $(1, -1)^\top$ と $(1, 1)^\top$ が直交することがわかる.

2 次正方行列 $\boldsymbol{H}$ が,

$$\boldsymbol{H}^\top \boldsymbol{H} = \boldsymbol{H}\boldsymbol{H}^\top = \boldsymbol{I}$$

を満たすとき, $\boldsymbol{H}$ を**直交行列**と呼ぶ. $\boldsymbol{H}$ の列ベクトルを $\boldsymbol{h}_1$, $\boldsymbol{h}_2$ とすると, $\boldsymbol{H} = (\boldsymbol{h}_1, \boldsymbol{h}_2)$ であり, $\boldsymbol{H}$ は,

$$\boldsymbol{H}^\top \boldsymbol{H} = \begin{pmatrix} \boldsymbol{h}_1^\top \\ \boldsymbol{h}_2^\top \end{pmatrix} (\boldsymbol{h}_1, \boldsymbol{h}_2) = \begin{pmatrix} \boldsymbol{h}_1^\top \boldsymbol{h}_1 & \boldsymbol{h}_1^\top \boldsymbol{h}_2 \\ \boldsymbol{h}_2^\top \boldsymbol{h}_1 & \boldsymbol{h}_2^\top \boldsymbol{h}_2 \end{pmatrix} = \begin{pmatrix} 1 & 0 \\ 0 & 1 \end{pmatrix}$$

を満たす．したがって，$\boldsymbol{h}_1^\top \boldsymbol{h}_2 = \boldsymbol{h}_2^\top \boldsymbol{h}_1 = 0$, $\boldsymbol{h}_1^\top \boldsymbol{h}_1 = \boldsymbol{h}_2^\top \boldsymbol{h}_2 = 1$ より，$\boldsymbol{h}_1$ と $\boldsymbol{h}_2$ は直交し，どちらも長さが 1 のベクトルである．

いま，2 次正方行列 $\boldsymbol{A}$ が対称行列であるときの固有値と固有ベクトルを考えよう．対称行列であることから $\boldsymbol{A}^\top = \boldsymbol{A}$ が成り立つので，$a_{21} = a_{12}$ であるから，

$$\boldsymbol{A} = \begin{pmatrix} a_{11} & a_{12} \\ a_{12} & a_{22} \end{pmatrix}$$

のように表される．$a_{12} \neq 0$ の場合を扱う．公式 6.5 より，行列 $\boldsymbol{A}$ の固有値は，

$$\lambda_1 = \frac{1}{2}\left(a_{11} + a_{22} - \sqrt{(a_{11} - a_{22})^2 + 4a_{12}^2}\right)$$
$$\lambda_2 = \frac{1}{2}\left(a_{11} + a_{22} + \sqrt{(a_{11} - a_{22})^2 + 4a_{12}^2}\right)$$

となり，2 つの固有値は実数になる．公式 6.5 を用いると，λ の固有ベクトルは $(a_{12}, \lambda - a_{11})^\top$ もしくは $(\lambda - a_{22}, a_{12})$ で与えられるので，λ_1 と λ_2 の固有ベクトルとして，

$$\boldsymbol{h}_1 = \frac{1}{\sqrt{a_{12}^2 + (\lambda_1 - a_{11})^2}} \begin{pmatrix} a_{12} \\ \lambda_1 - a_{11} \end{pmatrix}$$
$$\boldsymbol{h}_2 = \frac{1}{\sqrt{a_{12}^2 + (\lambda_2 - a_{22})^2}} \begin{pmatrix} \lambda_2 - a_{22} \\ a_{12} \end{pmatrix}$$

を用いることにする．

このとき，固有値と固有ベクトルの関係から $\boldsymbol{A}\boldsymbol{h}_1 = \lambda_1 \boldsymbol{h}_1$, $\boldsymbol{A}\boldsymbol{h}_2 = \lambda_2 \boldsymbol{h}_2$ が成り立つ．$\boldsymbol{A}\boldsymbol{h}_1$, $\boldsymbol{A}\boldsymbol{h}_2$ は縦ベクトルであるから，これらを横に並べて行列を作ると，2 × 2 行列として $(\boldsymbol{A}\boldsymbol{h}_1, \boldsymbol{A}\boldsymbol{h}_2) = (\lambda_1 \boldsymbol{h}_1, \lambda_2 \boldsymbol{h}_2)$ のような等式が得られる．これを変形すると，

$$\boldsymbol{A}(\boldsymbol{h}_1, \boldsymbol{h}_2) = (\boldsymbol{h}_1, \boldsymbol{h}_2)\begin{pmatrix} \lambda_1 & 0 \\ 0 & \lambda_2 \end{pmatrix} \tag{6.5}$$

と書ける．ここで，

$$\boldsymbol{H} = (\boldsymbol{h}_1, \boldsymbol{h}_2), \quad \boldsymbol{D} = \begin{pmatrix} \lambda_1 & 0 \\ 0 & \lambda_2 \end{pmatrix}$$

とおくと，等式 (6.5) は次のように表される．

$$\boldsymbol{AH} = \boldsymbol{HD} \tag{6.6}$$

長さ 1 の固有ベクトルで作る行列 $\boldsymbol{H}$ が直交行列になることを示そう．$\lambda_1 + \lambda_2 = a_{11} + a_{22}$ であるから，

$$\boldsymbol{h}_1^\top \boldsymbol{h}_2 = \frac{a_{12}(\lambda_2 - a_{22}) + a_{12}(\lambda_1 - a_{11})}{\sqrt{a_{12}^2 + (\lambda_1 - a_{11})^2}\sqrt{a_{12}^2 + (\lambda_2 - a_{22})^2}}$$

の右辺の分子は $a_{12}(\lambda_1 + \lambda_2 - a_{11} - a_{22}) = 0$ となる．したがって，$\boldsymbol{h}_1$ と $\boldsymbol{h}_2$ は直交する．それぞれ長さが 1 のベクトルなので，

$$\boldsymbol{H}^\top \boldsymbol{H} = \begin{pmatrix} \boldsymbol{h}_1^\top \\ \boldsymbol{h}_2^\top \end{pmatrix}(\boldsymbol{h}_1, \boldsymbol{h}_2) = \begin{pmatrix} \boldsymbol{h}_1^\top \boldsymbol{h}_1 & \boldsymbol{h}_1^\top \boldsymbol{h}_2 \\ \boldsymbol{h}_2^\top \boldsymbol{h}_1 & \boldsymbol{h}_2^\top \boldsymbol{h}_2 \end{pmatrix} = \begin{pmatrix} 1 & 0 \\ 0 & 1 \end{pmatrix}$$

となる．$\boldsymbol{HH}^\top = \boldsymbol{I}$ となることも同様にして示されるので，$\boldsymbol{H}$ は直交行列になることがわかる．

直交行列が $\boldsymbol{H}^\top \boldsymbol{H} = \boldsymbol{HH}^\top = \boldsymbol{I}$ を満たすことは，$\boldsymbol{H}^\top$ が $\boldsymbol{H}$ の逆行列 $\boldsymbol{H}^{-1}$ であること，すなわち，

$$\boldsymbol{H}^{-1} = \boldsymbol{H}^\top$$

であることを意味する．(6.6) の両辺に右側から $\boldsymbol{H}^\top$ を掛けると $\boldsymbol{A} = \boldsymbol{HDH}^\top$ が得られ，(6.6) の両辺に左側から $\boldsymbol{H}$ を掛けると $\boldsymbol{H}^\top \boldsymbol{AH} = \boldsymbol{D}$ が得られる．

公式 6.7 対称行列の対角化

2 次正方行列 $\boldsymbol{A}$ が対称行列のときには，固有値は実数となる．固有値を λ_1，λ_2 とし，それぞれの固有ベクトルで長さが 1 のものを $\boldsymbol{h}_1$，$\boldsymbol{h}_2$ とする

と，これらは，

$$\begin{aligned}\lambda_1 &= \frac{1}{2}\Big(a_{11}+a_{22}-\sqrt{(a_{11}-a_{22})^2+4a_{12}^2}\Big)\\ \lambda_2 &= \frac{1}{2}\Big(a_{11}+a_{22}+\sqrt{(a_{11}-a_{22})^2+4a_{12}^2}\Big)\end{aligned} \tag{6.7}$$

$$\begin{aligned}\boldsymbol{h}_1 &= \frac{1}{\sqrt{a_{12}^2+(\lambda_1-a_{11})^2}}\begin{pmatrix} a_{12} \\ \lambda_1-a_{11}\end{pmatrix}\\ \boldsymbol{h}_2 &= \frac{1}{\sqrt{a_{12}^2+(\lambda_2-a_{22})^2}}\begin{pmatrix} \lambda_2-a_{22} \\ a_{12}\end{pmatrix}\end{aligned} \tag{6.8}$$

で与えられる．

$$\boldsymbol{H}=(\boldsymbol{h}_1,\boldsymbol{h}_2), \quad \boldsymbol{D}=\begin{pmatrix}\lambda_1 & 0\\ 0 & \lambda_2\end{pmatrix}$$

とおくと，$\boldsymbol{H}$ は直交行列となり，

$$\boldsymbol{A}=\boldsymbol{H}\boldsymbol{D}\boldsymbol{H}^\top \quad \text{もしくは} \quad \boldsymbol{H}^\top\boldsymbol{A}\boldsymbol{H}=\boldsymbol{D}$$

が成り立つ．これを**対称行列の対角化**と呼ぶ．

例題 6.8　対称行列の対角化

次の対称行列を対角化し，そのときの直交行列を与えよ．

(1) $\boldsymbol{A}=\begin{pmatrix}3 & -2\\ -2 & 3\end{pmatrix}$　　(2) $\boldsymbol{B}=\begin{pmatrix}2 & 2\\ 2 & -1\end{pmatrix}$

解説　公式 6.7 を用いる．

(1) $\boldsymbol{A}$ の固有値は，(6.7) より $\lambda=(6\pm 4)/2=1,5$ となる．固有ベクトルは (6.8) より得られる．

- $\lambda=1$ の固有ベクトルは $(1,1)^\top/\sqrt{2}$
- $\lambda=5$ の固有ベクトルは $(1,-1)^\top/\sqrt{2}$

となるので，直交行列 $\boldsymbol{H}$ と対角化は次のようになる．

$$\boldsymbol{H} = \frac{1}{\sqrt{2}}\begin{pmatrix} 1 & 1 \\ 1 & -1 \end{pmatrix}, \quad \boldsymbol{H}^\top \boldsymbol{A}\boldsymbol{H} = \begin{pmatrix} 1 & 0 \\ 0 & 5 \end{pmatrix}$$

(2) $\boldsymbol{B}$ の固有値は，$\lambda = (1 \pm 5)/2 = -2, 3$ となる．

∘ $\lambda = -2$ の固有ベクトルは $(1, -2)^\top/\sqrt{5}$

∘ $\lambda = 3$ の固有ベクトルは $(2, 1)^\top/\sqrt{5}$

となるので，直交行列 $\boldsymbol{H}$ と対角化は次のようになる．

$$\boldsymbol{H} = \frac{1}{\sqrt{5}}\begin{pmatrix} 1 & 2 \\ -2 & 1 \end{pmatrix}, \quad \boldsymbol{H}^\top \boldsymbol{B}\boldsymbol{H} = \begin{pmatrix} -2 & 0 \\ 0 & 3 \end{pmatrix}$$

2 つの変数 x_1 と x_2 についての 2 次関数 $Q = ax_1^2 + 2bx_1x_2 + cx_2^2$ を考える．これは **2 次形式**と呼ばれ，様々な応用問題に登場する．Q は，

$$Q = ax_1^2 + 2bx_1x_2 + cx_2^2 = (x_1, x_2)\begin{pmatrix} a & b \\ b & c \end{pmatrix}\begin{pmatrix} x_1 \\ x_2 \end{pmatrix}$$

のように表すことができる．ここで，

$$\boldsymbol{A} = \begin{pmatrix} a & b \\ b & c \end{pmatrix}, \quad \boldsymbol{x} = \begin{pmatrix} x_1 \\ x_2 \end{pmatrix}$$

とおくと，次のように書ける．

$$Q = \boldsymbol{x}^\top \boldsymbol{A}\boldsymbol{x}$$

このとき，行列 $\boldsymbol{A}$ は対称行列であるので，公式 6.7 より $\boldsymbol{A}$ の固有値 λ_1，λ_2 と直交行列 $\boldsymbol{H}$ がとれて，

$$\boldsymbol{A} = \boldsymbol{H}\boldsymbol{D}\boldsymbol{H}^\top, \quad \boldsymbol{D} = \begin{pmatrix} \lambda_1 & 0 \\ 0 & \lambda_2 \end{pmatrix}$$

と書ける．そこで，$\boldsymbol{y} = (y_1, y_2)^\top = \boldsymbol{H}^\top \boldsymbol{x}$ とおくと，Q は，

$$Q = \boldsymbol{x}^\top \boldsymbol{H}\boldsymbol{D}\boldsymbol{H}^\top \boldsymbol{x} = (\boldsymbol{H}^\top \boldsymbol{x})^\top \boldsymbol{D}(\boldsymbol{H}^\top \boldsymbol{x}) = \boldsymbol{y}^\top \boldsymbol{D}\boldsymbol{y}$$
$$= \lambda_1 y_1^2 + \lambda_2 y_2^2 \qquad (6.9)$$

のように単純な形に変形することができる．(6.9) を2次形式の**標準形**と呼ぶ．

$\boldsymbol{x} \neq \boldsymbol{0}$ であるすべての $\boldsymbol{x}$ に対して，$Q > 0$ となるとき行列 $\boldsymbol{A}$ は**正定値**，$Q \geq 0$ となるとき**非負定値**（**半正定値**），$Q < 0$ となるとき**負定値**と呼び，それぞれ $\boldsymbol{A} > 0$, $\boldsymbol{A} \geq 0$, $\boldsymbol{A} < 0$ で表す．(6.9) より，$\boldsymbol{A}$ の固有値が $\lambda_1 > 0, \lambda_2 > 0$ のときに正定値，$\lambda_1 \geq 0, \lambda_2 \geq 0$ のときに非負定値，$\lambda_1 < 0, \lambda_2 < 0$ のときに負定値となる．

2つの行列 $\boldsymbol{A}$ と $\boldsymbol{B}$ の大小関係については，$\boldsymbol{A} - \boldsymbol{B} \geq 0$（$\boldsymbol{A} - \boldsymbol{B}$ が非負定値）のとき $\boldsymbol{A} \geq \boldsymbol{B}$ と書き，$\boldsymbol{A} - \boldsymbol{B} > 0$（$\boldsymbol{A} - \boldsymbol{B}$ が正定値）のとき $\boldsymbol{A} > \boldsymbol{B}$ と書く．

例題 6.9　2次形式の標準形

次の2次形式の標準形を与えよ．

(1) $3x_1^2 + 4x_1x_2 + 3x_2^2$　　(2) $2x_1^2 - 4x_1x_2 - x_2^2$

解説

(1) $3x_1^2 + 4x_1x_2 + 3x_2^2 = (x_1, x_2)\begin{pmatrix} 3 & 2 \\ 2 & 3 \end{pmatrix}\begin{pmatrix} x_1 \\ x_2 \end{pmatrix}$ と表すことができる．

$$\begin{vmatrix} \lambda - 3 & -2 \\ -2 & \lambda - 3 \end{vmatrix} = (\lambda - 1)(\lambda - 5)$$

と書けるので，固有値は1, 5となる．したがって，標準形は $y_1^2 + 5y_2^2$ と書ける．

(2) $2x_1^2 - 4x_1x_2 - x_2^2 = (x_1, x_2)\begin{pmatrix} 2 & -2 \\ -2 & -1 \end{pmatrix}\begin{pmatrix} x_1 \\ x_2 \end{pmatrix}$ と表すことができる．

$$\begin{vmatrix} \lambda - 2 & 2 \\ 2 & \lambda + 1 \end{vmatrix} = (\lambda + 2)(\lambda - 3)$$

と書けるので，固有値は $-2, 3$ となり，標準形は $-2y_1^2 + 3y_2^2$ となる．

例題 6.10 行列の大小関係

行列に関する次の不等式は正しいか.

(1) $\begin{pmatrix} 5 & 1 \\ 1 & 2 \end{pmatrix} > 0$　　(2) $\begin{pmatrix} 3 & 1 \\ 1 & -2 \end{pmatrix} \geq \begin{pmatrix} 1 & -1 \\ -1 & -1 \end{pmatrix}$

解説

(1) $\begin{vmatrix} \lambda-5 & -1 \\ -1 & \lambda-2 \end{vmatrix} = \lambda^2 - 7\lambda + 9$ より，固有値は $\lambda = (7 \pm \sqrt{13})/2$ となる. いずれも正の値なので正定値となり，不等式は正しい.

(2) $\begin{pmatrix} 3 & 1 \\ 1 & -2 \end{pmatrix} - \begin{pmatrix} 1 & -1 \\ -1 & -1 \end{pmatrix} = \begin{pmatrix} 2 & 2 \\ 2 & -1 \end{pmatrix}$ と書けるので，右辺の行列の固有値は,

$$\begin{vmatrix} \lambda-2 & -2 \\ -2 & \lambda+1 \end{vmatrix} = (\lambda+2)(\lambda-3)$$

より，$\lambda = -2, 3$ となる. 1 つが正の値でもう 1 つが負の値をとるので，2 つの行列の差の行列は非負定値ではない. したがって，与えられた行列の不等式は正しくない.

基本問題

問 1　$\boldsymbol{a} = (2,1)^\top$, $\boldsymbol{b} = (-1, y)^\top$ とする.

(1) $\boldsymbol{a}$ と $\boldsymbol{b}$ が直交するときの y の値を求めよ.

(2) $\boldsymbol{a}+\boldsymbol{b}$ と $\boldsymbol{a}-\boldsymbol{b}$ が直交するときの y の値を求めよ.

問 2　$\boldsymbol{a} = (a_1, a_2)^\top$, $\boldsymbol{b} = (b_1, b_2)^\top$ とおき，$b_1 \neq 0$, $b_2 \neq 0$ とする. t を媒介変数として $\boldsymbol{p}$ が,

$$\boldsymbol{p} = \boldsymbol{a} + t\boldsymbol{b}$$

のように表されるとする. t を変化させていくときの $\boldsymbol{p} = (x, y)^\top$ の軌道を表す直線を与えよ. また，この直線に直交する直線（法線）で $\boldsymbol{a}$ を通るものを求めよ.

問 3　平面上の3点 O(0, 0), A(a_1, a_2), B(b_1, b_2) において，2つのベクトルを $\boldsymbol{a} = (a_1, a_2)^\top$, $\boldsymbol{b} = (b_1, b_2)^\top$ とする．このとき，三角形 OAB の面積 S が次のように表されることを示せ．

$$S = \frac{1}{2}\sqrt{\|\boldsymbol{a}\|^2\|\boldsymbol{b}\|^2 - (\boldsymbol{a}^\top \boldsymbol{b})^2} = \frac{1}{2}|a_1 b_2 - a_2 b_1|$$

問 4　次の行列 $\boldsymbol{A}$, $\boldsymbol{B}$ の行列式を求めよ．また，正則行列のときには逆行列を与えよ．

$$\boldsymbol{A} = \begin{pmatrix} 3 & 4 \\ 1 & 2 \end{pmatrix}, \quad \boldsymbol{B} = \begin{pmatrix} 1 & -2 \\ 3 & -6 \end{pmatrix}$$

問 5　次の行列 $\boldsymbol{A}$, $\boldsymbol{B}$ について，$|\boldsymbol{AB}| = |\boldsymbol{A}||\boldsymbol{B}|$, $(\boldsymbol{AB})^{-1} = \boldsymbol{B}^{-1}\boldsymbol{A}^{-1}$, $(\boldsymbol{AB})^\top = \boldsymbol{B}^\top \boldsymbol{A}^\top$ が成り立つことを確かめよ．

$$\boldsymbol{A} = \begin{pmatrix} 1 & 2 \\ 2 & 1 \end{pmatrix}, \quad \boldsymbol{B} = \begin{pmatrix} -2 & -1 \\ 1 & -2 \end{pmatrix}$$

問 6　定数 c, d に対して，連立線形方程式

$$\begin{cases} x - 2y = 1 \\ 3x - cy = d \end{cases}$$

が解をもつための条件を求めよ．また，そのときの解を与えよ．

問 7　次の行列 $\boldsymbol{A}$, $\boldsymbol{B}$ の固有値と固有ベクトルを求めよ．

$$\boldsymbol{A} = \begin{pmatrix} 3 & -2 \\ 2 & -2 \end{pmatrix}, \quad \boldsymbol{B} = \begin{pmatrix} 1 & 4 \\ 2 & 3 \end{pmatrix}$$

問 8　次の対称行列 $\boldsymbol{A}$, $\boldsymbol{B}$ を対角化せよ．また，そのときの直交行列を与えよ．

$$\boldsymbol{A} = \begin{pmatrix} 1 & 3 \\ 3 & 1 \end{pmatrix}, \quad \boldsymbol{B} = \begin{pmatrix} 3 & 4 \\ 4 & -3 \end{pmatrix}$$

問 9　行列

$$\boldsymbol{H}(\theta) = \begin{pmatrix} \cos\theta & -\sin\theta \\ \sin\theta & \cos\theta \end{pmatrix}$$

が直交行列になることを示せ．また，

$$\boldsymbol{H}(\theta_1+\theta_2)=\boldsymbol{H}(\theta_1)\boldsymbol{H}(\theta_2)$$

となることを示せ.

発展問題

問 10 定数 c に対して，次の対称行列 $\boldsymbol{A}$ を考える.

$$\boldsymbol{A}=\begin{pmatrix}1 & c\\ c & 1\end{pmatrix}$$

(1) 行列 $\boldsymbol{A}$ が正定値，非負定値，負定値になるような c の条件をそれぞれ求めることができるか.

(2) $\boldsymbol{A}$ を対角化するための直交行列を求めよ.

(3) 自然数 n に対して，$\boldsymbol{A}^n$ を求めよ.

Memo

第 7 章

n 次元ベクトルと一般の行列の演算

第 6 章では 2 次正方行列について一連の行列演算の方法を説明した．一般の行列の演算方法について本章以降で解説する．まず，本章では，一般の行列の積，逆行列，基本行列，掃き出し法，行列の標準形とランクなどについて学ぶ．

7.1 ベクトルと行列

n 個の実数 $a_1, a_2, \ldots, a_n$ を縦に並べた**縦ベクトル $\boldsymbol{a}$** と，それを**転置**した**横ベクトル $\boldsymbol{a}^\top$** は，

$$\boldsymbol{a} = \begin{pmatrix} a_1 \\ a_2 \\ \vdots \\ a_n \end{pmatrix}, \quad \boldsymbol{a}^\top = (a_1, a_2, \ldots, a_n)$$

で与えられる．本書では，転置記号を用いて $\boldsymbol{a}$ を $\boldsymbol{a} = (a_1, a_2, \ldots, a_n)^\top$ のように表すことにする．ベクトル $\boldsymbol{a}$ とベクトル $\boldsymbol{b} = (b_1, b_2, \ldots, b_n)^\top$ に対して，和と実数倍は，

$$\boldsymbol{a} + \boldsymbol{b} = \begin{pmatrix} a_1 \\ \vdots \\ a_n \end{pmatrix} + \begin{pmatrix} b_1 \\ \vdots \\ b_n \end{pmatrix} = \begin{pmatrix} a_1 + b_1 \\ \vdots \\ a_n + b_n \end{pmatrix}, \quad c\boldsymbol{a} = c\begin{pmatrix} a_1 \\ \vdots \\ a_n \end{pmatrix} = \begin{pmatrix} ca_1 \\ \vdots \\ ca_n \end{pmatrix}$$

で定義される．また，$\boldsymbol{a}$ と $\boldsymbol{b}$ の**内積**は，

$$\boldsymbol{a}^\top \boldsymbol{b} = (a_1, \ldots, a_n)\begin{pmatrix} b_1 \\ \vdots \\ b_n \end{pmatrix} = a_1 b_1 + \cdots + a_n b_n$$

で定義され，$\boldsymbol{a}^\top \boldsymbol{b} = 0$ のとき $\boldsymbol{a}$ と $\boldsymbol{b}$ は**直交する**という．ベクトル $\boldsymbol{a}$ の大きさは，

$$\|\boldsymbol{a}\| = \sqrt{\boldsymbol{a}^\top \boldsymbol{a}} = \sqrt{a_1^2 + \cdots + a_n^2}$$

で与えられ，**ノルム**と呼ぶ．

mn 個の実数 a_{ij} $(i = 1, \ldots, m,\ j = 1, \ldots, n)$ を

$$\boldsymbol{A} = \begin{pmatrix} a_{11} & \cdots & a_{1n} \\ \vdots & \ddots & \vdots \\ a_{m1} & \cdots & a_{mn} \end{pmatrix}$$

のように並べたものは，行の個数が m，列の個数が n の行列なので，$\boldsymbol{m \times n}$ **行列**と呼ぶ．とくに，$m = n$ のとき $\boldsymbol{n}$ **次正方行列**と呼び，以降登場する特別な $n \times n$ 行列も同様に n 次〇〇行列と呼ぶ．

第 i 行で第 j 列の成分を $\boldsymbol{(i, j)}$ **成分**と呼び，行列 $\boldsymbol{A}$ の (i, j) 成分が a_{ij} で与えられるとき，$\boldsymbol{A} = (a_{ij})$ と書くことにする．$\boldsymbol{B} = (b_{ij})$ を $m \times n$ 行列，c を実数とすると，$\boldsymbol{A} + \boldsymbol{B}$ と $c\boldsymbol{A}$ は，

$$\begin{aligned} \boldsymbol{A} + \boldsymbol{B} &= \begin{pmatrix} a_{11} & \cdots & a_{1n} \\ \vdots & \ddots & \vdots \\ a_{m1} & \cdots & a_{mn} \end{pmatrix} + \begin{pmatrix} b_{11} & \cdots & b_{1n} \\ \vdots & \ddots & \vdots \\ b_{m1} & \cdots & b_{mn} \end{pmatrix} \\ &= \begin{pmatrix} a_{11} + b_{11} & \cdots & a_{1n} + b_{1n} \\ \vdots & \ddots & \vdots \\ a_{m1} + b_{m1} & \cdots & a_{mn} + b_{mn} \end{pmatrix} \\ c\boldsymbol{A} &= \begin{pmatrix} ca_{11} & \cdots & ca_{1n} \\ \vdots & \ddots & \vdots \\ ca_{m1} & \cdots & ca_{mn} \end{pmatrix} \end{aligned}$$

として定義される．すなわち，$\boldsymbol{A} + \boldsymbol{B} = (a_{ij} + b_{ij}),\ c\boldsymbol{A} = (ca_{ij})$ である．

すべての成分が 0 のベクトルや行列を**ゼロベクトル**，**ゼロ行列**と呼ぶ．

7.2 行列の積，ベクトルと行列の積

2つの行列 $\boldsymbol{A}$ と $\boldsymbol{B}$ の積については，$\boldsymbol{A}$ の列数と $\boldsymbol{B}$ の行数が等しいときに定義される．例えば，$\boldsymbol{A}$ は $\ell \times m$ 行列，$\boldsymbol{B}$ は $m \times n$ 行列で，

$$\boldsymbol{A} = \begin{pmatrix} a_{11} & \cdots & a_{1m} \\ \vdots & \ddots & \vdots \\ a_{\ell 1} & \cdots & a_{\ell m} \end{pmatrix} = \begin{pmatrix} \boldsymbol{a}_1' \\ \vdots \\ \boldsymbol{a}_\ell' \end{pmatrix}$$

$$\boldsymbol{B} = \begin{pmatrix} b_{11} & \cdots & b_{1n} \\ \vdots & \ddots & \vdots \\ b_{m1} & \cdots & b_{mn} \end{pmatrix} = (\boldsymbol{b}_1, \ldots, \boldsymbol{b}_n)$$

とする．ただし，$\boldsymbol{a}_i' = (a_{i1}, \ldots, a_{im})$ は $\boldsymbol{A}$ の行ベクトル，$\boldsymbol{b}_j = (b_{1j}, \ldots, b_{mj})^\top$ は $\boldsymbol{B}$ の列ベクトルである．このとき，$\boldsymbol{A}$ と $\boldsymbol{B}$ の行列の積は $\ell \times n$ 行列として，

$$\boldsymbol{AB} = \begin{pmatrix} \boldsymbol{a}_1' \\ \vdots \\ \boldsymbol{a}_\ell' \end{pmatrix} (\boldsymbol{b}_1, \ldots, \boldsymbol{b}_n) = \begin{pmatrix} \boldsymbol{a}_1'\boldsymbol{b}_1 & \cdots & \boldsymbol{a}_1'\boldsymbol{b}_n \\ \vdots & \ddots & \vdots \\ \boldsymbol{a}_\ell'\boldsymbol{b}_1 & \cdots & \boldsymbol{a}_\ell'\boldsymbol{b}_n \end{pmatrix} \tag{7.1}$$

で定義される．成分で表すと，$\boldsymbol{AB}$ の (i, j) 成分は，

$$\boldsymbol{a}_i'\boldsymbol{b}_j = (a_{i1}, \ldots, a_{im}) \begin{pmatrix} b_{1j} \\ \vdots \\ b_{mj} \end{pmatrix} = \sum_{k=1}^{m} a_{ik} b_{kj}$$

と書ける．

ベクトルと行列の積も (7.1) の特別な場合として計算することができる．ベクトル $\boldsymbol{a} = (a_1, \ldots, a_m)^\top$ と $m \times n$ 行列 $\boldsymbol{B} = (\boldsymbol{b}_1, \ldots, \boldsymbol{b}_n) = (b_{ij})$ に対して，

$$\begin{aligned} \boldsymbol{a}^\top \boldsymbol{B} &= \boldsymbol{a}^\top (\boldsymbol{b}_1, \ldots, \boldsymbol{b}_n) \\ &= (\boldsymbol{a}^\top \boldsymbol{b}_1, \ldots, \boldsymbol{a}^\top \boldsymbol{b}_n) = \left(\sum_{k=1}^{m} a_k b_{k1}, \ \ldots, \ \sum_{k=1}^{m} a_k b_{kn} \right) \end{aligned}$$

となる．また，$\ell \times m$ 行列 $\boldsymbol{A} = (a_{ij})$ とベクトル $\boldsymbol{b} = (b_1, \ldots, b_m)^\top$ に対して，

$$\boldsymbol{Ab} = \begin{pmatrix} \boldsymbol{a}'_1 \\ \vdots \\ \boldsymbol{a}'_\ell \end{pmatrix} \boldsymbol{b} = \begin{pmatrix} \boldsymbol{a}'_1\boldsymbol{b} \\ \vdots \\ \boldsymbol{a}'_\ell\boldsymbol{b} \end{pmatrix} = \begin{pmatrix} \sum_{k=1}^{m} a_{1k}b_k \\ \vdots \\ \sum_{k=1}^{m} a_{\ell k}b_k \end{pmatrix}$$

となる．ベクトル $\boldsymbol{c} = (c_1, \ldots, c_m)^\top$ と $\boldsymbol{d} = (d_1, \ldots, d_n)^\top$ の積 $\boldsymbol{cd}^\top$ については，$m \times n$ 行列として，

$$\boldsymbol{cd}^\top = \begin{pmatrix} c_1 \\ \vdots \\ c_m \end{pmatrix} (d_1, \ldots, d_n) = \begin{pmatrix} c_1d_1 & \cdots & c_1d_n \\ \vdots & \ddots & \vdots \\ c_md_1 & \cdots & c_md_n \end{pmatrix} = (c_id_j)$$

と書ける．

$\ell \times m$ 行列 $\boldsymbol{A}$ とその**転置行列** $\boldsymbol{A}^\top$ は，

$$\boldsymbol{A} = (a_{ij}) = \begin{pmatrix} a_{11} & \cdots & a_{1m} \\ \vdots & \ddots & \vdots \\ a_{\ell 1} & \cdots & a_{\ell m} \end{pmatrix}, \quad \boldsymbol{A}^\top = (a_{ji}) = \begin{pmatrix} a_{11} & \cdots & a_{\ell 1} \\ \vdots & \ddots & \vdots \\ a_{1m} & \cdots & a_{\ell m} \end{pmatrix}$$

で与えられる．2 つの正方行列 $\boldsymbol{A}$, $\boldsymbol{B}$ に対して，$\boldsymbol{AB}$ の転置は，

$$(\boldsymbol{AB})^\top = \boldsymbol{B}^\top\boldsymbol{A}^\top$$

となる．実際，$\boldsymbol{AB}$ の (i,j) 成分は $\sum_{k=1}^{m} a_{ik}b_{kj}$ であるから，$(\boldsymbol{AB})^\top$ の (i,j) 成分（$\boldsymbol{AB}$ の (j,i) 成分）は $\sum_{k=1}^{m} a_{jk}b_{ki} = \sum_{k=1}^{m} b_{ki}a_{jk}$ となる．これは $\boldsymbol{B}^\top\boldsymbol{A}^\top$ の (i,j) 成分であることを意味する．

行列 $\boldsymbol{A}$ が n 次正方行列で，(i,j) 成分が a_{ij} であるとき，a_{ii} $(i = 1, \ldots, n)$ を**対角成分**，a_{ij} $(i \neq j)$ を**非対角成分**と呼ぶ．非対角成分がすべて 0 である行列を**対角行列**と呼び，

$$\mathrm{diag}\,(a_1, \ldots, a_n) = \begin{pmatrix} a_1 & 0 & \cdots & 0 \\ 0 & a_2 & \cdots & 0 \\ \vdots & \vdots & \ddots & \vdots \\ 0 & 0 & \cdots & a_n \end{pmatrix}$$

のように書く．対角成分がすべて 1 の対角行列を $\mathrm{diag}\,(1,\ldots,1) = \boldsymbol{I}$ と書き，**単位行列**と呼ぶ．とくに，n 次単位行列を $\boldsymbol{I}_n$ で表すこともある．

n 次正方行列 $\boldsymbol{A}$ が $\boldsymbol{A} = (a_{ij})$ で与えられるとき，$\boldsymbol{A}$ の**トレース**は対角成分の和として，

$$\mathrm{tr}\,(\boldsymbol{A}) = \sum_{i=1}^{n} a_{ii}$$

のように定義される．n 次単位行列のトレースは，

$$\mathrm{tr}\,(\boldsymbol{I}_n) = \underbrace{1 + \cdots + 1}_{n\,\text{個}} = n$$

となる．また，$\mathrm{tr}\,(\boldsymbol{A}^\top) = \mathrm{tr}\,(\boldsymbol{A})$ となり，$\boldsymbol{A}$ のトレースは $\boldsymbol{A}$ を転置したトレースを考えても変わらない．

トレースは正方行列に対して定義されるので，2 つの行列 $\boldsymbol{A}$ と $\boldsymbol{B}$ の行列の積 $\boldsymbol{AB}$ のトレースを考えるときには，$\boldsymbol{AB}$ が正方行列である必要がある．そこで，$\boldsymbol{A} = (a_{ij})$ を $n \times m$ 行列，$\boldsymbol{B} = (b_{ij})$ を $m \times n$ 行列とすると，$\boldsymbol{AB}$ のトレースは次のように変形することができる．

$$\mathrm{tr}\,(\boldsymbol{AB}) = \sum_{i=1}^{n}\sum_{k=1}^{m} a_{ik}b_{ki} = \sum_{k=1}^{m}\sum_{i=1}^{n} b_{ki}a_{ik}$$

この右辺は $\boldsymbol{BA}$ のトレースを意味するので，次の等式が成り立つことがわかる．

$$\mathrm{tr}\,(\boldsymbol{AB}) = \mathrm{tr}\,(\boldsymbol{BA})$$

この性質を用いると，2 つのベクトル $\boldsymbol{a} = (a_1,\ldots,a_n)^\top$，$\boldsymbol{b} = (b_1,\ldots,b_n)^\top$ の内積 $\boldsymbol{a}^\top\boldsymbol{b} = a_1b_1 + \cdots + a_nb_n$ は 1 次元の数なので，

$$\boldsymbol{a}^\top\boldsymbol{b} = \mathrm{tr}\,(\boldsymbol{a}^\top\boldsymbol{b}) = \mathrm{tr}\,(\boldsymbol{b}\boldsymbol{a}^\top) = \mathrm{tr}\,(\boldsymbol{a}\boldsymbol{b}^\top) = \mathrm{tr}\begin{pmatrix} a_1b_1 & \cdots & a_1b_n \\ \vdots & \ddots & \vdots \\ a_nb_1 & \cdots & a_nb_n \end{pmatrix}$$

が成り立つ．実際，$\boldsymbol{a}^\top\boldsymbol{b}$ も右辺の行列のトレースも $\sum_{i=1}^{n} a_ib_i$ になっている．

以上の演算を公式としてまとめておく．

公式 7.1　行列の積の転置とトレース

$\boldsymbol{A}, \boldsymbol{B}$ を n 次正方行列とし，$\boldsymbol{A} = (a_{ij})$, $\boldsymbol{B} = (b_{ij})$ とするとき，$\boldsymbol{AB}$ の (i, j) 成分は $\sum_{k=1}^{n} a_{ik}b_{kj}$ で与えられる．転置行列とトレースについては，次の等式が成り立つ．

$$(\boldsymbol{AB})^\top = \boldsymbol{B}^\top \boldsymbol{A}^\top, \quad \mathrm{tr}\,(\boldsymbol{AB}) = \mathrm{tr}\,(\boldsymbol{BA})$$

本節の最後に，分割された行列の積について説明する．2 つの行列 $\boldsymbol{A}$ と $\boldsymbol{B}$ については，$\boldsymbol{A}$ が $\ell \times m$ 行列，$\boldsymbol{B}$ が $m \times n$ 行列であるとする．$\ell = \ell_1 + \ell_2$, $m = m_1 + m_2$, $n = n_1 + n_2$ として，$\boldsymbol{A}, \boldsymbol{B}$ をさらに次のように分割する．

$$\boldsymbol{A} = \begin{pmatrix} \boldsymbol{A}_{11} & \boldsymbol{A}_{12} \\ \boldsymbol{A}_{21} & \boldsymbol{A}_{22} \end{pmatrix}, \quad \boldsymbol{B} = \begin{pmatrix} \boldsymbol{B}_{11} & \boldsymbol{B}_{12} \\ \boldsymbol{B}_{21} & \boldsymbol{B}_{22} \end{pmatrix}$$

ここで，$\boldsymbol{A}_{ij}$ は $\ell_i \times m_j$ 行列，$\boldsymbol{B}_{ij}$ は $m_i \times n_j$ 行列である．

公式 7.2　分割された行列の積

行列 $\boldsymbol{A}, \boldsymbol{B}$ が $\boldsymbol{A} = \begin{pmatrix} \boldsymbol{A}_{11} & \boldsymbol{A}_{12} \\ \boldsymbol{A}_{21} & \boldsymbol{A}_{22} \end{pmatrix}$, $\boldsymbol{B} = \begin{pmatrix} \boldsymbol{B}_{11} & \boldsymbol{B}_{12} \\ \boldsymbol{B}_{21} & \boldsymbol{B}_{22} \end{pmatrix}$ のように分割される場合，積 $\boldsymbol{AB}$ は次のように書ける．

$$\boldsymbol{AB} = \begin{pmatrix} \boldsymbol{A}_{11}\boldsymbol{B}_{11} + \boldsymbol{A}_{12}\boldsymbol{B}_{21} & \boldsymbol{A}_{11}\boldsymbol{B}_{12} + \boldsymbol{A}_{12}\boldsymbol{B}_{22} \\ \boldsymbol{A}_{21}\boldsymbol{B}_{11} + \boldsymbol{A}_{22}\boldsymbol{B}_{21} & \boldsymbol{A}_{21}\boldsymbol{B}_{12} + \boldsymbol{A}_{22}\boldsymbol{B}_{22} \end{pmatrix}$$

この公式から次の例が得られる．

$$\begin{pmatrix} \boldsymbol{A}_{11} & \boldsymbol{A}_{12} \\ \boldsymbol{0} & \boldsymbol{A}_{22} \end{pmatrix} \begin{pmatrix} \boldsymbol{B}_{11} & \boldsymbol{B}_{12} \\ \boldsymbol{0} & \boldsymbol{B}_{22} \end{pmatrix} = \begin{pmatrix} \boldsymbol{A}_{11}\boldsymbol{B}_{11} & \boldsymbol{A}_{11}\boldsymbol{B}_{12} + \boldsymbol{A}_{12}\boldsymbol{B}_{22} \\ \boldsymbol{0} & \boldsymbol{A}_{22}\boldsymbol{B}_{22} \end{pmatrix}$$

$$\begin{pmatrix} \boldsymbol{A}_{11} & \boldsymbol{0} \\ \boldsymbol{0} & \boldsymbol{A}_{22} \end{pmatrix} \begin{pmatrix} \boldsymbol{B}_{11} & \boldsymbol{0} \\ \boldsymbol{0} & \boldsymbol{B}_{22} \end{pmatrix} = \begin{pmatrix} \boldsymbol{A}_{11}\boldsymbol{B}_{11} & \boldsymbol{0} \\ \boldsymbol{0} & \boldsymbol{A}_{22}\boldsymbol{B}_{22} \end{pmatrix} \tag{7.2}$$

例題 7.3 分割された行列の積

2つの行列 $\boldsymbol{A}$ と $\boldsymbol{B}$ が次で与えられるとき，積 $\boldsymbol{AB}$ を計算せよ．

$$\boldsymbol{A} = \begin{pmatrix} 1 & 1 & 0 \\ -1 & 2 & 0 \\ 0 & 0 & 1 \end{pmatrix}, \quad \boldsymbol{B} = \begin{pmatrix} 1 & -1 & 0 \\ 2 & 1 & 0 \\ 0 & 0 & 2 \end{pmatrix}$$

解説 (7.2) を用いて計算する．$\boldsymbol{A}_{11}$, $\boldsymbol{B}_{11}$ は，

$$\boldsymbol{A}_{11} = \begin{pmatrix} 1 & 1 \\ -1 & 2 \end{pmatrix}, \quad \boldsymbol{B}_{11} = \begin{pmatrix} 1 & -1 \\ 2 & 1 \end{pmatrix}$$

に対応するので，

$$\boldsymbol{A}_{11}\boldsymbol{B}_{11} = \begin{pmatrix} 3 & 0 \\ 3 & 3 \end{pmatrix}$$

より，(7.2) を用いると次のようになる．

$$\boldsymbol{AB} = \begin{pmatrix} 1 & 1 & 0 \\ -1 & 2 & 0 \\ 0 & 0 & 1 \end{pmatrix} \begin{pmatrix} 1 & -1 & 0 \\ 2 & 1 & 0 \\ 0 & 0 & 2 \end{pmatrix} = \begin{pmatrix} 3 & 0 & 0 \\ 3 & 3 & 0 \\ 0 & 0 & 2 \end{pmatrix}$$

7.3 逆行列，基本行列，掃き出し法

単位行列を $\boldsymbol{I}$ とし，正方行列 $\boldsymbol{A}$ について，

$$\boldsymbol{A}\boldsymbol{A}^{-1} = \boldsymbol{A}^{-1}\boldsymbol{A} = \boldsymbol{I}$$

となるような $\boldsymbol{A}^{-1}$ が存在するとき，$\boldsymbol{A}$ は**正則行列**もしくは単に**正則**であるといい，$\boldsymbol{A}^{-1}$ を $\boldsymbol{A}$ の**逆行列**と呼ぶ．この等式の転置をとると，

$$(\boldsymbol{A}^{-1})^\top \boldsymbol{A}^\top = \boldsymbol{A}^\top (\boldsymbol{A}^{-1})^\top = \boldsymbol{I}$$

と書けるので，次の等式が成り立つ．

$$(\boldsymbol{A}^{-1})^\top = (\boldsymbol{A}^\top)^{-1}$$

正方行列 $\boldsymbol{H}$ が,

$$\boldsymbol{H}\boldsymbol{H}^\top = \boldsymbol{H}^\top\boldsymbol{H} = \boldsymbol{I}$$

を満たすとき，$\boldsymbol{H}$ を**直交行列**と呼ぶ．この等式は，$\boldsymbol{H}$ の逆行列が,

$$\boldsymbol{H}^{-1} = \boldsymbol{H}^\top$$

で与えられることを示している．

公式 7.4　転置行列と逆行列

$\boldsymbol{A}$ を正方行列で正則，$\boldsymbol{H}$ を直交行列とするとき，次の等式が成り立つ．

$$(\boldsymbol{A}^\top)^{-1} = (\boldsymbol{A}^{-1})^\top, \quad \boldsymbol{H}^{-1} = \boldsymbol{H}^\top$$

行列の積の逆行列については次のように書ける．

公式 7.5　積の逆行列

$\boldsymbol{A}$ と $\boldsymbol{B}$ が正方行列で正則であるとき，次の等式が成り立つ．

$$(\boldsymbol{A}\boldsymbol{B})^{-1} = \boldsymbol{B}^{-1}\boldsymbol{A}^{-1}$$

証明　$\boldsymbol{A}$, $\boldsymbol{B}$ が正則であることから，$(\boldsymbol{A}\boldsymbol{B})(\boldsymbol{B}^{-1}\boldsymbol{A}^{-1}) = \boldsymbol{A}(\boldsymbol{B}\boldsymbol{B}^{-1})\boldsymbol{A}^{-1} = \boldsymbol{A}\boldsymbol{A}^{-1} = \boldsymbol{I}$ となるので，$\boldsymbol{A}\boldsymbol{B}$ は正則である．また，等式 $(\boldsymbol{A}\boldsymbol{B})\boldsymbol{B}^{-1}\boldsymbol{A}^{-1} = \boldsymbol{I}$ の両辺に左側から $(\boldsymbol{A}\boldsymbol{B})^{-1}$ を掛けると，$\boldsymbol{B}^{-1}\boldsymbol{A}^{-1} = (\boldsymbol{A}\boldsymbol{B})^{-1}$ と書けるので，$\boldsymbol{A}\boldsymbol{B}$ の逆行列は $\boldsymbol{B}^{-1}\boldsymbol{A}^{-1}$ となる． ■

分割された行列の積 (7.2) から，分割された行列の逆行列を求められる．

公式 7.6　分割された行列の逆行列

$\boldsymbol{A}$ が次のように分割されるとき，$\boldsymbol{A}^{-1}$ も同じように分割される．ただし，$\boldsymbol{A}_{11}$, $\boldsymbol{A}_{22}$ は正則行列である．

$$\boldsymbol{A} = \begin{pmatrix} \boldsymbol{A}_{11} & \boldsymbol{0} \\ \boldsymbol{0} & \boldsymbol{A}_{22} \end{pmatrix} \quad \text{に対して} \quad \boldsymbol{A}^{-1} = \begin{pmatrix} \boldsymbol{A}_{11}^{-1} & \boldsymbol{0} \\ \boldsymbol{0} & \boldsymbol{A}_{22}^{-1} \end{pmatrix}$$

例題 7.7 分割された行列の逆行列

行列 $\boldsymbol{A}$, $\boldsymbol{B}$ が次で与えられるとき，$\boldsymbol{A}$, $\boldsymbol{B}$, $\boldsymbol{AB}$ それぞれの逆行列を計算せよ．

$$\boldsymbol{A} = \begin{pmatrix} 1 & 1 & 0 \\ -1 & 2 & 0 \\ 0 & 0 & 3 \end{pmatrix}, \quad \boldsymbol{B} = \begin{pmatrix} 1 & -1 & 0 \\ 2 & 1 & 0 \\ 0 & 0 & 3 \end{pmatrix}$$

解説 $\boldsymbol{A}_{11}$, $\boldsymbol{B}_{11}$ は，

$$\boldsymbol{A}_{11} = \begin{pmatrix} 1 & 1 \\ -1 & 2 \end{pmatrix}, \quad \boldsymbol{B}_{11} = \begin{pmatrix} 1 & -1 \\ 2 & 1 \end{pmatrix}$$

に対応するので，$\boldsymbol{A}_{11}^{-1} = \dfrac{1}{3}\begin{pmatrix} 2 & -1 \\ 1 & 1 \end{pmatrix}$, $\boldsymbol{B}_{11}^{-1} = \dfrac{1}{3}\begin{pmatrix} 1 & 1 \\ -2 & 1 \end{pmatrix}$ より，

$$\boldsymbol{A}^{-1} = \frac{1}{3}\begin{pmatrix} 2 & -1 & 0 \\ 1 & 1 & 0 \\ 0 & 0 & 1 \end{pmatrix}, \quad \boldsymbol{B}^{-1} = \frac{1}{3}\begin{pmatrix} 1 & 1 & 0 \\ -2 & 1 & 0 \\ 0 & 0 & 1 \end{pmatrix}$$

となる．また，$\boldsymbol{AB} = \begin{pmatrix} 3 & 0 & 0 \\ 3 & 3 & 0 \\ 0 & 0 & 9 \end{pmatrix}$ より，$(\boldsymbol{AB})^{-1}$ は次のようになる．

$$(\boldsymbol{AB})^{-1} = \frac{1}{9}\begin{pmatrix} 3 & 0 & 0 \\ -3 & 3 & 0 \\ 0 & 0 & 1 \end{pmatrix}$$

ここで，逆行列を求めるための**掃き出し法**について説明する．n 次正方行列 $\boldsymbol{A} = (\boldsymbol{a}_1, \ldots, \boldsymbol{a}_n)$ に対して，掃き出し法は次の 3 種類の行列の作用を組み合わ

せて行う．

(a) $\boldsymbol{T}_{ij}$: $\boldsymbol{a}_i$ と $\boldsymbol{a}_j$ を入れかえる行列

$\boldsymbol{A}\boldsymbol{T}_{ij}$ は，第 i 列と第 j 列を入れかえて，

$$(\boldsymbol{a}_1, \ldots, \boldsymbol{a}_i, \ldots, \boldsymbol{a}_j, \ldots, \boldsymbol{a}_n)\boldsymbol{T}_{ij} = (\boldsymbol{a}_1, \ldots, \boldsymbol{a}_j, \ldots, \boldsymbol{a}_i, \ldots, \boldsymbol{a}_n)$$

となり，左側から $\boldsymbol{T}_{ij}$ を掛けると，$\boldsymbol{T}_{ij}\boldsymbol{A}$ は第 i 行と第 j 行を入れかえることになる．例えば，3×3 行列の第 1 列と第 2 列を交換するときには，$\boldsymbol{T}_{12}$ を $\boldsymbol{A}$ の右側から掛けて，次のようになる．

$$\begin{pmatrix} a_{11} & a_{12} & a_{13} \\ a_{21} & a_{22} & a_{23} \\ a_{31} & a_{32} & a_{33} \end{pmatrix} \begin{pmatrix} 0 & 1 & 0 \\ 1 & 0 & 0 \\ 0 & 0 & 1 \end{pmatrix} = \begin{pmatrix} a_{12} & a_{11} & a_{13} \\ a_{22} & a_{21} & a_{23} \\ a_{32} & a_{31} & a_{33} \end{pmatrix}$$

また，第 1 行と第 2 行を交換するときには，$\boldsymbol{T}_{12}$ を $\boldsymbol{A}$ の左側から掛ければよい．

$$\begin{pmatrix} 0 & 1 & 0 \\ 1 & 0 & 0 \\ 0 & 0 & 1 \end{pmatrix} \begin{pmatrix} a_{11} & a_{12} & a_{13} \\ a_{21} & a_{22} & a_{23} \\ a_{31} & a_{32} & a_{33} \end{pmatrix} = \begin{pmatrix} a_{21} & a_{22} & a_{23} \\ a_{11} & a_{12} & a_{13} \\ a_{31} & a_{32} & a_{33} \end{pmatrix}$$

列ベクトル同士もしくは行ベクトル同士を入れかえる行列を**互換行列**と呼び，互換行列の積を**置換行列**と呼ぶ．

(b) $\boldsymbol{M}_{i,c}$: $\boldsymbol{a}_i$ を c 倍する行列

$\boldsymbol{A}\boldsymbol{M}_{i,c}$ は，第 i 列を c 倍して，

$$(\boldsymbol{a}_1, \ldots, \boldsymbol{a}_i, \ldots, \boldsymbol{a}_n)\boldsymbol{M}_{i,c} = (\boldsymbol{a}_1, \ldots, c\boldsymbol{a}_i, \ldots, \boldsymbol{a}_n)$$

となり，左側から $\boldsymbol{M}_{i,c}$ を掛けると，$\boldsymbol{M}_{i,c}\boldsymbol{A}$ は第 i 行を c 倍することになる．例えば，3×3 行列の第 2 列を c 倍するときには，$\boldsymbol{M}_{2,c}$ を $\boldsymbol{A}$ の右側から掛けて，次のようになる．

$$\begin{pmatrix} a_{11} & a_{12} & a_{13} \\ a_{21} & a_{22} & a_{23} \\ a_{31} & a_{32} & a_{33} \end{pmatrix} \begin{pmatrix} 1 & 0 & 0 \\ 0 & c & 0 \\ 0 & 0 & 1 \end{pmatrix} = \begin{pmatrix} a_{11} & ca_{12} & a_{13} \\ a_{21} & ca_{22} & a_{23} \\ a_{31} & ca_{32} & a_{33} \end{pmatrix}$$

また，第 2 行を c 倍するときには，$\boldsymbol{M}_{2,c}$ を $\boldsymbol{A}$ の左側から掛ければよい．

$$\begin{pmatrix}1 & 0 & 0\\ 0 & c & 0\\ 0 & 0 & 1\end{pmatrix}\begin{pmatrix}a_{11} & a_{12} & a_{13}\\ a_{21} & a_{22} & a_{23}\\ a_{31} & a_{32} & a_{33}\end{pmatrix} = \begin{pmatrix}a_{11} & a_{12} & a_{13}\\ ca_{21} & ca_{22} & ca_{23}\\ a_{31} & a_{32} & a_{33}\end{pmatrix}$$

(c) <u>$\boldsymbol{A}_{ij,c}$：$\boldsymbol{a}_i$ を $\boldsymbol{a}_i + c\boldsymbol{a}_j$ におきかえる行列</u>

$\boldsymbol{A}\boldsymbol{A}_{ij,c}$ は，第 i 列 $\boldsymbol{a}_i$ に $c\boldsymbol{a}_j$ を加えて，

$$(\boldsymbol{a}_1, \ldots, \boldsymbol{a}_i, \ldots, \boldsymbol{a}_n)\boldsymbol{A}_{ij,c} = (\boldsymbol{a}_1, \ldots, \boldsymbol{a}_i + c\boldsymbol{a}_j, \ldots, \boldsymbol{a}_n)$$

となり，左側から $\boldsymbol{A}_{ij,c}^\top$ を掛けると，$\boldsymbol{A}_{ij,c}^\top\boldsymbol{A}$ は第 i 行に第 j 行を c 倍した行ベクトルを加えることになる．例えば，3×3 行列の第 2 列に第 3 列の c 倍を加えるときには，$\boldsymbol{A}_{23,c}$ を $\boldsymbol{A}$ の右側から掛けて，次のようになる．

$$\begin{pmatrix}a_{11} & a_{12} & a_{13}\\ a_{21} & a_{22} & a_{23}\\ a_{31} & a_{32} & a_{33}\end{pmatrix}\begin{pmatrix}1 & 0 & 0\\ 0 & 1 & 0\\ 0 & c & 1\end{pmatrix} = \begin{pmatrix}a_{11} & a_{12}+ca_{13} & a_{13}\\ a_{21} & a_{22}+ca_{23} & a_{23}\\ a_{31} & a_{32}+ca_{33} & a_{33}\end{pmatrix}$$

また，第 2 行に第 3 行の c 倍を加えるときには，$\boldsymbol{A}_{23,c}^\top$ を $\boldsymbol{A}$ の左側から掛ければよい．

$$\begin{pmatrix}1 & 0 & 0\\ 0 & 1 & c\\ 0 & 0 & 1\end{pmatrix}\begin{pmatrix}a_{11} & a_{12} & a_{13}\\ a_{21} & a_{22} & a_{23}\\ a_{31} & a_{32} & a_{33}\end{pmatrix} = \begin{pmatrix}a_{11} & a_{12} & a_{13}\\ a_{21}+ca_{31} & a_{22}+ca_{32} & a_{23}+ca_{33}\\ a_{31} & a_{32} & a_{33}\end{pmatrix}$$

以上の 3 種類の行列 $\boldsymbol{T}_{ij}$，$\boldsymbol{M}_{i,c}$，$\boldsymbol{A}_{ij,c}$ を**基本行列**と呼び，基本行列を行列に掛けることを**基本変形**と呼ぶ．正則行列の場合，いくつかの基本行列を掛けると単位行列になる．このことは逆に，同じ基本行列の積を単位行列に掛けると逆行列が生じることになる．これを**掃き出し法**と呼ぶ．

公式 7.8　基本行列の性質と掃き出し法

(1) $\boldsymbol{A}$ が正則行列のとき，有限個の基本行列 $\boldsymbol{P}_1, \ldots, \boldsymbol{P}_k$ があって，次の関係が成り立つ．

(i) $\boldsymbol{P}_k \cdots \boldsymbol{P}_2\boldsymbol{P}_1\boldsymbol{A} = \boldsymbol{I}$　　(ii) $\boldsymbol{P}_k \cdots \boldsymbol{P}_2\boldsymbol{P}_1\boldsymbol{I} = \boldsymbol{A}^{-1}$

ただし，(ii) の等式は，(i) の等式の両辺に $\boldsymbol{A}^{-1}$ を右側から掛けることによって得られる．

(2) 正則行列 $\boldsymbol{A}$ は有限個の基本行列の積である．これは，(ii) の等式について逆行列をとると，$\boldsymbol{A} = \boldsymbol{P}_1^{-1}\boldsymbol{P}_2^{-1}\cdots\boldsymbol{P}_k^{-1}$ となり，基本行列の逆行列も基本行列になることからわかる．

例題 7.9　掃き出し法

次の行列 $\boldsymbol{A}$ に左側から基本行列を掛けることにより，$\boldsymbol{A}^{-1}$ を求めよ．

$$\boldsymbol{A} = \begin{pmatrix} 0 & 1 & 2 \\ 1 & -1 & 1 \\ 3 & -2 & 1 \end{pmatrix} \tag{7.3}$$

解説　次の計算で R_i は第 i 行を意味する．

$$\left(\begin{array}{ccc|ccc} 0 & 1 & 2 & 1 & 0 & 0 \\ 1 & -1 & 1 & 0 & 1 & 0 \\ 3 & -2 & 1 & 0 & 0 & 1 \end{array}\right) \xrightarrow[R_1 \leftrightarrow R_2]{} \left(\begin{array}{ccc|ccc} 1 & -1 & 1 & 0 & 1 & 0 \\ 0 & 1 & 2 & 1 & 0 & 0 \\ 3 & -2 & 1 & 0 & 0 & 1 \end{array}\right)$$

$$\xrightarrow[R_3 - 3R_1]{} \left(\begin{array}{ccc|ccc} 1 & -1 & 1 & 0 & 1 & 0 \\ 0 & 1 & 2 & 1 & 0 & 0 \\ 0 & 1 & -2 & 0 & -3 & 1 \end{array}\right)$$

$$\xrightarrow[R_3 - R_2]{R_1 + R_2} \left(\begin{array}{ccc|ccc} 1 & 0 & 3 & 1 & 1 & 0 \\ 0 & 1 & 2 & 1 & 0 & 0 \\ 0 & 0 & -4 & -1 & -3 & 1 \end{array}\right)$$

$$\xrightarrow[-\frac{1}{4}R_3]{} \left(\begin{array}{ccc|ccc} 1 & 0 & 3 & 1 & 1 & 0 \\ 0 & 1 & 2 & 1 & 0 & 0 \\ 0 & 0 & 1 & 1/4 & 3/4 & -1/4 \end{array}\right)$$

$$\xrightarrow[R_2 - 2R_3]{R_1 - 3R_3} \left(\begin{array}{ccc|ccc} 1 & 0 & 0 & 1/4 & -5/4 & 3/4 \\ 0 & 1 & 0 & 1/2 & -3/2 & 1/2 \\ 0 & 0 & 1 & 1/4 & 3/4 & -1/4 \end{array}\right)$$

公式 7.8 (1) より，$\boldsymbol{A}$ の逆行列は，

$$\boldsymbol{A}^{-1} = \frac{1}{4}\begin{pmatrix} 1 & -5 & 3 \\ 2 & -6 & 2 \\ 1 & 3 & -1 \end{pmatrix} \tag{7.4}$$

となる．基本行列 $\boldsymbol{T}_{ij}$, $\boldsymbol{M}_{i,c}$, $\boldsymbol{A}_{ij,c}$ を用いて表現すると，

$$\boldsymbol{A}_{23,-2}^{\top}\,\boldsymbol{A}_{13,-3}^{\top}\,\boldsymbol{M}_{3,-1/4}\,\boldsymbol{A}_{32,-1}^{\top}\,\boldsymbol{A}_{12,1}^{\top}\,\boldsymbol{A}_{31,-3}^{\top}\,\boldsymbol{T}_{12}\,\boldsymbol{A} = \boldsymbol{I} \tag{7.5}$$

と表される．

7.4 行列の標準形とランク

行列 $\boldsymbol{A}$ が正則でない場合や正方行列でない場合を含めて，一般に $\boldsymbol{A}$ が $m \times n$ 行列であるときの基本変形を考える．$\boldsymbol{A}$ に複数の m 次基本行列 $\boldsymbol{P}_1, \boldsymbol{P}_2, \ldots, \boldsymbol{P}_k$ を左側から掛け，右側から置換行列 $\boldsymbol{T}$ を掛けると，

$$\boldsymbol{P}_k \cdots \boldsymbol{P}_2 \boldsymbol{P}_1 \boldsymbol{A}\boldsymbol{T} = \begin{pmatrix} \boldsymbol{I}_r & \boldsymbol{C} \\ \boldsymbol{0}_{m-r,r} & \boldsymbol{0}_{m-r,n-r} \end{pmatrix} \tag{7.6}$$

のように変形できる．ここで，$\boldsymbol{C}$ は適当な $r \times (n-r)$ 行列であり，$\boldsymbol{T}$ は列ベクトルを並べかえる置換行列，すなわち，

$$(\boldsymbol{a}_1, \ldots, \boldsymbol{a}_n)\boldsymbol{T} = (\boldsymbol{a}_{j_1}, \ldots, \boldsymbol{a}_{j_n})$$

である．また，$\boldsymbol{I}_r$ は r 次単位行列であり，$\boldsymbol{0}_{m-r,r}$ は成分がすべて 0 の $(m-r) \times r$ 行列である．

$$\boldsymbol{I}_r = \operatorname{diag}(1, \ldots, 1) = \begin{pmatrix} 1 & \cdots & 0 \\ \vdots & \ddots & \vdots \\ 0 & \cdots & 1 \end{pmatrix}, \quad \boldsymbol{0}_{m-r,r} = \begin{pmatrix} 0 & \cdots & 0 \\ \vdots & \ddots & \vdots \\ 0 & \cdots & 0 \end{pmatrix}$$

さらに，(7.6) に複数の n 次基本行列 $\boldsymbol{Q}_1, \boldsymbol{Q}_2, \ldots, \boldsymbol{Q}_\ell$ を右側から掛けると，次のように変形できる．

$$\boldsymbol{P}_k \cdots \boldsymbol{P}_2 \boldsymbol{P}_1 \boldsymbol{A} \boldsymbol{T} \boldsymbol{Q}_1 \boldsymbol{Q}_2 \cdots \boldsymbol{Q}_\ell = \begin{pmatrix} \boldsymbol{I}_r & \boldsymbol{0}_{r,n-r} \\ \boldsymbol{0}_{m-r,r} & \boldsymbol{0}_{m-r,n-r} \end{pmatrix}$$

これを行列の**標準形**と呼ぶ．また，r の値を行列 $\boldsymbol{A}$ の**ランク**（**階数**）と呼び，$\mathrm{rank}\,(\boldsymbol{A}) = r$ と書く．$\boldsymbol{P} = \boldsymbol{P}_k \cdots \boldsymbol{P}_2 \boldsymbol{P}_1$，$\boldsymbol{Q} = \boldsymbol{T} \boldsymbol{Q}_1 \boldsymbol{Q}_2 \cdots \boldsymbol{Q}_\ell$ とおくと，$\boldsymbol{P}$ と $\boldsymbol{Q}$ は正則行列である．

公式 7.10　行列の標準形とランク

$m \times n$ 行列 $\boldsymbol{A}$ に対して，m 次基本行列の積からなる正則行列 $\boldsymbol{P}$ と n 次置換行列 $\boldsymbol{T}$ を適当にとると，

$$\boldsymbol{P}\boldsymbol{A}\boldsymbol{T} = \begin{pmatrix} \boldsymbol{I}_r & \boldsymbol{C} \\ \boldsymbol{0}_{m-r,r} & \boldsymbol{0}_{m-r,n-r} \end{pmatrix} \tag{7.7}$$

のように変形できる．さらに，$\boldsymbol{T}$ と n 次基本行列の積からなる正則行列 $\boldsymbol{Q}$ を (7.7) の右側から掛けると，次のような標準形が得られる．

$$\boldsymbol{P}\boldsymbol{A}\boldsymbol{Q} = \begin{pmatrix} \boldsymbol{I}_r & \boldsymbol{0}_{r,n-r} \\ \boldsymbol{0}_{m-r,r} & \boldsymbol{0}_{m-r,n-r} \end{pmatrix} \tag{7.8}$$

このとき，行列 $\boldsymbol{A}$ のランクは $\mathrm{rank}\,(\boldsymbol{A}) = r$ である．

例題 7.11　行列の標準形とランク

次の行列の標準形とランクを求めよ．

$$\boldsymbol{A} = \begin{pmatrix} 1 & 1 & -1 \\ 1 & 2 & 2 \\ 3 & 4 & 0 \end{pmatrix}, \quad \boldsymbol{B} = \begin{pmatrix} 3 & -1 & 3 & 1 \\ 1 & -2 & 2 & 0 \\ 1 & 3 & -1 & 1 \end{pmatrix}$$

解説 次の計算で R_i は第 i 行，C_j は第 j 列を意味する．

$$\boldsymbol{A} = \begin{pmatrix} 1 & 1 & -1 \\ 1 & 2 & 2 \\ 3 & 4 & 0 \end{pmatrix} \xrightarrow[R_3-3R_1]{R_2-R_1} \begin{pmatrix} 1 & 1 & -1 \\ 0 & 1 & 3 \\ 0 & 1 & 3 \end{pmatrix}$$

$$\xrightarrow[R_3-R_2]{R_1-R_2} \begin{pmatrix} 1 & 0 & -4 \\ 0 & 1 & 3 \\ 0 & 0 & 0 \end{pmatrix} \xrightarrow[C_3-3C_2]{C_3+4C_1} \begin{pmatrix} 1 & 0 & 0 \\ 0 & 1 & 0 \\ 0 & 0 & 0 \end{pmatrix}$$

となり，$\mathrm{rank}\,(\boldsymbol{A}) = 2$ となる．また，

$$\boldsymbol{B} = \begin{pmatrix} 3 & -1 & 3 & 1 \\ 1 & -2 & 2 & 0 \\ 1 & 3 & -1 & 1 \end{pmatrix} \xrightarrow[R_1 \leftrightarrow R_2]{} \begin{pmatrix} 1 & -2 & 2 & 0 \\ 3 & -1 & 3 & 1 \\ 1 & 3 & -1 & 1 \end{pmatrix}$$

$$\xrightarrow[R_3-R_1]{R_2-3R_1} \begin{pmatrix} 1 & -2 & 2 & 0 \\ 0 & 5 & -3 & 1 \\ 0 & 5 & -3 & 1 \end{pmatrix} \xrightarrow[R_3-R_2]{} \begin{pmatrix} 1 & -2 & 2 & 0 \\ 0 & 5 & -3 & 1 \\ 0 & 0 & 0 & 0 \end{pmatrix}$$

$$\xrightarrow[\frac{1}{5}R_2]{} \begin{pmatrix} 1 & -2 & 2 & 0 \\ 0 & 1 & -3/5 & 1/5 \\ 0 & 0 & 0 & 0 \end{pmatrix} \xrightarrow[R_1+2R_2]{} \begin{pmatrix} 1 & 0 & 4/5 & 2/5 \\ 0 & 1 & -3/5 & 1/5 \\ 0 & 0 & 0 & 0 \end{pmatrix}$$

$$\xrightarrow[C_4-\frac{2}{5}C_1]{C_3-\frac{4}{5}C_1} \begin{pmatrix} 1 & 0 & 0 & 0 \\ 0 & 1 & -3/5 & 1/5 \\ 0 & 0 & 0 & 0 \end{pmatrix} \xrightarrow[C_4-\frac{1}{5}C_2]{C_3+\frac{3}{5}C_2} \begin{pmatrix} 1 & 0 & 0 & 0 \\ 0 & 1 & 0 & 0 \\ 0 & 0 & 0 & 0 \end{pmatrix}$$

となり，$\mathrm{rank}\,(\boldsymbol{B}) = 2$ となる．

$m \times n$ 行列 $\boldsymbol{A}$ が $\boldsymbol{A} = (\boldsymbol{a}_1, \ldots, \boldsymbol{a}_n)$ で与えられているとする．列ベクトルの間に $c_1 = \cdots = c_n = 0$ でない適当な実数 $c_1, \ldots, c_n$ があって，$c_1\boldsymbol{a}_1 + \cdots + c_n\boldsymbol{a}_n = \boldsymbol{0}$ が成り立つとき，$\boldsymbol{a}_1, \ldots, \boldsymbol{a}_n$ は**線形従属**（**1 次従属**）であるという．また，$c_1\boldsymbol{a}_1 + \cdots + c_n\boldsymbol{a}_n = \boldsymbol{0}$ なら $c_1 = \cdots = c_n = 0$ となるとき，$\boldsymbol{a}_1, \ldots, \boldsymbol{a}_n$ は**線形独立**（**1 次独立**）であるという．行ベクトルの線形従属と線形独立も同様に定義される．

行列のランクの性質をまとめておく．

公式 7.12 ランクの性質

行列 $\boldsymbol{A}$ のランクについて，次の事項が成り立つ．

(1) $\mathrm{rank}\,(\boldsymbol{A}^\top) = \mathrm{rank}\,(\boldsymbol{A})$ である．

(2) 任意の正則行列 $\boldsymbol{B}_1$，$\boldsymbol{B}_2$ に対して，$\mathrm{rank}\,(\boldsymbol{B}_1\boldsymbol{A}\boldsymbol{B}_2) = \mathrm{rank}\,(\boldsymbol{A})$ である．

(3) 行列 $\boldsymbol{A}$ のランクは，線形独立な列ベクトルの最大数である．

(4) 行列 $\boldsymbol{A}$ のランクは，線形独立な行ベクトルの最大数である．

(5) $\boldsymbol{A}$ が n 次正方行列の場合，$\boldsymbol{A}$ が正則であるための必要十分条件は $\mathrm{rank}\,(\boldsymbol{A}) = n$ である．

(6) $\boldsymbol{A}$ が n 次正方行列の場合，$\boldsymbol{A}$ が正則でなければ n 個の列ベクトル $\boldsymbol{a}_1, \ldots, \boldsymbol{a}_n$ は線形従属である．同様に，n 個の行ベクトルも線形従属である．

証明

(1) $\mathrm{rank}\,(\boldsymbol{A}) = r$ とすると，公式 7.10 の (7.8) より $\boldsymbol{PAQ} = \boldsymbol{S}_r$ と表される．ただし，$\boldsymbol{S}_r$ を

$$\boldsymbol{S}_r = \begin{pmatrix} \boldsymbol{I}_r & \boldsymbol{0}_{r,n-r} \\ \boldsymbol{0}_{m-r,r} & \boldsymbol{0}_{m-r,n-r} \end{pmatrix}$$

で定義する．$\boldsymbol{P}$，$\boldsymbol{Q}$ は基本行列の積であり，それらの転置行列 $\boldsymbol{P}^\top$，$\boldsymbol{Q}^\top$ も基本行列の積になる．$\boldsymbol{Q}^\top$ を左側から，$\boldsymbol{P}^\top$ を右側から $\boldsymbol{A}$ に掛けると，

$$\boldsymbol{Q}^\top\boldsymbol{A}^\top\boldsymbol{P}^\top = (\boldsymbol{PAQ})^\top = \boldsymbol{S}_r^\top = \begin{pmatrix} \boldsymbol{I}_r & \boldsymbol{0}_{r,m-r} \\ \boldsymbol{0}_{n-r,r} & \boldsymbol{0}_{n-r,m-r} \end{pmatrix}$$

と書けるので，$\mathrm{rank}\,(\boldsymbol{A}^\top) = r$ となる．

(2) $\boldsymbol{A}$ を $m \times n$ 行列とし $\mathrm{rank}\,(\boldsymbol{A}) = r$ とする．(1) で用いた記号を使うと，$\boldsymbol{PAQ} = \boldsymbol{S}_r$ と表される．また，公式 7.8 (1) より，基本行列の積 $\boldsymbol{P}_0$ を $\boldsymbol{B}_1$ の左側から掛けると $\boldsymbol{P}_0\boldsymbol{B}_1 = \boldsymbol{I}_m$ となり，基本行列の積 $\boldsymbol{Q}_0$ を $\boldsymbol{B}_2$ の右側から掛けると $\boldsymbol{B}_2\boldsymbol{Q}_0 = \boldsymbol{I}_n$ とできる．$\boldsymbol{PP}_0$，$\boldsymbol{Q}_0\boldsymbol{Q}$ は基本行列の積で

あり，

$$(\boldsymbol{P}\boldsymbol{P}_0)\boldsymbol{B}_1\boldsymbol{A}\boldsymbol{B}_2(\boldsymbol{Q}_0\boldsymbol{Q}) = \boldsymbol{P}\boldsymbol{A}\boldsymbol{Q} = \boldsymbol{S}_r$$

となることから，$\mathrm{rank}\,(\boldsymbol{B}_1\boldsymbol{A}\boldsymbol{B}_2) = r$ となる．よって，$\mathrm{rank}\,(\boldsymbol{B}_1\boldsymbol{A}\boldsymbol{B}_2)$ $= \mathrm{rank}\,(\boldsymbol{A})$ となる．

(3) (7.7) より，正則行列 $\boldsymbol{P}$ と置換行列 $\boldsymbol{T}$ を用いて，

$$\boldsymbol{P}\boldsymbol{A}\boldsymbol{T} = \begin{pmatrix} \boldsymbol{I}_r & \boldsymbol{C} \\ \boldsymbol{0}_{m-r,r} & \boldsymbol{0}_{m-r,n-r} \end{pmatrix}$$

となる．ここで，第 i 成分だけが 1 で他の成分が 0 である m 次元ベクトルを $\boldsymbol{e}_i$ とする．例えば，$\boldsymbol{e}_1 = (1, 0, \ldots, 0)^\top$ であり，これら $\boldsymbol{e}_1, \ldots, \boldsymbol{e}_r$ を**基本ベクトル**と呼ぶ．このとき，

$$\begin{pmatrix} \boldsymbol{I}_r \\ \boldsymbol{0}_{m-r,r} \end{pmatrix} = (\boldsymbol{e}_1, \ldots, \boldsymbol{e}_r), \quad \begin{pmatrix} \boldsymbol{C} \\ \boldsymbol{0}_{m-r,n-r} \end{pmatrix} = (\boldsymbol{e}_1, \ldots, \boldsymbol{e}_r)\boldsymbol{C} \tag{7.9}$$

と書けるので，次のように表される．

$$\begin{pmatrix} \boldsymbol{I}_r & \boldsymbol{C} \\ \boldsymbol{0}_{m-r,r} & \boldsymbol{0}_{m-r,n-r} \end{pmatrix} = \Big(\boldsymbol{e}_1, \ldots, \boldsymbol{e}_r, (\boldsymbol{e}_1, \ldots, \boldsymbol{e}_r)\boldsymbol{C}\Big)$$

したがって，$\boldsymbol{A}\boldsymbol{T} = \boldsymbol{P}^{-1}\Big(\boldsymbol{e}_1, \ldots, \boldsymbol{e}_r, (\boldsymbol{e}_1, \ldots, \boldsymbol{e}_r)\boldsymbol{C}\Big)$ より，次の表現が得られる．

$$\boldsymbol{A}\boldsymbol{T} = \Big(\boldsymbol{P}^{-1}\boldsymbol{e}_1, \ldots, \boldsymbol{P}^{-1}\boldsymbol{e}_r, (\boldsymbol{P}^{-1}\boldsymbol{e}_1, \ldots, \boldsymbol{P}^{-1}\boldsymbol{e}_r)\boldsymbol{C}\Big)$$

ここで，$\boldsymbol{P}^{-1}\boldsymbol{e}_1, \ldots, \boldsymbol{P}^{-1}\boldsymbol{e}_r$ は線形独立であることがわかる．実際，

$$c_1\boldsymbol{P}^{-1}\boldsymbol{e}_1 + \cdots + c_r\boldsymbol{P}^{-1}\boldsymbol{e}_r = \boldsymbol{0}$$

を仮定すると，左側から $\boldsymbol{P}$ を掛けて，

$$c_1\boldsymbol{e}_1 + \cdots + c_r\boldsymbol{e}_r = (c_1, \ldots, c_r, 0, \ldots, 0)^\top = \boldsymbol{0}$$

となるので，$c_1 = \cdots = c_r = 0$ となる．また，$j = r+1, \ldots, n$ に対して $(\boldsymbol{P}^{-1}\boldsymbol{e}_1, \ldots, \boldsymbol{P}^{-1}\boldsymbol{e}_r)\boldsymbol{C}$ の第 j 列のベクトルは，$\boldsymbol{C} = (c_{ij})$ とおく

とき $\boldsymbol{P}^{-1}\boldsymbol{e}_1, \ldots, \boldsymbol{P}^{-1}\boldsymbol{e}_r$ の線形結合 $\sum_{i=1}^{n-r} c_{ij}\boldsymbol{P}^{-1}\boldsymbol{e}_i$ で表されることもわかる．したがって，線形独立な列ベクトルの最大個数は r となり，$\mathrm{rank}\,(\boldsymbol{A})$ に等しい．

(4) (1) と (3) から従う．

(5) n 次正方行列 $\boldsymbol{A}$ が正則行列なら，公式 7.8 (1) より $\mathrm{rank}\,(\boldsymbol{A}) = n$ となる．逆に，$\mathrm{rank}\,(\boldsymbol{A}) = n$ なら，公式 7.10 の (7.8) より $\boldsymbol{PAQ} = \boldsymbol{I}_n$ となる．$\boldsymbol{P}, \boldsymbol{Q}$ は正則行列なので $\boldsymbol{A} = \boldsymbol{P}^{-1}\boldsymbol{Q}^{-1}$ となる．$\boldsymbol{A}^{-1} = \boldsymbol{QP}$ と書けるので，$\boldsymbol{A}$ は正則行列となる．

(6) 正則行列でなければ (5) より $\mathrm{rank}\,(\boldsymbol{A}) < n$ となるので，(3) より列ベクトルは線形従属になる．同様に，行ベクトルについては (4) からわかる． ■

行列の基本変形は**連立線形方程式**の解を求めるときにも利用できる．次の方程式を考えてみる．

$$\begin{cases} a_{11}x_1 + \cdots + a_{1n}x_n = b_1 \\ \qquad\vdots \\ a_{m1}x_1 + \cdots + a_{mn}x_n = b_m \end{cases}$$

ここで，

$$\boldsymbol{A} = \begin{pmatrix} a_{11} & \cdots & a_{1n} \\ \vdots & \ddots & \vdots \\ a_{m1} & \cdots & a_{mn} \end{pmatrix}, \quad \boldsymbol{x} = \begin{pmatrix} x_1 \\ \vdots \\ x_n \end{pmatrix}, \quad \boldsymbol{b} = \begin{pmatrix} b_1 \\ \vdots \\ b_m \end{pmatrix}$$

とおくと，連立線形方程式は $\boldsymbol{Ax} = \boldsymbol{b}$ の形で表される．(7.7) より，m 次正則行列 $\boldsymbol{P}$ と n 次置換行列 $\boldsymbol{T}$ をとり，$\boldsymbol{PAT}(\boldsymbol{T}^{-1}\boldsymbol{x}) = \boldsymbol{Pb}$ を考えると，

$$\boldsymbol{Pb} = \begin{pmatrix} d_1 \\ \vdots \\ d_r \\ d_{r+1} \\ \vdots \\ d_m \end{pmatrix} \quad \text{とおくとき} \quad \begin{pmatrix} \boldsymbol{I}_r & \boldsymbol{C} \\ \boldsymbol{0}_{m-r,r} & \boldsymbol{0}_{m-r,n-r} \end{pmatrix}(\boldsymbol{T}^{-1}\boldsymbol{x}) = \begin{pmatrix} d_1 \\ \vdots \\ d_r \\ d_{r+1} \\ \vdots \\ d_m \end{pmatrix}$$

と書ける．この方程式は，

$$(\boldsymbol{I}_r, \boldsymbol{C})(\boldsymbol{T}^{-1}\boldsymbol{x}) = \begin{pmatrix} d_1 \\ \vdots \\ d_r \end{pmatrix}, \quad \begin{pmatrix} d_{r+1} \\ \vdots \\ d_m \end{pmatrix} = \boldsymbol{0}$$

と表されるので，$\boldsymbol{A}\boldsymbol{x} = \boldsymbol{b}$ が解をもつためには，$d_{r+1} = \cdots = d_m = 0$ でなければならない．このことは，(7.9) より $\boldsymbol{P}\boldsymbol{A}\boldsymbol{T}(\boldsymbol{T}^{-1}\boldsymbol{x}) = \boldsymbol{P}\boldsymbol{b}$ は，

$$\Big(\boldsymbol{e}_1, \ldots, \boldsymbol{e}_r, (\boldsymbol{e}_1, \ldots, \boldsymbol{e}_r)\boldsymbol{C}\Big)(\boldsymbol{T}^{-1}\boldsymbol{x}) = \boldsymbol{P}\boldsymbol{b}$$

と書けることを意味しており，$\boldsymbol{P}\boldsymbol{b}$ が $\boldsymbol{e}_1, \ldots, \boldsymbol{e}_r$ の線形結合で書けることになる．言い換えると，$m \times n$ 行列 $\boldsymbol{A}$ のランクと，$\boldsymbol{A}$ を拡張した $m \times (n+1)$ 行列 $(\boldsymbol{A}, \boldsymbol{b})$ のランクが等しいことを意味する．

公式 7.13　連立線形方程式の解とランク

(1) $\boldsymbol{A}$ が正則行列なら，$\boldsymbol{A}\boldsymbol{x} = \boldsymbol{b}$ の解は $\boldsymbol{x} = \boldsymbol{A}^{-1}\boldsymbol{b}$ となる．

(2) $\boldsymbol{A}$ が正則行列でないときには，$\boldsymbol{A}\boldsymbol{x} = \boldsymbol{b}$ が解をもつためには，$\mathrm{rank}\,(\boldsymbol{A}) = \mathrm{rank}\,(\boldsymbol{A}, \boldsymbol{b})$ でなければならない．

例題 7.14　連立線形方程式の解

次の連立線形方程式が解をもつための a に関する条件を与え，そのときの解を求めよ．

$$\begin{cases} x_1 + x_2 - x_3 = 1 \\ x_1 + 2x_2 + 2x_3 = 2 \\ 3x_1 + 4x_2 = a \end{cases}$$

解説 基本変形を繰り返すと,

$$(\boldsymbol{A}|\boldsymbol{b}) = \left(\begin{array}{ccc|c} 1 & 1 & -1 & 1 \\ 1 & 2 & 2 & 2 \\ 3 & 4 & 0 & a \end{array}\right) \xrightarrow[R_3-3R_1]{R_2-R_1} \left(\begin{array}{ccc|c} 1 & 1 & -1 & 1 \\ 0 & 1 & 3 & 1 \\ 0 & 1 & 3 & a-3 \end{array}\right)$$

$$\xrightarrow[R_3-R_2]{R_1-R_2} \left(\begin{array}{ccc|c} 1 & 0 & -4 & 0 \\ 0 & 1 & 3 & 1 \\ 0 & 0 & 0 & a-4 \end{array}\right)$$

となり, $\mathrm{rank}\,(\boldsymbol{A}) = 2 = \mathrm{rank}\,(\boldsymbol{A}, \boldsymbol{b})$ となるためには, $a = 4$ でなければならない. また, 解は $x_1 - 4x_3 = 0$, $x_2 + 3x_3 = 1$ を満たすので, 定数 t に対して $x_1 = 4t$, $x_2 = 1 - 3t$, $x_3 = t$ と書ける. すなわち, 次で与えられる.

$$\begin{pmatrix} x_1 \\ x_2 \\ x_3 \end{pmatrix} = \begin{pmatrix} 0 \\ 1 \\ 0 \end{pmatrix} + t \begin{pmatrix} 4 \\ -3 \\ 1 \end{pmatrix}$$

基本問題

問 1 次の計算をせよ.

(1) $\begin{pmatrix} 1 & 2 & -1 \end{pmatrix} \begin{pmatrix} 2 \\ -1 \\ 3 \end{pmatrix}$ (2) $\begin{pmatrix} 1 \\ 2 \\ -1 \end{pmatrix} \begin{pmatrix} 2 & -3 \end{pmatrix}$

(3) $\begin{pmatrix} 1 & 2 & 3 \\ -3 & 2 & -1 \\ 5 & -1 & 2 \end{pmatrix} \begin{pmatrix} 1 \\ 2 \\ -1 \end{pmatrix}$ (4) $\begin{pmatrix} 2 & 3 & -1 \\ 4 & 0 & 0 \end{pmatrix} \begin{pmatrix} 1 & 2 \\ 2 & -1 \\ -1 & 3 \end{pmatrix}$

問 2 次の行列の 2 乗と 3 乗を求めよ.

(1) $\begin{pmatrix} 0 & 0 & 1 \\ 0 & 1 & 0 \\ 1 & 0 & 0 \end{pmatrix}$ (2) $\begin{pmatrix} 0 & 1 & 0 \\ 0 & 0 & 1 \\ 1 & 0 & 0 \end{pmatrix}$

問 3 行列 $\boldsymbol{A}$, $\boldsymbol{B}$ が次で与えられるとき，$\boldsymbol{A}$, $\boldsymbol{B}$, $\boldsymbol{AB}$ それぞれの逆行列を計算せよ．

$$\boldsymbol{A} = \begin{pmatrix} 1 & 1 & 0 \\ 2 & -1 & 0 \\ 0 & 0 & 3 \end{pmatrix}, \quad \boldsymbol{B} = \begin{pmatrix} -1 & 2 & 0 \\ 2 & 1 & 0 \\ 0 & 0 & 5 \end{pmatrix}$$

問 4 掃き出し法により，次の行列の逆行列を求めよ．

(1) $\begin{pmatrix} 2 & 3 & 0 \\ -1 & 2 & 2 \\ 1 & 1 & -1 \end{pmatrix}$ (2) $\begin{pmatrix} 1 & 1 & 1 \\ 4 & 8 & 10 \\ -1 & -1 & 1 \end{pmatrix}$

問 5 次の行列の標準形とランクを求めよ．

(1) $\begin{pmatrix} 1 & 1 & 2 \\ 2 & 2 & 3 \end{pmatrix}$ (2) $\begin{pmatrix} 1 & 2 & 3 & -4 \\ 2 & -3 & 4 & 1 \\ 5 & 3 & 13 & -11 \end{pmatrix}$

問 6 次の連立線形方程式が解をもつための a に関する条件を与え，そのときの解を求めよ．

(1) $\begin{cases} x + 2y - 3z = a \\ 5x + 5y - 6z = 2 \\ 2x - y + 3z = 1 \end{cases}$ (2) $\begin{cases} x + y + z = 1 \\ x + 2y + 2z = 2 \\ 2x + 3y + 3z = a \end{cases}$

問 7 次のベクトルは線形独立であるか．

(1) $\begin{pmatrix} 2 \\ -1 \\ 3 \end{pmatrix}, \begin{pmatrix} 1 \\ 2 \\ 1 \end{pmatrix}, \begin{pmatrix} 1 \\ -3 \\ 2 \end{pmatrix}$ (2) $\begin{pmatrix} 1 \\ 2 \\ -1 \\ 1 \end{pmatrix}, \begin{pmatrix} 1 \\ 2 \\ -1 \\ 2 \end{pmatrix}, \begin{pmatrix} 1 \\ 2 \\ 2 \\ 3 \end{pmatrix}$

問 8 次のベクトルが線形従属になるための a, b の条件を求めよ．

(1) $\begin{pmatrix} 1 \\ -2 \\ 3 \end{pmatrix}, \begin{pmatrix} -1 \\ a \\ 2 \end{pmatrix}, \begin{pmatrix} 1 \\ 2 \\ b \end{pmatrix}$ (2) $\begin{pmatrix} a \\ 1 \\ 1 \\ 1 \end{pmatrix}, \begin{pmatrix} 2 \\ b \\ 3 \\ 3 \end{pmatrix}, \begin{pmatrix} -1 \\ -2 \\ 2 \\ 2 \end{pmatrix}$

問 9　次の行列 $\boldsymbol{A}$ を**上三角行列**，$\boldsymbol{B}$ を**下三角行列**と呼ぶ．$a_{11}a_{22}\cdots a_{nn} \neq 0$ のとき，$\boldsymbol{A}, \boldsymbol{B}$ のランクを求めよ．

$$\boldsymbol{A} = \begin{pmatrix} a_{11} & a_{12} & \cdots & a_{1n} \\ 0 & a_{22} & \cdots & a_{2n} \\ \vdots & \vdots & \ddots & \vdots \\ 0 & 0 & \cdots & a_{nn} \end{pmatrix}, \quad \boldsymbol{B} = \begin{pmatrix} a_{11} & 0 & \cdots & 0 \\ a_{21} & a_{22} & \cdots & 0 \\ \vdots & \vdots & \ddots & \vdots \\ a_{n1} & a_{n2} & \cdots & a_{nn} \end{pmatrix}$$

発展問題

問 10　分割された行列の逆行列に関する次の等式を示せ．

(1) $\boldsymbol{A}_{11}, \boldsymbol{A}_{22}$ が正則行列であるとする．

$$\begin{pmatrix} \boldsymbol{A}_{11} & \boldsymbol{A}_{12} \\ \boldsymbol{0} & \boldsymbol{A}_{22} \end{pmatrix}^{-1} = \begin{pmatrix} \boldsymbol{A}_{11}^{-1} & -\boldsymbol{A}_{11}^{-1}\boldsymbol{A}_{12}\boldsymbol{A}_{22}^{-1} \\ \boldsymbol{0} & \boldsymbol{A}_{22}^{-1} \end{pmatrix}$$

(2) $\boldsymbol{A}_{11}, \boldsymbol{A}_{22}$ を正則行列として，

$$\boldsymbol{A}_{11\cdot 2} = \boldsymbol{A}_{11} - \boldsymbol{A}_{12}\boldsymbol{A}_{22}^{-1}\boldsymbol{A}_{21}, \quad \boldsymbol{A}_{22\cdot 1} = \boldsymbol{A}_{22} - \boldsymbol{A}_{21}\boldsymbol{A}_{11}^{-1}\boldsymbol{A}_{12}$$

とおくとき，$\boldsymbol{A}_{11\cdot 2}$ と $\boldsymbol{A}_{22\cdot 1}$ が正則行列であるとする．

$$\begin{pmatrix} \boldsymbol{A}_{11} & \boldsymbol{A}_{12} \\ \boldsymbol{A}_{21} & \boldsymbol{A}_{22} \end{pmatrix}^{-1} = \begin{pmatrix} \boldsymbol{A}_{11\cdot 2}^{-1} & -\boldsymbol{A}_{11}^{-1}\boldsymbol{A}_{12}\boldsymbol{A}_{22\cdot 1}^{-1} \\ -\boldsymbol{A}_{22}^{-1}\boldsymbol{A}_{21}\boldsymbol{A}_{11\cdot 2}^{-1} & \boldsymbol{A}_{22\cdot 1}^{-1} \end{pmatrix}$$

(3) (2) と同じ設定のもとで，

$$\begin{aligned} \boldsymbol{A} &= \begin{pmatrix} \boldsymbol{A}_{11} & \boldsymbol{A}_{12} \\ \boldsymbol{A}_{21} & \boldsymbol{A}_{22} \end{pmatrix} \\ &= \begin{pmatrix} \boldsymbol{I} & \boldsymbol{A}_{12}\boldsymbol{A}_{22}^{-1} \\ \boldsymbol{0} & \boldsymbol{I} \end{pmatrix} \begin{pmatrix} \boldsymbol{A}_{11\cdot 2} & \boldsymbol{0} \\ \boldsymbol{0} & \boldsymbol{A}_{22} \end{pmatrix} \begin{pmatrix} \boldsymbol{I} & \boldsymbol{0} \\ \boldsymbol{A}_{22}^{-1}\boldsymbol{A}_{21} & \boldsymbol{I} \end{pmatrix} \end{aligned}$$

と変形できることを示してから，次の等式を示せ．

$$\boldsymbol{A}^{-1} = \begin{pmatrix} \boldsymbol{I} & \boldsymbol{0} \\ -\boldsymbol{A}_{22}^{-1}\boldsymbol{A}_{21} & \boldsymbol{I} \end{pmatrix} \begin{pmatrix} \boldsymbol{A}_{11\cdot 2}^{-1} & \boldsymbol{0} \\ \boldsymbol{0} & \boldsymbol{A}_{22}^{-1} \end{pmatrix} \begin{pmatrix} \boldsymbol{I} & -\boldsymbol{A}_{12}\boldsymbol{A}_{22}^{-1} \\ \boldsymbol{0} & \boldsymbol{I} \end{pmatrix}$$

（この等式は，数理統計学において，多変量正規分布の条件付き分布を求めるときに利用される．）

問 11 正方行列 $\boldsymbol{A}$ が正則であるとする．

(1) $\boldsymbol{I}+\boldsymbol{C}^\top\boldsymbol{A}^{-1}\boldsymbol{C}$ が正則のとき，次の等式を示せ．

$$(\boldsymbol{A}+\boldsymbol{C}\boldsymbol{C}^\top)^{-1}=\boldsymbol{A}^{-1}-\boldsymbol{A}^{-1}\boldsymbol{C}(\boldsymbol{I}+\boldsymbol{C}^\top\boldsymbol{A}^{-1}\boldsymbol{C})^{-1}\boldsymbol{C}^\top\boldsymbol{A}^{-1}$$

(2) $\boldsymbol{B}+\boldsymbol{B}\boldsymbol{D}\boldsymbol{A}^{-1}\boldsymbol{C}\boldsymbol{B}$ が正則のとき，次の等式を示せ．

$$(\boldsymbol{A}+\boldsymbol{C}\boldsymbol{B}\boldsymbol{D})^{-1}=\boldsymbol{A}^{-1}-\boldsymbol{A}^{-1}\boldsymbol{C}\boldsymbol{B}(\boldsymbol{B}+\boldsymbol{B}\boldsymbol{D}\boldsymbol{A}^{-1}\boldsymbol{C}\boldsymbol{B})^{-1}\boldsymbol{B}\boldsymbol{D}\boldsymbol{A}^{-1}$$

問 12 次の等式を示せ．

$$\operatorname{rank}\left(\begin{pmatrix}\boldsymbol{A} & \boldsymbol{0}\\ \boldsymbol{0} & \boldsymbol{B}\end{pmatrix}\right)=\operatorname{rank}(\boldsymbol{A})+\operatorname{rank}(\boldsymbol{B})$$

問 13 正方行列 $\boldsymbol{A}, \boldsymbol{B}$ のランクについて，次の性質が成り立つことを示せ．

(1) $\operatorname{rank}(\boldsymbol{A}\boldsymbol{B})\leq\operatorname{rank}(\boldsymbol{B})$ であり，$\boldsymbol{A}$ が正則行列ならば等号が成り立つ．

(2) $\operatorname{rank}(\boldsymbol{A}\boldsymbol{B})\leq\operatorname{rank}(\boldsymbol{A})$ であり，$\boldsymbol{B}$ が正則行列ならば等号が成り立つ．

Memo

第 8 章

行列式

重積分において変数変換を行うとき，ヤコビアンという行列式を用いることを 4.5 節および 4.6 節で学んだ．行列式は第 9 章で行列の固有値を求めるときにも利用される．本章では，行列式の定義と性質について解説し，行列式を用いた行列の逆行列の計算方法と連立方程式のクラメールの公式について説明する．

8.1 行列式の定義

行列 $\boldsymbol{A}$ の**行列式**を $|\boldsymbol{A}|$, $\det(\boldsymbol{A})$ という記号で表す．2×2 行列の行列式は，

$$\begin{vmatrix} a_{11} & a_{12} \\ a_{21} & a_{22} \end{vmatrix} = a_{11}a_{22} - a_{12}a_{21}$$

で与えられる．一般の正方行列の行列式を定義する方法はいくつかあるが，ここでは帰納的に定義する方法を用いることにする．まず，2×2 行列の行列式を定義した上で，3×3 行列 $\boldsymbol{A}$ の行列式を

$$\begin{vmatrix} a_{11} & a_{12} & a_{13} \\ a_{21} & a_{22} & a_{23} \\ a_{31} & a_{32} & a_{33} \end{vmatrix} = a_{11}\begin{vmatrix} a_{22} & a_{23} \\ a_{32} & a_{33} \end{vmatrix} - a_{12}\begin{vmatrix} a_{21} & a_{23} \\ a_{31} & a_{33} \end{vmatrix} + a_{13}\begin{vmatrix} a_{21} & a_{22} \\ a_{31} & a_{32} \end{vmatrix} \tag{8.1}$$

で定義する．ここで，

$$\begin{vmatrix} a_{22} & a_{23} \\ a_{32} & a_{33} \end{vmatrix}, \quad \begin{vmatrix} a_{21} & a_{23} \\ a_{31} & a_{33} \end{vmatrix}, \quad \begin{vmatrix} a_{21} & a_{22} \\ a_{31} & a_{32} \end{vmatrix}$$

は，それぞれ $\boldsymbol{A}$ の第 1 行第 1 列を除いた行列の行列式，第 1 行第 2 列を除いた行列の行列式，第 1 行第 3 列を除いた行列の行列式である．そこで，一般に，

行列 $\boldsymbol{A}$ の第 i 行第 j 列を除いた行列の行列式に $(-1)^{i+j}$ を掛けたものを

$$A_{ij} = (-1)^{i+j} \begin{vmatrix} a_{11} & \cdots & a_{1,j-1} & a_{1,j+1} & \cdots & a_{1n} \\ \vdots & & \vdots & \vdots & & \vdots \\ a_{i-1,1} & \cdots & a_{i-1,j-1} & a_{i-1,j+1} & \cdots & a_{i-1,n} \\ a_{i+1,1} & \cdots & a_{i+1,j-1} & a_{i+1,j+1} & \cdots & a_{i+1,n} \\ \vdots & & \vdots & \vdots & & \vdots \\ a_{n1} & \cdots & a_{n,j-1} & a_{n,j+1} & \cdots & a_{nn} \end{vmatrix} \tag{8.2}$$

と表し，a_{ij} の**余因子**と呼ぶ．これを用いると，3×3 行列の行列式 (8.1) は，

$$|\boldsymbol{A}| = a_{11}A_{11} + a_{12}A_{12} + a_{13}A_{13}$$

と書けることがわかる．このようにして 3×3 行列の行列式は，2×2 行列の行列式に基づいて定義される．

一般に，n 次正方行列 $\boldsymbol{A} = (a_{ij})$ の**行列式**は，$n-1$ 次正方行列に基づいた余因子 $A_{11}, A_{12}, \ldots, A_{1n}$ を用いて，

$$|\boldsymbol{A}| = a_{11}A_{11} + a_{12}A_{12} + \cdots + a_{1n}A_{1n}$$

のように帰納的に定義される．

例題 8.1　行列式の計算

次の行列の行列式を求めよ．

(1) $\boldsymbol{A} = \begin{pmatrix} 2 & 3 & 0 \\ 1 & 1 & 1 \\ 2 & 4 & 5 \end{pmatrix}$　　(2) $\boldsymbol{B} = \begin{pmatrix} 0 & 2 & 0 & 0 \\ 3 & 1 & 0 & 0 \\ 0 & 0 & 1 & 3 \\ 5 & 0 & 1 & 1 \end{pmatrix}$

解説　行列式の定義に従って計算する．

(1) $|\boldsymbol{A}| = 2\begin{vmatrix} 1 & 1 \\ 4 & 5 \end{vmatrix} - 3\begin{vmatrix} 1 & 1 \\ 2 & 5 \end{vmatrix} = 2(5-4) - 3(5-2) = -7$

(2) $|\boldsymbol{B}| = -2\begin{vmatrix} 3 & 0 & 0 \\ 0 & 1 & 3 \\ 5 & 1 & 1 \end{vmatrix} = -2 \times 3\begin{vmatrix} 1 & 3 \\ 1 & 1 \end{vmatrix} = 12$

8.2 行列式の性質

公式 8.2 行列式の基本性質

n 次正方行列 $\boldsymbol{A} = (a_{ij}) = (\boldsymbol{a}_1, \ldots, \boldsymbol{a}_n)$ の行列式 $|\boldsymbol{A}| = |\boldsymbol{a}_1, \ldots, \boldsymbol{a}_n|$ は，次の性質をもつ．

(1) $\boldsymbol{A}$ の j 番目の列ベクトル $\boldsymbol{a}_j$ を $\boldsymbol{b}_j + \boldsymbol{c}_j$ でおきかえたものを考えると，

$$\begin{aligned} &|\boldsymbol{a}_1, \ldots, \boldsymbol{b}_j + \boldsymbol{c}_j, \ldots, \boldsymbol{a}_n| \\ &= |\boldsymbol{a}_1, \ldots, \boldsymbol{b}_j, \ldots, \boldsymbol{a}_n| + |\boldsymbol{a}_1, \ldots, \boldsymbol{c}_j, \ldots, \boldsymbol{a}_n| \end{aligned}$$

と書ける．また，j 番目の列ベクトル $\boldsymbol{a}_j$ を c 倍した行列の行列式は $c|\boldsymbol{A}|$ となる．

$$|\boldsymbol{a}_1, \ldots, c\boldsymbol{a}_j, \ldots, \boldsymbol{a}_n| = c|\boldsymbol{a}_1, \ldots, \boldsymbol{a}_j, \ldots, \boldsymbol{a}_n|$$

(2) 行列 $\boldsymbol{A}$ の 2 つの列ベクトルが等しければ $|\boldsymbol{A}| = 0$ となる．例えば，$\boldsymbol{a}_i = \boldsymbol{a}_j$ $(i \neq j)$ のときには次のようになる．

$$|\boldsymbol{a}_1, \ldots, \boldsymbol{a}_i, \ldots, \boldsymbol{a}_j, \ldots, \boldsymbol{a}_n| = 0 \quad (\boldsymbol{a}_i = \boldsymbol{a}_j)$$

(3) 行列 $\boldsymbol{A}$ の第 j 列を c 倍して第 i 列に加えても行列式は変わらない．

$$|\boldsymbol{a}_1, \ldots, \boldsymbol{a}_i, \ldots, \boldsymbol{a}_j, \ldots, \boldsymbol{a}_n| = |\boldsymbol{a}_1, \ldots, \boldsymbol{a}_i + c\boldsymbol{a}_j, \ldots, \boldsymbol{a}_j, \ldots, \boldsymbol{a}_n|$$

(4) 単位行列の行列式は 1 である．

$$|\boldsymbol{I}| = 1$$

証明 3×3 行列について確かめてみよう.

(1) 第1列が $\begin{pmatrix} a_{11} \\ a_{21} \\ a_{31} \end{pmatrix} = \begin{pmatrix} b_1 \\ b_2 \\ b_3 \end{pmatrix} + \begin{pmatrix} c_1 \\ c_2 \\ c_3 \end{pmatrix}$ と書けている場合を考える. このとき,

$$a_{11}A_{11} = (b_1 + c_1)A_{11} = b_1 A_{11} + c_1 A_{11}$$

であり,

$$\begin{vmatrix} a_{21} & a_{23} \\ a_{31} & a_{33} \end{vmatrix} = \begin{vmatrix} b_2 + c_2 & a_{23} \\ b_3 + c_3 & a_{33} \end{vmatrix} = (b_2 + c_2)a_{33} - a_{23}(b_3 + c_3)$$
$$= \begin{vmatrix} b_2 & a_{23} \\ b_3 & a_{33} \end{vmatrix} + \begin{vmatrix} c_2 & a_{23} \\ c_3 & a_{33} \end{vmatrix}$$

と書ける. 同様にして, $\begin{vmatrix} a_{21} & a_{22} \\ a_{31} & a_{32} \end{vmatrix} = \begin{vmatrix} b_2 & a_{22} \\ b_3 & a_{32} \end{vmatrix} + \begin{vmatrix} c_2 & a_{22} \\ c_3 & a_{32} \end{vmatrix}$ と書けるので, これらを (8.1) に代入すると次のようになる.

$$\begin{vmatrix} b_1 + c_1 & a_{12} & a_{13} \\ b_2 + c_2 & a_{22} & a_{23} \\ b_3 + c_3 & a_{32} & a_{33} \end{vmatrix} = (b_1 + c_1)\begin{vmatrix} a_{22} & a_{23} \\ a_{32} & a_{33} \end{vmatrix}$$
$$- a_{12}\left\{\begin{vmatrix} b_2 & a_{23} \\ b_3 & a_{33} \end{vmatrix} + \begin{vmatrix} c_2 & a_{23} \\ c_3 & a_{33} \end{vmatrix}\right\}$$
$$+ a_{13}\left\{\begin{vmatrix} b_2 & a_{22} \\ b_3 & a_{32} \end{vmatrix} + \begin{vmatrix} c_2 & a_{22} \\ c_3 & a_{32} \end{vmatrix}\right\}$$
$$= \begin{vmatrix} b_1 & a_{12} & a_{13} \\ b_2 & a_{22} & a_{23} \\ b_3 & a_{32} & a_{33} \end{vmatrix} + \begin{vmatrix} c_1 & a_{12} & a_{13} \\ c_2 & a_{22} & a_{23} \\ c_3 & a_{32} & a_{33} \end{vmatrix}$$

また, $\boldsymbol{A}$ の第1列を c 倍した行列の行列式は, (8.1) より次のようになる.

$$\begin{vmatrix} ca_{11} & a_{12} & a_{13} \\ ca_{21} & a_{22} & a_{23} \\ ca_{31} & a_{32} & a_{33} \end{vmatrix} = ca_{11}\begin{vmatrix} a_{22} & a_{23} \\ a_{32} & a_{33} \end{vmatrix}$$

$$- a_{12}\begin{vmatrix} ca_{21} & a_{23} \\ ca_{31} & a_{33} \end{vmatrix} + a_{13}\begin{vmatrix} ca_{21} & a_{22} \\ ca_{31} & a_{32} \end{vmatrix}$$

$$= c\begin{vmatrix} a_{11} & a_{12} & a_{13} \\ a_{21} & a_{22} & a_{23} \\ a_{31} & a_{32} & a_{33} \end{vmatrix}$$

(2) 第1列と第2列が等しい場合を考えてみよう．(8.1) より，

$$\begin{vmatrix} a_{11} & a_{11} & a_{13} \\ a_{21} & a_{21} & a_{23} \\ a_{31} & a_{31} & a_{33} \end{vmatrix}$$

$$= a_{11}\begin{vmatrix} a_{21} & a_{23} \\ a_{31} & a_{33} \end{vmatrix} - a_{11}\begin{vmatrix} a_{21} & a_{23} \\ a_{31} & a_{33} \end{vmatrix} + a_{13}\begin{vmatrix} a_{21} & a_{21} \\ a_{31} & a_{31} \end{vmatrix}$$

と書けるので，これは 0 になることがわかる．

(3) (1) と (2) より，

$$|\boldsymbol{a}_1, \ldots, \boldsymbol{a}_i + c\boldsymbol{a}_j, \ldots, \boldsymbol{a}_j, \ldots, \boldsymbol{a}_n|$$

$$= |\boldsymbol{a}_1, \ldots, \boldsymbol{a}_i, \ldots, \boldsymbol{a}_j, \ldots, \boldsymbol{a}_n| + c|\boldsymbol{a}_1, \ldots, \boldsymbol{a}_j, \ldots, \boldsymbol{a}_j, \ldots, \boldsymbol{a}_n|$$

$$= |\boldsymbol{a}_1, \ldots, \boldsymbol{a}_i, \ldots, \boldsymbol{a}_j, \ldots, \boldsymbol{a}_n|$$

となる．

(4) (8.1) より $|\boldsymbol{I}_3| = 1 \times |\boldsymbol{I}_2| = 1$ となることがわかる． ■

例題 8.3　行列式の性質

実数 $c_1, \ldots, c_n$ と行列 $\boldsymbol{A} = (\boldsymbol{a}_1, \boldsymbol{a}_2, \ldots, \boldsymbol{a}_n)$ に対して，次の等式を示せ．

$$\left|\sum_{k=1}^{n} c_k\boldsymbol{a}_k,\, \boldsymbol{a}_2, \ldots, \boldsymbol{a}_n\right| = c_1|\boldsymbol{A}|$$

解説　公式 8.2 (1) を用いると，左辺は，

$$\sum_{k=1}^{n} |c_k\boldsymbol{a}_k, \boldsymbol{a}_2, \ldots, \boldsymbol{a}_n| = \sum_{k=1}^{n} c_k|\boldsymbol{a}_k, \boldsymbol{a}_2, \ldots, \boldsymbol{a}_n|$$

となる．公式 8.2 (2) より，$k = 2, \ldots, n$ に対して，$|\boldsymbol{a}_k, \boldsymbol{a}_2, \ldots, \boldsymbol{a}_n| = 0$ となることに注意すると与式が成り立つ．

公式 8.2 を用いると，行列式の様々な性質を導くことができる．

公式 8.4　列および行の交換

正方行列 $\boldsymbol{A}$ の 2 つの列ベクトルを交換した行列の行列式は，もとの行列式に -1 を掛ければよい．

$$|\boldsymbol{a}_1, \ldots, \boldsymbol{a}_i, \ldots, \boldsymbol{a}_j, \ldots, \boldsymbol{a}_n| = -|\boldsymbol{a}_1, \ldots, \boldsymbol{a}_j, \ldots, \boldsymbol{a}_i, \ldots, \boldsymbol{a}_n|$$

2 つの行ベクトルを交換するときも同様に符号を変えればよい．

証明　3×3 行列で $\boldsymbol{a}_1$ と $\boldsymbol{a}_2$ を交換する場合を考える．公式 8.2 (1), (2) より，

$$\begin{aligned} 0 &= |\boldsymbol{a}_1 + \boldsymbol{a}_2,\ \boldsymbol{a}_1 + \boldsymbol{a}_2, \boldsymbol{a}_3| = |\boldsymbol{a}_1,\ \boldsymbol{a}_1 + \boldsymbol{a}_2,\ \boldsymbol{a}_3| + |\boldsymbol{a}_2,\ \boldsymbol{a}_1 + \boldsymbol{a}_2,\ \boldsymbol{a}_3| \\ &= |\boldsymbol{a}_1, \boldsymbol{a}_1, \boldsymbol{a}_3| + |\boldsymbol{a}_1, \boldsymbol{a}_2, \boldsymbol{a}_3| + |\boldsymbol{a}_2, \boldsymbol{a}_1, \boldsymbol{a}_3| + |\boldsymbol{a}_2, \boldsymbol{a}_2, \boldsymbol{a}_3| \\ &= |\boldsymbol{a}_1, \boldsymbol{a}_2, \boldsymbol{a}_3| + |\boldsymbol{a}_2, \boldsymbol{a}_1, \boldsymbol{a}_3| \end{aligned}$$

と書けるので，$|\boldsymbol{a}_1, \boldsymbol{a}_2, \boldsymbol{a}_3| = -|\boldsymbol{a}_2, \boldsymbol{a}_1, \boldsymbol{a}_3|$ となる．∎

公式 8.5　行列の積の行列式

2 つの正方行列 $\boldsymbol{A}$ と $\boldsymbol{B}$ の積の行列式は行列式の積になる．

$$|\boldsymbol{AB}| = |\boldsymbol{A}||\boldsymbol{B}|$$

証明 $\boldsymbol{A}$ と $\boldsymbol{B}$ が 3×3 行列の場合を考える．$\boldsymbol{A} = (\boldsymbol{a}_1, \boldsymbol{a}_2, \boldsymbol{a}_3)$ とすると，

$$(\boldsymbol{a}_1, \boldsymbol{a}_2, \boldsymbol{a}_3)\begin{pmatrix} b_{11} & b_{12} & b_{13} \\ b_{21} & b_{22} & b_{23} \\ b_{31} & b_{32} & b_{33} \end{pmatrix} = \left(\sum_{k=1}^{3} \boldsymbol{a}_k b_{k1},\ \sum_{\ell=1}^{3} \boldsymbol{a}_\ell b_{\ell 2},\ \sum_{m=1}^{3} \boldsymbol{a}_m b_{m3} \right)$$

より，各列について公式 8.2 (1) を適用すると，

$$\begin{aligned} |\boldsymbol{AB}| &= \left| \sum_{k=1}^{3} \boldsymbol{a}_k b_{k1},\ \sum_{\ell=1}^{3} \boldsymbol{a}_\ell b_{\ell 2},\ \sum_{m=1}^{3} \boldsymbol{a}_m b_{m3} \right| \\ &= \sum_{k=1}^{3} b_{k1} \left| \boldsymbol{a}_k,\ \sum_{\ell=1}^{3} \boldsymbol{a}_\ell b_{\ell 2},\ \sum_{m=1}^{3} \boldsymbol{a}_m b_{m3} \right| \\ &= \sum_{k=1}^{3} \sum_{\ell=1}^{3} b_{k1} b_{\ell 2} \left| \boldsymbol{a}_k,\ \boldsymbol{a}_\ell,\ \sum_{m=1}^{3} \boldsymbol{a}_m b_{m3} \right| \\ &= \sum_{k=1}^{3} \sum_{\ell=1}^{3} \sum_{m=1}^{3} b_{k1} b_{\ell 2} b_{m3} |\boldsymbol{a}_k, \boldsymbol{a}_\ell, \boldsymbol{a}_m| \end{aligned}$$

と書ける．ここで，$|\boldsymbol{a}_k, \boldsymbol{a}_\ell, \boldsymbol{a}_m| = c_{k\ell m} |\boldsymbol{a}_1, \boldsymbol{a}_2, \boldsymbol{a}_3|$ となる定数 $c_{k\ell m}$ を用いると，

$$|\boldsymbol{AB}| = \sum_{k=1}^{3} \sum_{\ell=1}^{3} \sum_{m=1}^{3} b_{k1} b_{\ell 2} b_{m3} c_{k\ell m} |\boldsymbol{a}_1, \boldsymbol{a}_2, \boldsymbol{a}_3|$$

のように書ける．

$$C = \sum_{k=1}^{3} \sum_{\ell=1}^{3} \sum_{m=1}^{3} b_{k1} b_{\ell 2} b_{m3} c_{k\ell m}$$

とおくと，C は $\boldsymbol{A}$ に無関係の定数であり，$|\boldsymbol{AB}| = C|\boldsymbol{A}|$ という等式が得られる．この両辺に $\boldsymbol{A} = \boldsymbol{I}$ を代入すると，公式 8.2 (4) より $|\boldsymbol{B}| = C|\boldsymbol{I}| = C$ となるので，$|\boldsymbol{AB}| = |\boldsymbol{A}||\boldsymbol{B}|$ が成り立つ． ■

正則な正方行列 $\boldsymbol{A}$ については，$\boldsymbol{AA}^{-1} = \boldsymbol{I}$ であるから，その行列式は，

$$|\boldsymbol{A}||\boldsymbol{A}^{-1}| = |\boldsymbol{AA}^{-1}| = |\boldsymbol{I}| = 1$$

と書けるので，次の公式が得られる．

公式 8.6 逆行列の行列式

正則な正方行列 $\boldsymbol{A}$ の逆行列 $\boldsymbol{A}^{-1}$ の行列式は次のようになる.

$$|\boldsymbol{A}^{-1}| = \frac{1}{|\boldsymbol{A}|}$$

公式 8.7 転置行列の行列式

正則な正方行列 $\boldsymbol{A}$ の転置行列 $\boldsymbol{A}^{\top}$ の行列式は $\boldsymbol{A}$ の行列式に等しい.

$$|\boldsymbol{A}^{\top}| = |\boldsymbol{A}|$$

このことから，公式 8.2 および公式 8.4 で与えられた行列式の基本性質は，行ベクトルについても成り立つことがわかる.

証明 公式 7.8 (2) より，$\boldsymbol{A}$ は基本行列の積として $\boldsymbol{A} = \boldsymbol{P}_1 \cdots \boldsymbol{P}_k$ のように表される．転置したものは $\boldsymbol{A}^{\top} = \boldsymbol{P}_k^{\top} \cdots \boldsymbol{P}_1^{\top}$ であり，各基本行列の行列式については $|\boldsymbol{P}_i^{\top}| = |\boldsymbol{P}_i|$ であるから，

$$|\boldsymbol{A}^{\top}| = |\boldsymbol{P}_k^{\top}| \cdots |\boldsymbol{P}_1^{\top}| = |\boldsymbol{P}_k| \cdots |\boldsymbol{P}_1| = |\boldsymbol{A}|$$

となることがわかる. ■

公式 8.8 正則行列と行列式

(1) 正方行列 $\boldsymbol{A}$ が正則ならば，$|\boldsymbol{A}| \neq 0$ である.
(2) 正方行列 $\boldsymbol{A}$ が正則でなければ，$|\boldsymbol{A}| = 0$ である.
(3) 正方行列 $\boldsymbol{A}$ が $|\boldsymbol{A}| \neq 0$ であれば正則になる．すなわち，$|\boldsymbol{A}| \neq 0$ は $\boldsymbol{A}$ が正則行列であることの必要十分条件になる.

証明

(1) 公式 7.8 (1) より，有限個の基本行列の積 $\boldsymbol{P}$ を用いて $\boldsymbol{PA} = \boldsymbol{I}$ と書けるので，$|\boldsymbol{PA}| = |\boldsymbol{P}||\boldsymbol{A}| = 1$ となる．基本行列の行列式は 0 でない有限の値なので，$|\boldsymbol{A}| \neq 0$ であることがわかる.
(2) $\boldsymbol{A} = (\boldsymbol{a}_1, \ldots, \boldsymbol{a}_n)$ が正則行列でなければ，公式 7.12 (6) より $\boldsymbol{a}_1, \ldots, \boldsymbol{a}_n$

は線形従属である．例えば，$\boldsymbol{a}_1$ が $\boldsymbol{a}_1 = \sum_{j=2}^{n} c_j \boldsymbol{a}_j$ と書ける場合を考えると，公式 8.2 (1) より，

$$|\boldsymbol{A}| = \left| \sum_{j=2}^{n} c_j \boldsymbol{a}_j,\ \boldsymbol{a}_2, \ldots, \boldsymbol{a}_n \right| = \sum_{j=2}^{n} c_j |\boldsymbol{a}_j, \boldsymbol{a}_2, \ldots, \boldsymbol{a}_n|$$

と表される．公式 8.2 (2) より，$j = 2, \ldots, n$ に対して $|\boldsymbol{a}_j, \boldsymbol{a}_2, \ldots, \boldsymbol{a}_n| = 0$ であるから，$|\boldsymbol{A}| = 0$ となる．

(3) (2) の対偶と (1) から，$|\boldsymbol{A}| \neq 0$ は $\boldsymbol{A}$ が正則行列であるための必要十分条件になることがわかる． ■

8.3 行列式の計算

行列式を具体的に計算する方法を紹介する．

公式 8.9　2 次および 3 次正方行列の行列式

2 次正方行列の行列式は，

$$\begin{vmatrix} a_{11} & a_{12} \\ a_{21} & a_{22} \end{vmatrix} = a_{11}a_{22} - a_{12}a_{21}$$

であり，3 次正方行列の行列式は (8.1) より次で与えられる．

$$\begin{vmatrix} a_{11} & a_{12} & a_{13} \\ a_{21} & a_{22} & a_{23} \\ a_{31} & a_{32} & a_{33} \end{vmatrix} = a_{11}a_{22}a_{33} + a_{12}a_{23}a_{31} + a_{13}a_{21}a_{32} - a_{13}a_{22}a_{31} - a_{11}a_{23}a_{32} - a_{12}a_{21}a_{33}$$

2 次および 3 次正方行列の行列式を計算するには，次の図のような**たすきがけの規則**もしくは**サラスの規則**を用いると便利である．

たすきがけの規則

サラスの規則

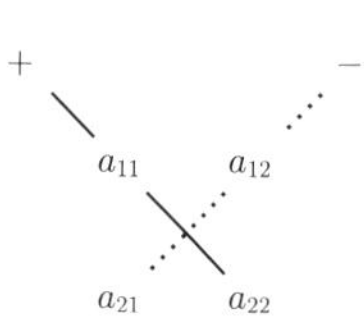

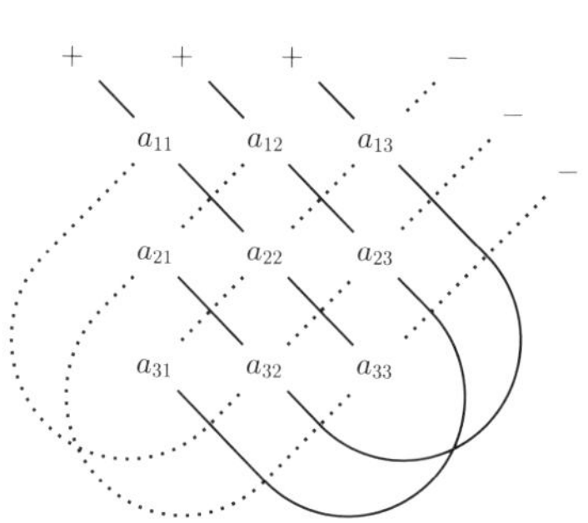

例題 8.10 サラスの規則

サラスの規則を用いて，次の 3 次正方行列の行列式を計算せよ．

(1) $\boldsymbol{A} = \begin{pmatrix} a & b & c \\ b & c & a \\ c & a & b \end{pmatrix}$ (2) $\boldsymbol{B} = \begin{pmatrix} 1 & 1 & 1 \\ a & b & c \\ a^2 & b^2 & c^2 \end{pmatrix}$

解説　サラスの規則より次のようになる．

(1) $|\boldsymbol{A}| = abc + bac + cab - a^3 - b^3 - c^3 = 3abc - a^3 - b^3 - c^3$

(2) $|\boldsymbol{B}| = bc^2 + ca^2 + ab^2 - cb^2 - ac^2 - ba^2 = (a-b)(b-c)(c-a)$

公式 8.11 行列式の計算

公式 7.8 (2) により，正則行列 $\boldsymbol{A}$ は有限個の基本行列の積として表されるので，$\boldsymbol{A} = \boldsymbol{P}_1 \boldsymbol{P}_2 \cdots \boldsymbol{P}_k$ と書けるとする．このとき，$\boldsymbol{A}$ の行列式は，

$$|\boldsymbol{A}| = |\boldsymbol{P}_1||\boldsymbol{P}_2|\cdots|\boldsymbol{P}_k|$$

となる．3 種類の基本行列の行列式は $|\boldsymbol{T}_{ij}| = -1$, $|\boldsymbol{M}_{i,c}| = c$, $|\boldsymbol{A}_{ij,c}| = 1$ であることから，これらの値を用いて $|\boldsymbol{A}|$ の値を計算することができる．

例題 8.12 行列式の計算 (I)

(7.3) で与えられた行列 $\boldsymbol{A} = \begin{pmatrix} 0 & 1 & 2 \\ 1 & -1 & 1 \\ 3 & -2 & 1 \end{pmatrix}$ について，その行列式を基本行列の行列式に基づいて計算せよ．

解説 例題 7.9 の解説 (7.5) にあるように，基本行列を用いて，

$$\boldsymbol{A}_{23,-2}^{\top}\ \boldsymbol{A}_{13,-3}^{\top}\ \boldsymbol{M}_{3,-1/4}\ \boldsymbol{A}_{32,-1}^{\top}\ \boldsymbol{A}_{12,1}^{\top}\ \boldsymbol{A}_{31,-3}^{\top}\ \boldsymbol{T}_{12}\ \boldsymbol{A} = \boldsymbol{I}$$

のように書けるので，その行列式は次のようになる．

$$|\boldsymbol{A}_{23,-2}||\boldsymbol{A}_{13,-3}||\boldsymbol{M}_{3,-1/4}||\boldsymbol{A}_{32,-1}||\boldsymbol{A}_{12,1}||\boldsymbol{A}_{31,-3}||\boldsymbol{T}_{12}||\boldsymbol{A}| = 1$$

ここで，$|\boldsymbol{T}_{12}| = -1$, $|\boldsymbol{M}_{3,-1/4}| = -1/4$ であり，$|\boldsymbol{A}_{ij,c}| = 1$ であるから，

$$-\frac{1}{4} \times (-1)|\boldsymbol{A}| = 1$$

となり，$|\boldsymbol{A}| = 4$ となる．

実際の行列式の計算では，掃き出し法と行列式の性質を組み合わせながら行列のサイズを小さくし，2 次か 3 次の正方行列でたすきがけの規則かサラスの規則を用いて計算できるようにする．とくに，列ベクトルおよび行ベクトルに公式 8.2 (3) の性質を用いて変形していくと，符号を気にする必要なく行列式の値を計算できるので便利である．

例題 8.13 行列式の計算 (II)

行列 $\boldsymbol{A} = \begin{pmatrix} 1 & 1 & 1 & 1 \\ 2 & 2 & 3 & 3 \\ 3 & 4 & 5 & 9 \\ 4 & 8 & 7 & 27 \end{pmatrix}$ の行列式を計算せよ．

解説 列ベクトルに公式 8.2 (3) の性質を用いて変形していく．C_i は第 i 列を意味するものとして，$C_4 - C_3$, $C_3 - C_2$, $C_2 - C_1$ を順次作用させると，

$$|\boldsymbol{A}| = \begin{vmatrix} 1 & 0 & 0 & 0 \\ 2 & 0 & 1 & 0 \\ 3 & 1 & 1 & 4 \\ 4 & 4 & -1 & 20 \end{vmatrix} = \begin{vmatrix} 0 & 1 & 0 \\ 1 & 1 & 4 \\ 4 & -1 & 20 \end{vmatrix}$$

となり，サラスの規則より $|\boldsymbol{A}| = 16 - 20 = -4$ となる．

例題 8.14　正則行列となる条件

行列 $\boldsymbol{A} = \begin{pmatrix} 1 & 1 & 1 & 1 \\ 2 & 3 & 3 & 3 \\ 3 & 3 & 4 & 5 \\ 4 & 5 & a & b \end{pmatrix}$ が正則になるための a と b の条件を与えよ．

解説　公式 8.8 (3) から，行列 $\boldsymbol{A}$ が正則であるための必要十分条件は $|\boldsymbol{A}| \neq 0$ となる．そこで，$C_4 - C_3$, $C_3 - C_2$, $C_2 - C_1$ を順次作用させると，

$$|\boldsymbol{A}| = \begin{vmatrix} 1 & 0 & 0 & 0 \\ 2 & 1 & 0 & 0 \\ 3 & 0 & 1 & 1 \\ 4 & 1 & a-5 & b-a \end{vmatrix} = \begin{vmatrix} 1 & 0 & 0 \\ 0 & 1 & 1 \\ 1 & a-5 & b-a \end{vmatrix} = b - 2a + 5$$

となる．したがって，$\boldsymbol{A}$ が正則になるための条件は，$2a - b \neq 5$ となる．

8.4　行列式に基づいた逆行列とクラメールの公式

公式 8.15　列および行についての展開

正方行列 $\boldsymbol{A} = (a_{ij}) = (\boldsymbol{a}_1, \ldots, \boldsymbol{a}_n)$ において，第 j 列 $\boldsymbol{a}_j$ について**展開**すると，

$$|\boldsymbol{A}| = a_{1j}A_{1j} + a_{2j}A_{2j} + \cdots + a_{nj}A_{nj} \tag{8.3}$$

となる．ただし，A_{ij} は (8.2) で定義された余因子

$$A_{ij} = (-1)^{i+j} \begin{vmatrix} a_{11} & \cdots & a_{1,j-1} & a_{1,j+1} & \cdots & a_{1n} \\ \vdots & & \vdots & \vdots & & \vdots \\ a_{i-1,1} & \cdots & a_{i-1,j-1} & a_{i-1,j+1} & \cdots & a_{i-1,n} \\ a_{i+1,1} & \cdots & a_{i+1,j-1} & a_{i+1,j+1} & \cdots & a_{i+1,n} \\ \vdots & & \vdots & \vdots & & \vdots \\ a_{n1} & \cdots & a_{n,j-1} & a_{n,j+1} & \cdots & a_{nn} \end{vmatrix}$$

である．同様に，第 i 行について展開すると次のようになる．

$$|\boldsymbol{A}| = a_{i1}A_{i1} + a_{i2}A_{i2} + \cdots + a_{in}A_{in} \tag{8.4}$$

証明 行列式 $|\boldsymbol{A}|$ において，第 j 列の $\boldsymbol{a}_j$ と第 $j-1$ 列の $\boldsymbol{a}_{j-1}$ を交換すると，公式 8.4 より，

$$(-1)|\boldsymbol{a}_1, \ldots, \boldsymbol{a}_j, \boldsymbol{a}_{j-1}, \boldsymbol{a}_{j+1}, \ldots, \boldsymbol{a}_n|$$

となる．次に，第 $j-1$ 列にある $\boldsymbol{a}_j$ と第 $j-2$ 列の $\boldsymbol{a}_{j-2}$ を交換すると，

$$(-1)^2|\boldsymbol{a}_1, \ldots, \boldsymbol{a}_j, \boldsymbol{a}_{j-2}, \boldsymbol{a}_{j-1}, \boldsymbol{a}_{j+1}, \ldots, \boldsymbol{a}_n|$$

となる．この操作を繰り返していくと，

$$|\boldsymbol{A}| = (-1)^{j-1}|\boldsymbol{a}_j, \boldsymbol{a}_1, \boldsymbol{a}_2, \ldots, \boldsymbol{a}_{j-1}, \boldsymbol{a}_{j+1}, \ldots, \boldsymbol{a}_n|$$

となる．この第 1 列にある $\boldsymbol{a}_j$ に関して展開すると，(8.3) が得られることがわかる．(8.4) は $\boldsymbol{A}$ の転置行列を考えると得られる． ■

(8.3) は正方行列 $\boldsymbol{A} = (a_{ij}) = (\boldsymbol{a}_1, \ldots, \boldsymbol{a}_n)$ の第 j 列 $\boldsymbol{a}_j$ についての展開である．$i \neq j$ のとき，この第 j 列に $\boldsymbol{a}_i$ を代入すると，公式 8.2 (2) より，その行列式は $|\boldsymbol{a}_1, \ldots, \boldsymbol{a}_i, \ldots, \boldsymbol{a}_i, \ldots, \boldsymbol{a}_n| = 0$ であり，(8.3) より，

$$a_{1i}A_{1j} + a_{2i}A_{2j} + \cdots + a_{ni}A_{nj} = \delta_{ij}|\boldsymbol{A}| \tag{8.5}$$

となる．ただし，δ_{ij} は**クロネッカーのデルタ**と呼ばれ，

$$\delta_{ij} = \begin{cases} 1 & (i = j) \\ 0 & (i \neq j) \end{cases}$$

である．(8.5) を行列で表すと，

$$\begin{pmatrix} a_{11} & \cdots & a_{n1} \\ \vdots & & \vdots \\ a_{1i} & \cdots & a_{ni} \\ \vdots & & \vdots \\ a_{1n} & \cdots & a_{nn} \end{pmatrix} \begin{pmatrix} A_{11} & \cdots & A_{1j} & \cdots & A_{1n} \\ \vdots & & \vdots & & \vdots \\ A_{n1} & \cdots & A_{nj} & \cdots & A_{nn} \end{pmatrix} = \begin{pmatrix} |\boldsymbol{A}| & \cdots & 0 \\ \vdots & \ddots & \vdots \\ 0 & \cdots & |\boldsymbol{A}| \end{pmatrix}$$

と書ける．ここで，余因子 A_{ij} からなる行列を

$$\widetilde{\boldsymbol{A}} = \begin{pmatrix} A_{11} & \cdots & A_{1j} & \cdots & A_{1n} \\ \vdots & & \vdots & & \vdots \\ A_{n1} & \cdots & A_{nj} & \cdots & A_{nn} \end{pmatrix} = (A_{ij}) \tag{8.6}$$

と表して，**余因子行列**と呼ぶ．したがって，

$$\boldsymbol{A}^\top \widetilde{\boldsymbol{A}} = |\boldsymbol{A}|\boldsymbol{I}, \quad \widetilde{\boldsymbol{A}}^\top \boldsymbol{A} = |\boldsymbol{A}|\boldsymbol{I}$$

と表される．

公式 8.16　余因子行列による逆行列の求め方

正則な正方行列 $\boldsymbol{A}$ の逆行列は，(8.6) で与えられた余因子行列

$$\widetilde{\boldsymbol{A}} = \begin{pmatrix} A_{11} & \cdots & A_{1j} & \cdots & A_{1n} \\ \vdots & & \vdots & & \vdots \\ A_{n1} & \cdots & A_{nj} & \cdots & A_{nn} \end{pmatrix} = (A_{ij})$$

を用いて，次のように与えられる．

$$\boldsymbol{A}^{-1} = \frac{1}{|\boldsymbol{A}|} \widetilde{\boldsymbol{A}}^\top$$

例題 8.17 余因子行列による逆行列の計算

例題 8.12 で与えられた行列 $\boldsymbol{A} = \begin{pmatrix} 0 & 1 & 2 \\ 1 & -1 & 1 \\ 3 & -2 & 1 \end{pmatrix}$ について，その逆行列を公式 8.16 の余因子行列を用いて求めよ．

解説 余因子を計算すると，

$$A_{11} = (-1)^2 \begin{vmatrix} -1 & 1 \\ -2 & 1 \end{vmatrix} = 1, \quad A_{12} = (-1)^3 \begin{vmatrix} 1 & 1 \\ 3 & 1 \end{vmatrix} = 2$$

$$A_{13} = (-1)^4 \begin{vmatrix} 1 & -1 \\ 3 & -2 \end{vmatrix} = 1$$

となり，以下同様にして，$A_{21} = -5$, $A_{22} = -6$, $A_{23} = 3$, $A_{31} = 3$, $A_{32} = 2$, $A_{33} = -1$ となる．例題 8.12 より $|\boldsymbol{A}| = 4$ であるから，$\boldsymbol{A}$ の余因子行列と逆行列は，

$$\widetilde{\boldsymbol{A}} = \begin{pmatrix} 1 & 2 & 1 \\ -5 & -6 & 3 \\ 3 & 2 & -1 \end{pmatrix}, \quad \boldsymbol{A}^{-1} = \frac{1}{4} \begin{pmatrix} 1 & -5 & 3 \\ 2 & -6 & 2 \\ 1 & 3 & -1 \end{pmatrix}$$

となる．この逆行列は (7.4) と一致する．

公式 8.18 クラメールの公式

正則な n 次正方行列 $\boldsymbol{A} = (\boldsymbol{a}_1, \ldots, \boldsymbol{a}_n)$ と n 次元ベクトル $\boldsymbol{b}$ に対して，連立線形方程式 $x_1\boldsymbol{a}_1 + \cdots + x_n\boldsymbol{a}_n = \boldsymbol{b}$ の解は次で与えられる．これを**クラメールの公式**と呼ぶ．

$$x_j = \frac{|\boldsymbol{a}_1, \ldots, \boldsymbol{b}, \ldots, \boldsymbol{a}_n|}{|\boldsymbol{a}_1, \ldots, \boldsymbol{a}_j, \ldots, \boldsymbol{a}_n|} = \frac{|\boldsymbol{a}_1, \ldots, \boldsymbol{b}, \ldots, \boldsymbol{a}_n|}{|\boldsymbol{A}|} \quad (j = 1, \ldots, n)$$

ただし，分子の行列式については，$\boldsymbol{A}$ の第 j 列の $\boldsymbol{a}_j$ を $\boldsymbol{b}$ でおきかえた行列の行列式を意味する．

証明 $\boldsymbol{x} = (x_1, \ldots, x_n)^\top$ とおくとき，連立線形方程式は $\boldsymbol{A}\boldsymbol{x} = \boldsymbol{b}$ と表され，その解は $\boldsymbol{x} = \boldsymbol{A}^{-1}\boldsymbol{b}$ で与えられる．公式 8.16 より $\boldsymbol{A}^{-1} = \dfrac{1}{|\boldsymbol{A}|}\widetilde{\boldsymbol{A}}^\top$ であるから，$\boldsymbol{x} = \dfrac{1}{|\boldsymbol{A}|}\widetilde{\boldsymbol{A}}^\top\boldsymbol{b}$ と書ける．したがって，

$$x_j = \frac{b_1 A_{1j} + \cdots + b_j A_{jj} + \cdots + b_n A_{nj}}{|\boldsymbol{A}|}$$

と表される．ここで，$|\boldsymbol{A}|$ を第 j 列で展開すると，

$$|\boldsymbol{A}| = |\boldsymbol{a}_1, \ldots, \boldsymbol{a}_j, \ldots, \boldsymbol{a}_n| = a_{1j}A_{1j} + \cdots + a_{jj}A_{jj} + \cdots + a_{nj}A_{nj}$$

であるから，$\boldsymbol{a}_j$ を $\boldsymbol{b}$ でおきかえると，

$$b_1 A_{1j} + \cdots + b_j A_{jj} + \cdots + b_n A_{nj} = |\boldsymbol{a}_1, \ldots, \boldsymbol{b}, \ldots, \boldsymbol{a}_n|$$

と表されることがわかる．したがって，公式 8.18 が成り立つ． ∎

例題 8.19　連立線形方程式の解

次の連立線形方程式の解をクラメールの公式を用いて求めよ．

$$\begin{cases} \phantom{3x - {}} y + 2z = 0 \\ x - y + z = -1 \\ 3x - 2y + z = 1 \end{cases}$$

解説　連立線形方程式は $\boldsymbol{A}\boldsymbol{x} = \boldsymbol{b}$ の形をしている．ただし，

$$\boldsymbol{A} = \begin{pmatrix} 0 & 1 & 2 \\ 1 & -1 & 1 \\ 3 & -2 & 1 \end{pmatrix}, \quad \boldsymbol{x} = \begin{pmatrix} x \\ y \\ z \end{pmatrix}, \quad \boldsymbol{b} = \begin{pmatrix} 0 \\ -1 \\ 1 \end{pmatrix}$$

である．例題 8.12 より $|\boldsymbol{A}| = 4$ である．クラメールの公式 8.18 より，

$$x = \frac{1}{4}\begin{vmatrix} 0 & 1 & 2 \\ -1 & -1 & 1 \\ 1 & -2 & 1 \end{vmatrix} = \frac{1}{4}\left\{(-1)\times\begin{vmatrix} -1 & 1 \\ 1 & 1 \end{vmatrix} + 2\times\begin{vmatrix} -1 & -1 \\ 1 & -2 \end{vmatrix}\right\} = 2$$

$$y = \frac{1}{4}\begin{vmatrix} 0 & 0 & 2 \\ 1 & -1 & 1 \\ 3 & 1 & 1 \end{vmatrix} = \frac{1}{4}\left\{2\times\begin{vmatrix} 1 & -1 \\ 3 & 1 \end{vmatrix}\right\} = 2$$

$$z = \frac{1}{4}\begin{vmatrix} 0 & 1 & 0 \\ 1 & -1 & -1 \\ 3 & -2 & 1 \end{vmatrix} = \frac{1}{4}\left\{(-1)\times\begin{vmatrix} 1 & -1 \\ 3 & 1 \end{vmatrix}\right\} = -1$$

となる.

基本問題

問 1 次の行列式を計算せよ.

(1) $\begin{vmatrix} 3 & -1 & 3 \\ 4 & 3 & 3 \\ 1 & 1 & 2 \end{vmatrix}$ (2) $\begin{vmatrix} 3 & 2 & 6 \\ -5 & 4 & 6 \\ -2 & 3 & -1 \end{vmatrix}$

(3) $\begin{vmatrix} 1 & 2 & 3 & 4 \\ 0 & 1 & 1 & 4 \\ 2 & 5 & 2 & 6 \\ 1 & 3 & 0 & 0 \end{vmatrix}$ (4) $\begin{vmatrix} 4 & 2 & 4 & 5 \\ 3 & -2 & 2 & 4 \\ 2 & 3 & 3 & -2 \\ -2 & 1 & 3 & 0 \end{vmatrix}$

問 2 次の行列式を計算せよ.

(1) $\begin{vmatrix} a_0 & -1 & 0 \\ a_1 & x & -1 \\ a_2 & 0 & x \end{vmatrix}$ (2) $\begin{vmatrix} 1 & x & x^2 \\ x & x^2 & 1 \\ x^2 & 1 & x \end{vmatrix}$ $(x^3 = 1,\ x \neq 1,\ x \in \mathbb{C})$

問 3　次の行列が正則になるための a, b の条件を与えよ.

(1) $\begin{pmatrix} 0 & 1 & 1 \\ -1 & 0 & a \\ -1 & b & 0 \end{pmatrix}$　　(2) $\begin{pmatrix} a & b & a & b \\ -a & a & b & -b \\ a & -b & a & -b \\ a & a & b & b \end{pmatrix}$

問 4　$\boldsymbol{A} = \begin{pmatrix} 2x & -2 \\ 6 & 3 \end{pmatrix}$ が正則, $\boldsymbol{B} = \begin{pmatrix} 3x & 6 \\ 2 & x \end{pmatrix}$ が正則でないとき, x の値を求めよ.

問 5　次の行列の余因子行列を求め, 逆行列を求めよ.

(1) $\begin{pmatrix} 1 & 1 & 1 \\ 1 & 1 & 2 \\ 1 & 2 & 2 \end{pmatrix}$　　(2) $\begin{pmatrix} 2 & 1 & 0 & 0 \\ 1 & 1 & 0 & 0 \\ 0 & 0 & 1 & 1 \\ 0 & 0 & 1 & 2 \end{pmatrix}$

問 6　クラメールの公式を用いて, 次の連立線形方程式の解を求めよ.

(1) $\begin{cases} x + y - z = 1 \\ 2x - y + 3z = 2 \\ x - 2y + z = 0 \end{cases}$　　(2) $\begin{cases} 3x + 5y - 7z = 0 \\ 2x - 3y + z = 5 \\ x + y - z = 2 \end{cases}$

問 7　クラメールの公式を用いて, 次の連立線形方程式の解を求めよ. ただし, a, b, c は互いに異なる数とする.

$$\begin{cases} x + y + z = 1 \\ ax + by + cz = d \\ a^2x + b^2y + c^2z = d^2 \end{cases}$$

問 8　上三角行列の行列式は次のように書けることを示せ.

$$\begin{vmatrix} a_{11} & a_{12} & \cdots & a_{1n} \\ 0 & a_{22} & \cdots & a_{2n} \\ \vdots & \vdots & \ddots & \vdots \\ 0 & 0 & \cdots & a_{nn} \end{vmatrix} = a_{11}a_{22}\cdots a_{nn}$$

発展問題

問 9 次の等式が成り立つことを示せ．ただし，$\boldsymbol{A}$, $\boldsymbol{B}$ は正方行列である．

(1) $\begin{vmatrix} \boldsymbol{A} & \boldsymbol{0} \\ \boldsymbol{0} & \boldsymbol{B} \end{vmatrix} = |\boldsymbol{A}||\boldsymbol{B}|$　　(2) $\begin{vmatrix} \boldsymbol{A} & \boldsymbol{C} \\ \boldsymbol{0} & \boldsymbol{B} \end{vmatrix} = |\boldsymbol{A}||\boldsymbol{B}|$

問 10 $\boldsymbol{A}$, $\boldsymbol{D}$ を正方行列とし，$\boldsymbol{A}$ が正則であると仮定する．このとき，次の等式を示せ．

(1) $\begin{pmatrix} \boldsymbol{A} & \boldsymbol{B} \\ \boldsymbol{C} & \boldsymbol{D} \end{pmatrix} = \begin{pmatrix} \boldsymbol{A} & \boldsymbol{0} \\ \boldsymbol{C} & \boldsymbol{D} - \boldsymbol{C}\boldsymbol{A}^{-1}\boldsymbol{B} \end{pmatrix} \begin{pmatrix} \boldsymbol{I} & \boldsymbol{A}^{-1}\boldsymbol{B} \\ \boldsymbol{0} & \boldsymbol{I} \end{pmatrix}$

(2) $\begin{vmatrix} \boldsymbol{A} & \boldsymbol{B} \\ \boldsymbol{C} & \boldsymbol{D} \end{vmatrix} = |\boldsymbol{A}||\boldsymbol{D} - \boldsymbol{C}\boldsymbol{A}^{-1}\boldsymbol{B}|$

問 11 n 次正方行列 $\boldsymbol{A}$, $\boldsymbol{B}$ に対して次の等式を示せ．

$$\begin{vmatrix} \boldsymbol{A} & \boldsymbol{B} \\ \boldsymbol{B} & \boldsymbol{A} \end{vmatrix} = |\boldsymbol{A} + \boldsymbol{B}||\boldsymbol{A} - \boldsymbol{B}|$$

問 12 多変数関数の重積分を変数変換するときにはヤコビアンを計算する必要があることを 4.6 節で学んだ．次の変数変換に関して，ヤコビアン (4.4) を求めたい．

(1) $x = u + v$, $y = v - w$, $z = u + 2v + 3w$ のような変数変換に関するヤコビアン $\partial(x, y, z)/\partial(u, v, w)$ を計算せよ．

(2) 3.8 節の多変数関数の微分の中で，3 次元の極座標変換が (3.15) で与えられている．いま，$0 \leq \theta \leq \pi$, $0 \leq \varphi < 2\pi$ に対して，

$$x = r\sin\theta\cos\varphi, \quad y = r\sin\theta\sin\varphi, \quad z = r\cos\theta$$

と極座標変換するとき，ヤコビアン $\partial(x, y, z)/\partial(r, \theta, \varphi)$ を計算せよ．

Memo

第9章

固有値と固有ベクトル

サイズの大きな行列が与えられたとき，それをながめていてもどのような類いの行列なのかを見分けることはできない．実は，行列は行列を特徴づける固有の値（固有値）と，それに対応するベクトルから成り立っていることがある．この場合，サイズの大きな行列もそうした固有値を求めることで，与えられた行列の本質を捉えることが可能になる．

例えば，統計学では多次元のデータを扱うことが多い．20次元のデータが500個ある場合，その大規模なデータ全体の9割程度をわずか3つの数値で特徴づけることができれば，多次元データの本質を捉えることができる．これを主成分分析と呼んでおり，この手法はまさにサイズの大きな行列の固有値を求めることに対応する．

本章では，固有値と固有ベクトルの定義，行列の三角化，実対称行列の対角化，2次形式と正定値などについて解説する．

9.1 固有値と固有ベクトルの定義

n 次正方行列 $\boldsymbol{A}$ に対して，n 次元ベクトル $\boldsymbol{x}$ ($\boldsymbol{x} \neq \boldsymbol{0}$) とスカラー λ が存在して，

$$\boldsymbol{A}\boldsymbol{x} = \lambda\boldsymbol{x} \quad \text{もしくは} \quad (\lambda\boldsymbol{I}_n - \boldsymbol{A})\boldsymbol{x} = \boldsymbol{0} \tag{9.1}$$

と書けるとき，λ を $\boldsymbol{A}$ の**固有値**，$(\lambda\boldsymbol{I}_n - \boldsymbol{A})\boldsymbol{x} = \boldsymbol{0}$ の解 $\boldsymbol{x}$ を λ に対応する**固有ベクトル**と呼ぶ．ここで，$\boldsymbol{I}_n$ は n 次**単位行列**を表す．1つの固有値 λ に対して，固有ベクトルは $\{\boldsymbol{x} \mid (\lambda\boldsymbol{I}_n - \boldsymbol{A})\boldsymbol{x} = \boldsymbol{0}\}$ の集合に属する．この集合を λ の**固有空間**と呼ぶ．

行列 $\lambda\boldsymbol{I}_n - \boldsymbol{A}$ が正則なら，(9.1) の右の式に $(\lambda\boldsymbol{I}_n - \boldsymbol{A})^{-1}$ を左側から掛けることにより，$\boldsymbol{x} = \boldsymbol{0}$ が解として得られる．これは**自明な解**と呼ばれるが，ここでは $\boldsymbol{x} = \boldsymbol{0}$ 以外の解を求めることを目的とする．$\boldsymbol{x} \neq \boldsymbol{0}$ の解をもつためには，$\lambda\boldsymbol{I}_n - \boldsymbol{A}$ が正則でないこと，すなわち公式 8.8 (2) より，

$$|\lambda \boldsymbol{I}_n - \boldsymbol{A}| = 0 \tag{9.2}$$

でなければならない．これを**固有方程式**（**特性方程式**）と呼び，$|\lambda \boldsymbol{I}_n - \boldsymbol{A}|$ を**固有多項式**（**特性多項式**）と呼ぶ．

固有多項式は，

$$|\lambda \boldsymbol{I}_n - \boldsymbol{A}| = \begin{vmatrix} \lambda - a_{11} & -a_{12} & \cdots & -a_{1n} \\ -a_{21} & \lambda - a_{22} & \cdots & -a_{2n} \\ \vdots & \vdots & \ddots & \vdots \\ -a_{n1} & -a_{n2} & \cdots & \lambda - a_{nn} \end{vmatrix}$$
$$= \lambda^n + c_{n-1}\lambda^{n-1} + \cdots + c_1\lambda + c_0$$

と表される．ただし，$c_0, \ldots, c_{n-1}$ は定数である．固有多項式は一般には複雑な形になるが，$n = 2, 3$ のときには明示的に表すことができる．$n = 2$ のときには，

$$|\lambda \boldsymbol{I}_2 - \boldsymbol{A}| = \lambda^2 - (\mathrm{tr}\,\boldsymbol{A})\lambda + |\boldsymbol{A}|$$

となり，$n = 3$ のときには，

$$|\lambda \boldsymbol{I}_3 - \boldsymbol{A}| = \lambda^3 - (\mathrm{tr}\,\boldsymbol{A})\lambda^2 + (A_{11} + A_{22} + A_{33})\lambda - |\boldsymbol{A}|$$

となる．ただし，A_{ii} は (8.2) で定義された余因子である．また，上三角行列

$$\boldsymbol{A} = \begin{pmatrix} a_{11} & a_{12} & \cdots & a_{1n} \\ 0 & a_{22} & \cdots & a_{2n} \\ \vdots & \vdots & \ddots & \vdots \\ 0 & 0 & \cdots & a_{nn} \end{pmatrix}$$

についても固有多項式を明示的に表すことができ，次のように書ける．

$$|\lambda \boldsymbol{I}_n - \boldsymbol{A}| = (\lambda - a_{11})(\lambda - a_{22})\cdots(\lambda - a_{nn})$$

例題 9.1 固有値と固有ベクトル

次の行列の固有値と固有ベクトルを求めよ.

(1) $\boldsymbol{A} = \begin{pmatrix} 2 & -3 \\ 6 & -7 \end{pmatrix}$ (2) $\boldsymbol{B} = \begin{pmatrix} 1 & 1 & 1 \\ 0 & 2 & 2 \\ 0 & 0 & 3 \end{pmatrix}$

解説

(1) 固有方程式は,

$$|\lambda \boldsymbol{I}_2 - \boldsymbol{A}| = \begin{vmatrix} \lambda - 2 & 3 \\ -6 & \lambda + 7 \end{vmatrix} = (\lambda + 1)(\lambda + 4) = 0$$

と書けるので, $\lambda = -1, -4$ が固有値になる. 固有ベクトル $\boldsymbol{x} = (x, y)^\top$ は,

$$\begin{pmatrix} 2 & -3 \\ 6 & -7 \end{pmatrix} \begin{pmatrix} x \\ y \end{pmatrix} = \lambda \begin{pmatrix} x \\ y \end{pmatrix}$$

の解となるので, $(2 - \lambda)x = 3y$, $6x = (\lambda + 7)y$ を満たす.

- ∘ $\lambda = -1$ のときには $x = y$ と表されるので, $\lambda = -1$ の固有ベクトルの 1 つは $(1, 1)^\top$ となる.
- ∘ $\lambda = -4$ のときには $2x = y$ と表されるので, $\lambda = -4$ の固有ベクトルの 1 つは $(1, 2)^\top$ となる.

実際,

$$\begin{pmatrix} 2 & -3 \\ 6 & -7 \end{pmatrix} \begin{pmatrix} 1 \\ 1 \end{pmatrix} = (-1) \begin{pmatrix} 1 \\ 1 \end{pmatrix}, \quad \begin{pmatrix} 2 & -3 \\ 6 & -7 \end{pmatrix} \begin{pmatrix} 1 \\ 2 \end{pmatrix} = (-4) \begin{pmatrix} 1 \\ 2 \end{pmatrix}$$

が成り立つことからも確かめられる.

(2) 固有方程式は,

$$|\lambda \boldsymbol{I}_3 - \boldsymbol{B}| = \begin{vmatrix} \lambda - 1 & -1 & -1 \\ 0 & \lambda - 2 & -2 \\ 0 & 0 & \lambda - 3 \end{vmatrix} = (\lambda - 1)(\lambda - 2)(\lambda - 3) = 0$$

と書けるので，$\lambda = 1, 2, 3$ が固有値になる．固有ベクトル $\boldsymbol{x} = (x, y, z)^\top$ は，

$$\begin{pmatrix} 1 & 1 & 1 \\ 0 & 2 & 2 \\ 0 & 0 & 3 \end{pmatrix} \begin{pmatrix} x \\ y \\ z \end{pmatrix} = \lambda \begin{pmatrix} x \\ y \\ z \end{pmatrix}$$

の解となるので，$(\lambda - 1)x = y + z$, $(\lambda - 2)y = 2z$, $(\lambda - 3)z = 0$ を満たす．

◦ $\lambda = 1$ のときには $y = z = 0$ と書けて x は任意なので，$\lambda = 1$ の固有ベクトルの1つは $(1, 0, 0)^\top$ となる．

◦ $\lambda = 2$ のときには $x = y$, $z = 0$ と表されるので，$\lambda = 2$ の固有ベクトルの1つは $(1, 1, 0)^\top$ となる．

◦ $\lambda = 3$ のときには $x = 3z/2$, $y = 2z$ と表されるので，$\lambda = 3$ の固有ベクトルの1つは $(3, 4, 2)^\top$ となる．

9.2 行列の三角化と対角化

固有方程式 (9.2) の解がつねに存在するのかという問いについては，複素数の解まで含めるという条件があれば，次の代数学の基本定理から解の存在が保証される．

公式 9.2 代数学の基本定理

n 次多項式 $f(t) = t^n + c_{n-1}t^{n-1} + \cdots + c_1 t + c_0$ は，n 個の複素数 $a_1, \ldots, a_n$ を用いて，

$$f(t) = (t - a_1)(t - a_2)\cdots(t - a_n)$$

と表される．

解を実数に限る場合は，固有方程式の解の存在は与えられた行列に依存する．

これ以降，行列をできるだけ単純な形に落とし込むことを考えていく．固有方程式の解が存在する場合は，正則行列を用いて上三角行列まで単純化することができる．これが行列の三角化である．もちろん，下三角行列に単純化することも

可能である.

公式 9.3 行列の三角化

n 次正方行列 $\boldsymbol{A}$ の固有多項式が $|\lambda \boldsymbol{I}_n - \boldsymbol{A}| = (\lambda - a_1)\cdots(\lambda - a_n)$ のように書けるならば, n 次正則行列 $\boldsymbol{P}$ があって, $\boldsymbol{P}^{-1}\boldsymbol{A}\boldsymbol{P}$ が次のように上三角行列になる. これを行列の**三角化**という. ただし, $\star$ は適当な数値を表す.

$$\boldsymbol{P}^{-1}\boldsymbol{A}\boldsymbol{P} = \begin{pmatrix} a_1 & \star & \cdots & \star \\ 0 & a_2 & \cdots & \star \\ \vdots & \vdots & \ddots & \vdots \\ 0 & 0 & \cdots & a_n \end{pmatrix} \tag{9.3}$$

証明 ここでは, $a_1, \ldots, a_n$ が実数の場合に示すことにする. 複素数の場合も同じ方針で示される. a_1 の固有ベクトルを $\boldsymbol{v}_1$ とすると, $\boldsymbol{A}\boldsymbol{v}_1 = a_1 \boldsymbol{v}_1$ が成り立つ. ただし, 必要なら $\boldsymbol{v}_1$ を $\boldsymbol{v}_1$ の長さで割ることによって $\|\boldsymbol{v}_1\| = 1$ としておく. 公式 9.14 で示されるように, $\boldsymbol{v}_1$ に直交する長さが 1 のベクトルで, しかも互いに直交するベクトルが $n-1$ 個とれるので, それを $\boldsymbol{v}_2, \ldots, \boldsymbol{v}_n$ とおき, $\boldsymbol{H}_1 = (\boldsymbol{v}_1, \ldots, \boldsymbol{v}_n)$ とおく. このとき, $\boldsymbol{v}_1, \ldots, \boldsymbol{v}_n$ は互いに直交していて長さが 1 のベクトルなので, $\boldsymbol{H}_1$ は直交行列になり, $\boldsymbol{H}_1^\top \boldsymbol{H}_1 = \boldsymbol{I}_n$ を満たす. $\boldsymbol{H}_1^\top \boldsymbol{A}\boldsymbol{H}_1$ を計算すると,

$$\boldsymbol{H}_1^\top \boldsymbol{A}\boldsymbol{H}_1 = \begin{pmatrix} \boldsymbol{v}_1^\top \\ \boldsymbol{v}_2^\top \\ \vdots \\ \boldsymbol{v}_n^\top \end{pmatrix} \boldsymbol{A}(\boldsymbol{v}_1, \ldots, \boldsymbol{v}_n) = \begin{pmatrix} \boldsymbol{v}_1^\top \boldsymbol{A}\boldsymbol{v}_1 & \cdots & \boldsymbol{v}_1^\top \boldsymbol{A}\boldsymbol{v}_n \\ \boldsymbol{v}_2^\top \boldsymbol{A}\boldsymbol{v}_1 & \cdots & \boldsymbol{v}_2^\top \boldsymbol{A}\boldsymbol{v}_n \\ \vdots & \ddots & \vdots \\ \boldsymbol{v}_n^\top \boldsymbol{A}\boldsymbol{v}_1 & \cdots & \boldsymbol{v}_n^\top \boldsymbol{A}\boldsymbol{v}_n \end{pmatrix} \tag{9.4}$$

となる. ここで, $\boldsymbol{v}_1^\top \boldsymbol{A}\boldsymbol{v}_1 = a_1 \boldsymbol{v}_1^\top \boldsymbol{v}_1 = a_1$ であり, $j \geq 2$ に対して $\boldsymbol{v}_j^\top \boldsymbol{A}\boldsymbol{v}_1 = a_1 \boldsymbol{v}_j^\top \boldsymbol{v}_1 = 0$ となるが, $\boldsymbol{v}_1^\top \boldsymbol{A}\boldsymbol{v}_j$ については必ずしも 0 にならないことに注意する. したがって, (9.4) の行列の右下の $n-1$ 次正方行列を $\boldsymbol{A}_2$ とすると,

$$\boldsymbol{H}_1^\top \boldsymbol{A}\boldsymbol{H}_1 = \begin{pmatrix} a_1 & \star\cdots\star \\ \boldsymbol{0}_{n-1,1} & \boldsymbol{A}_2 \end{pmatrix}$$

のように書けるので，$|\boldsymbol{H}_1| = \pm 1$ より，

$$
\begin{aligned}
|\lambda \boldsymbol{I}_n - \boldsymbol{A}| &= |\boldsymbol{H}_1^\top||\lambda \boldsymbol{I}_n - \boldsymbol{A}||\boldsymbol{H}_1| = |\lambda \boldsymbol{H}_1^\top \boldsymbol{H}_1 - \boldsymbol{H}_1^\top \boldsymbol{A}\boldsymbol{H}_1| \\
&= \left| \lambda \boldsymbol{I}_n - \begin{pmatrix} a_1 & \star\cdots\star \\ \boldsymbol{0}_{n-1,1} & \boldsymbol{A}_2 \end{pmatrix} \right| = \begin{vmatrix} \lambda - a_1 & \star\cdots\star \\ \boldsymbol{0}_{n-1,1} & \lambda \boldsymbol{I}_{n-1} - \boldsymbol{A}_2 \end{vmatrix} \\
&= (\lambda - a_1)|\lambda \boldsymbol{I}_{n-1} - \boldsymbol{A}_2|
\end{aligned}
$$

となる（最後の等式については，第8章発展問題の問9を参照）．

一方，$|\lambda \boldsymbol{I}_n - \boldsymbol{A}| = (\lambda - a_1)(\lambda - a_2)\cdots(\lambda - a_n)$ より，$|\lambda \boldsymbol{I}_{n-1} - \boldsymbol{A}_2| = (\lambda - a_2)\cdots(\lambda - a_n)$ となる．$|a_2 \boldsymbol{I}_{n-1} - \boldsymbol{A}_2| = 0$ であるから，上の計算と同様にして，$n-1$ 次直交行列 $\widetilde{\boldsymbol{H}}_2$ がとれて，

$$
\widetilde{\boldsymbol{H}}_2^\top \boldsymbol{A}_2 \widetilde{\boldsymbol{H}}_2 = \begin{pmatrix} a_2 & \star\cdots\star \\ \boldsymbol{0}_{n-2,1} & \boldsymbol{A}_3 \end{pmatrix}
$$

と書ける．そこで，

$$
\boldsymbol{H}_2 = \begin{pmatrix} 1 & \boldsymbol{0}_{1,n-1} \\ \boldsymbol{0}_{n-1,1} & \widetilde{\boldsymbol{H}}_2 \end{pmatrix}
$$

とおくと，

$$
\boldsymbol{H}_2^\top \boldsymbol{H}_1^\top \boldsymbol{A}\boldsymbol{H}_1\boldsymbol{H}_2 = \begin{pmatrix} a_1 & \star & \star\cdots\star \\ 0 & a_2 & \star\cdots\star \\ \boldsymbol{0}_{n-2,1} & \boldsymbol{0}_{n-2,1} & \boldsymbol{A}_3 \end{pmatrix}
$$

となる．この方法を繰り返していくと，最終的に $\boldsymbol{P} = \boldsymbol{H}_1 \cdots \boldsymbol{H}_n$ とおくと，$\boldsymbol{P}^\top \boldsymbol{A}\boldsymbol{P}$ が (9.3) の三角行列になる．

一般には $\boldsymbol{P}$ を正則行列として $\boldsymbol{P}^{-1}\boldsymbol{A}\boldsymbol{P}$ が上三角行列になるが，$\boldsymbol{A}$ が実正方行列の場合は $\boldsymbol{P}$ として直交行列がとれることを示している． ■

例題 9.4　行列の三角化の計算

次の行列 $\boldsymbol{A}$ を正則行列 $\boldsymbol{P}$ を用いて，$\boldsymbol{P}^{-1}\boldsymbol{AP}$ が上三角行列もしくは下三角行列になるようにしたい．正則行列 $\boldsymbol{P}$ と三角行列 $\boldsymbol{P}^{-1}\boldsymbol{AP}$ を求めよ．

(1) $\boldsymbol{A} = \begin{pmatrix} 2 & 4 \\ -1 & 6 \end{pmatrix}$　　　(2) $\boldsymbol{A} = \begin{pmatrix} 1 & 0 & 1 \\ 1 & 1 & 0 \\ 0 & 0 & 1 \end{pmatrix}$

解説

(1) $|\lambda \boldsymbol{I}_2 - \boldsymbol{A}| = (\lambda - 4)^2$ となるので，固有値は $\lambda = 4$ である．方程式

$$\begin{pmatrix} 2 & 4 \\ -1 & 6 \end{pmatrix} \begin{pmatrix} x \\ y \end{pmatrix} = 4 \begin{pmatrix} x \\ y \end{pmatrix}$$

は $x = 2y$ と書けるので，$(2, 1)^\top$ が 1 つの固有値になる．これと線形独立になるベクトルを適当にとってくる．例えば，$(0, 1)^\top$ をとり，

$$\boldsymbol{P} = \begin{pmatrix} 2 & 0 \\ 1 & 1 \end{pmatrix}$$

とおくと，次のようになる．

$$\boldsymbol{P}^{-1} = \frac{1}{2} \begin{pmatrix} 1 & 0 \\ -1 & 2 \end{pmatrix}, \quad \boldsymbol{P}^{-1}\boldsymbol{AP} = \begin{pmatrix} 4 & 2 \\ 0 & 4 \end{pmatrix}$$

(2) $|\lambda \boldsymbol{I}_3 - \boldsymbol{A}| = (\lambda - 1)^3$ となるので，固有値は $\lambda = 1$ である．方程式

$$\begin{pmatrix} 1 & 0 & 1 \\ 1 & 1 & 0 \\ 0 & 0 & 1 \end{pmatrix} \begin{pmatrix} x \\ y \\ z \end{pmatrix} = \begin{pmatrix} x \\ y \\ z \end{pmatrix}$$

は $x = z = 0$ と書けて y は任意なので，$(0, 1, 0)^\top$ が 1 つの固有ベクトルになる．これと線形独立なベクトルとして $(1, 1, 1)^\top$，$(1, 0, 0)^\top$ をとって，

$\boldsymbol{P}_1 = \begin{pmatrix} 0 & 1 & 1 \\ 1 & 1 & 0 \\ 0 & 1 & 0 \end{pmatrix}$ とおくと，次のようになる．

$$\boldsymbol{P}_1^{-1} = \begin{pmatrix} 0 & 1 & -1 \\ 0 & 0 & 1 \\ 1 & 0 & -1 \end{pmatrix}, \quad \boldsymbol{P}_1^{-1}\boldsymbol{A}\boldsymbol{P}_1 = \begin{pmatrix} 1 & 1 & 1 \\ 0 & 1 & 0 \\ 0 & 1 & 1 \end{pmatrix}$$

この変形ではまだ上三角行列に達していないので，$\boldsymbol{P}_1^{-1}\boldsymbol{A}\boldsymbol{P}_1$ の右下部分の 2×2 行列を三角化することを考える．

$$\widetilde{\boldsymbol{A}}_2 = \begin{pmatrix} 1 & 0 \\ 1 & 1 \end{pmatrix}, \quad \widetilde{\boldsymbol{a}}_2^{\top} = (1, 1)$$

とおくと，次のように表される．

$$\boldsymbol{P}_1^{-1}\boldsymbol{A}\boldsymbol{P}_1 = \begin{pmatrix} 1 & \widetilde{\boldsymbol{a}}_2^{\top} \\ \boldsymbol{0} & \widetilde{\boldsymbol{A}}_2 \end{pmatrix}$$

$\widetilde{\boldsymbol{A}}_2$ の固有値は $\lambda = 1$ であり，その固有ベクトルの1つは $(0, 1)^{\top}$ になるので，それと線形独立なベクトル $(1, 0)^{\top}$ をとって，$\widetilde{\boldsymbol{P}}_2 = \begin{pmatrix} 0 & 1 \\ 1 & 0 \end{pmatrix}$ とおくと，次のようになる．

$$\widetilde{\boldsymbol{P}}_2^{-1} = \begin{pmatrix} 0 & 1 \\ 1 & 0 \end{pmatrix}, \quad \widetilde{\boldsymbol{P}}_2^{-1}\widetilde{\boldsymbol{A}}_2\widetilde{\boldsymbol{P}}_2 = \begin{pmatrix} 1 & 1 \\ 0 & 1 \end{pmatrix}$$

以上から，

$$\boldsymbol{P} = \boldsymbol{P}_1 \begin{pmatrix} 1 & \boldsymbol{0} \\ \boldsymbol{0} & \widetilde{\boldsymbol{P}}_2 \end{pmatrix}$$

とおくと，次のように三角化することができる．

$$
\begin{aligned}
\boldsymbol{P}^{-1}\boldsymbol{A}\boldsymbol{P} &= \begin{pmatrix} 1 & \boldsymbol{0} \\ \boldsymbol{0} & \widetilde{\boldsymbol{P}}_2^{-1} \end{pmatrix} \boldsymbol{P}_1^{-1}\boldsymbol{A}\boldsymbol{P}_1 \begin{pmatrix} 1 & \boldsymbol{0} \\ \boldsymbol{0} & \widetilde{\boldsymbol{P}}_2 \end{pmatrix} \\
&= \begin{pmatrix} 1 & \boldsymbol{0} \\ \boldsymbol{0} & \widetilde{\boldsymbol{P}}_2^{-1} \end{pmatrix} \begin{pmatrix} 1 & \widetilde{\boldsymbol{a}}_2^{\top} \\ \boldsymbol{0} & \widetilde{\boldsymbol{A}}_2 \end{pmatrix} \begin{pmatrix} 1 & \boldsymbol{0} \\ \boldsymbol{0} & \widetilde{\boldsymbol{P}}_2 \end{pmatrix} \\
&= \begin{pmatrix} 1 & \widetilde{\boldsymbol{a}}_2^{\top}\widetilde{\boldsymbol{P}}_2 \\ \boldsymbol{0} & \widetilde{\boldsymbol{P}}_2^{-1}\widetilde{\boldsymbol{A}}_2\widetilde{\boldsymbol{P}}_2 \end{pmatrix} = \begin{pmatrix} 1 & 1 & 1 \\ 0 & 1 & 1 \\ 0 & 0 & 1 \end{pmatrix}
\end{aligned}
$$

公式 9.3 は，n 次正方行列が n 個の固有値をもつときには三角化が可能であることを述べている．さらに，n 次正方行列が n 個の線形独立な固有ベクトルをもつときには対角化が可能である．

公式 9.5　行列の対角化

n 次正方行列 $\boldsymbol{A}$ が n 個の線形独立な固有ベクトルをもつとき，n 次正方行列 $\boldsymbol{P}$ があって，$\boldsymbol{P}^{-1}\boldsymbol{A}\boldsymbol{P}$ が対角行列になる．これを $\boldsymbol{A}$ の**対角化**という．

証明　固有値 a_i の固有ベクトルを $\boldsymbol{v}_i$ とすると，$\boldsymbol{A}\boldsymbol{v}_i = a_i\boldsymbol{v}_i$ であるから，

$$
\boldsymbol{A}(\boldsymbol{v}_1, \ldots, \boldsymbol{v}_n) = (\boldsymbol{v}_1, \ldots, \boldsymbol{v}_n)\mathrm{diag}\,(a_1, \ldots, a_n)
$$

と表される．$\boldsymbol{P} = (\boldsymbol{v}_1, \ldots, \boldsymbol{v}_n)$ とおくと，$\boldsymbol{v}_1, \ldots, \boldsymbol{v}_n$ は線形独立であるから $\boldsymbol{P}$ は正則である．したがって，$\boldsymbol{P}^{-1}\boldsymbol{A}\boldsymbol{P} = \mathrm{diag}\,(a_1, \ldots, a_n)$ となり，$\boldsymbol{A}$ を対角化できる． ∎

例題 9.4 で取り上げた行列は，いずれも n 次正方行列に対して n 個の固有値があるので三角化はできるが，固有ベクトルの個数が n より小さいので対角化までは保証できない．

例題 9.6　行列の対角化の計算

行列 $\boldsymbol{X}$ を正則行列 $\boldsymbol{P}$ を用いて，$\boldsymbol{P}^{-1}\boldsymbol{X}\boldsymbol{P}$ が対角行列になるようにしたい．$\boldsymbol{X}$ が次の $\boldsymbol{A}$, $\boldsymbol{B}$ のとき，正則行列 $\boldsymbol{P}$ と対角行列 $\boldsymbol{P}^{-1}\boldsymbol{X}\boldsymbol{P}$ を求めよ．

(1) $\boldsymbol{A} = \begin{pmatrix} 2 & -3 \\ 6 & -7 \end{pmatrix}$　　(2) $\boldsymbol{B} = \begin{pmatrix} 1 & 1 & 1 \\ 0 & 2 & 2 \\ 0 & 0 & 3 \end{pmatrix}$

解説　いずれも例題 9.1 で取り上げられた行列である．

(1) 固有値は $\lambda = -1,\ -4$ で，$\lambda = -1$ の固有ベクトルは $(1,1)^\top$，$\lambda = -4$ の固有ベクトルは $(1,2)^\top$ である．この 2 つ固有ベクトルは線形独立であるから，

$$\boldsymbol{P} = \begin{pmatrix} 1 & 1 \\ 1 & 2 \end{pmatrix}$$

とおくと，$\boldsymbol{P}$ は正則行列で $\boldsymbol{AP} = \boldsymbol{P}\mathrm{diag}\,(-1,-4)$ となる．よって，$\boldsymbol{A}$ は $\boldsymbol{P}^{-1}\boldsymbol{AP} = \mathrm{diag}\,(-1,-4)$ と対角化できる．

(2) 固有値は $\lambda = 1,\ 2,\ 3$ で，$\lambda = 1$ の固有ベクトルは $(1,0,0)^\top$，$\lambda = 2$ の固有ベクトルは $(1,1,0)^\top$，$\lambda = 3$ の固有ベクトルは $(3,4,2)^\top$ となる．これらの固有ベクトルは線形独立なので，

$$\boldsymbol{P} = \begin{pmatrix} 1 & 1 & 3 \\ 0 & 1 & 4 \\ 0 & 0 & 2 \end{pmatrix}$$

とおくと，$\boldsymbol{P}$ は正則行列で $\boldsymbol{BP} = \boldsymbol{P}\mathrm{diag}\,(1,2,3)$ となる．よって，$\boldsymbol{B}$ は $\boldsymbol{P}^{-1}\boldsymbol{BP} = \mathrm{diag}\,(1,2,3)$ と対角化できる．

公式 9.7　固有ベクトルの線形独立性

n 次正方行列 $\boldsymbol{A}$ の m 個の固有値 $a_1,\ldots,a_m$ が相異なるとする．このとき，$a_1,\ldots,a_m$ に対応する固有ベクトルをそれぞれ $\boldsymbol{v}_1,\ldots,\boldsymbol{v}_m$ とすると，$\boldsymbol{v}_1,\ldots,\boldsymbol{v}_m$ は線形独立である．ただし，$m \leq n$ とする．

証明　m に関する数学的帰納法を用いる．$m = 1$ のときは明らか．$m = k$ のとき正しいと仮定する．$m = k+1$ のとき，実数 $c_1,\ldots,c_{k+1}$ に対して，

$$c_1\boldsymbol{v}_1 + \cdots + c_k\boldsymbol{v}_k + c_{k+1}\boldsymbol{v}_{k+1} = \boldsymbol{0} \tag{9.5}$$

とすると，この両辺に $\boldsymbol{A}$ を左側から掛けると，

$$c_1a_1\boldsymbol{v}_1 + \cdots + c_ka_k\boldsymbol{v}_k + c_{k+1}a_{k+1}\boldsymbol{v}_{k+1} = \boldsymbol{0} \tag{9.6}$$

となる．(9.5) と (9.6) から $\boldsymbol{v}_{k+1}$ を消去すると，

$$c_1(a_1 - a_{k+1})\boldsymbol{v}_1 + \cdots + c_k(a_k - a_{k+1})\boldsymbol{v}_k = \boldsymbol{0}$$

と書ける．帰納法の仮定より，$\boldsymbol{v}_1, \ldots, \boldsymbol{v}_k$ は線形独立であるから，

$$c_1(a_1 - a_{k+1}) = \cdots = c_k(a_k - a_{k+1}) = 0$$

となる．再び帰納法の仮定より，固有値 $a_1, \ldots, a_{k+1}$ は相異なるので，$a_i \neq a_{k+1}$ $(i = 1, \ldots, k)$ であることに注意すると，$c_1 = \cdots = c_k = 0$ となる．これを (9.5) に代入すると $c_{k+1} = 0$ となるから，$\boldsymbol{v}_1, \ldots, \boldsymbol{v}_k, \boldsymbol{v}_{k+1}$ は線形独立になる． ∎

n 次正方行列 $\boldsymbol{A}$ の固有多項式が $|\lambda\boldsymbol{I}_n - \boldsymbol{A}| = (\lambda - a_1)\cdots(\lambda - a_n)$ のように書けるとすると，固有値 $a_1, \ldots, a_n$ の中には同じ値のものが複数存在するのが一般的である．そこで，異なる値の固有値が $\alpha_1, \ldots, \alpha_k$ であるとすると，

$$|\lambda\boldsymbol{I}_n - \boldsymbol{A}| = (\lambda - \alpha_1)^{m_1}\cdots(\lambda - \alpha_k)^{m_k} \tag{9.7}$$

のように書けることになる．m_i を固有値 α_i の**重複度**と呼ぶ．公式 9.5 と公式 9.7 から，次の公式を得る．

公式 9.8　対角化可能条件

n 次正方行列 $\boldsymbol{A}$ が k 個の相異なる固有値 $\alpha_1, \ldots, \alpha_k$ をもつとする．また，各 α_i に対して $\boldsymbol{A}\boldsymbol{x} = \alpha_i\boldsymbol{x}$ を満たす固有ベクトルは，重複度 m_i の個数だけ線形独立な固有ベクトル $\boldsymbol{v}_{i,1}, \ldots, \boldsymbol{v}_{i,m_i}$ が存在すると仮定する．$\boldsymbol{P}_i = (\boldsymbol{v}_{i,1}, \ldots, \boldsymbol{v}_{i,m_i})$ とし，$\boldsymbol{P} = (\boldsymbol{P}_1, \ldots, \boldsymbol{P}_k)$ とおくとき，$\boldsymbol{A}$ は対角化可能で次のようになる．

$$P^{-1}AP = \begin{pmatrix} \alpha_1 I_{m_1} & \cdots & 0 \\ \vdots & \ddots & \vdots \\ 0 & \cdots & \alpha_k I_{m_k} \end{pmatrix} = \operatorname{diag}(\alpha_1 I_{m_1}, \ldots, \alpha_k I_{m_k})$$

公式 9.8 より，n 次正方行列が n 個の相異なる固有値をもつとき，対角化ができることになる．

9.3 実対称行列の対角化

n 次正方行列 $\boldsymbol{A}$ の成分が実数で $\boldsymbol{A} = \boldsymbol{A}^\top$ を満たすとき，$\boldsymbol{A}$ を**対称行列**と呼ぶ．とくに，実数からなる対称行列なので**実対称行列**と呼ぶこともある．

公式 9.9 実対称行列の固有値と固有ベクトル

$\boldsymbol{A}$ を n 次実対称行列とするとき，次の事項が成り立つ．

(1) $\boldsymbol{A}$ の固有値は実数であり，固有ベクトルの成分は実数からなる．

(2) $\boldsymbol{A}$ の相異なる固有値 a_i と a_j の固有ベクトルをそれぞれ $\boldsymbol{x}_i$, $\boldsymbol{x}_j$ で表すと，これらは直交する．すなわち，$\boldsymbol{x}_i^\top \boldsymbol{x}_j = 0$ が成り立つ．

証明

(1) これを示すには，ひとまず固有値を複素数の範囲まで拡げて考える必要がある．実数 a, b と $\mathrm{i} = \sqrt{-1}$ に対して，複素数は $z = a + \mathrm{i}b$ で表され，その共役複素数を z の上にバーをつけて $\overline{z} = a - \mathrm{i}b$ で表す．行列 $\boldsymbol{A} = (a_{ij})$ やベクトル $\boldsymbol{x} = (x_i)$ の成分が複素数からなるときには，$\overline{\boldsymbol{A}} = (\overline{a}_{ij})$, $\overline{\boldsymbol{x}} = (\overline{x}_i)$ のように表す．このとき，2つのベクトル $\boldsymbol{x} = (x_1, \ldots, x_n)^\top$ と $\boldsymbol{y} = (y_1, \ldots, y_n)^\top$ の内積は，次のように定義される．

$$\overline{\boldsymbol{x}}^\top \boldsymbol{y} = \overline{x}_1 y_1 + \cdots + \overline{x}_n y_n$$

いま，$\boldsymbol{A}\boldsymbol{x} = \lambda \boldsymbol{x}$ であるとき，$\overline{\boldsymbol{A}}\,\overline{\boldsymbol{x}} = \overline{\lambda}\overline{\boldsymbol{x}}$ と書けることに注意する．複素数を成分とする行列 $\boldsymbol{A}$ が対称行列であることは，$\overline{\boldsymbol{A}}^\top = \boldsymbol{A}$ が成り立つことと定義される．このような行列は，とくに**エルミート行列**と呼ばれる．

複素数 λ をエルミート行列 $\boldsymbol{A}$ の固有値とするとき，

$$\begin{aligned}\lambda\overline{\boldsymbol{x}}^\top\boldsymbol{x} &= \overline{\boldsymbol{x}}^\top(\lambda\boldsymbol{x}) = \overline{\boldsymbol{x}}^\top(\boldsymbol{A}\boldsymbol{x}) = \overline{\boldsymbol{x}}^\top\overline{\boldsymbol{A}}^\top\boldsymbol{x}\\ &= \left(\overline{\boldsymbol{A}}\,\overline{\boldsymbol{x}}\right)^\top\boldsymbol{x} = (\overline{\lambda}\,\overline{\boldsymbol{x}})^\top\boldsymbol{x} = \overline{\lambda}\,\overline{\boldsymbol{x}}^\top\boldsymbol{x}\end{aligned}$$

となるので，$\lambda = \overline{\lambda}$ となる．これは λ が実数であることを示している．λ が実数で $\boldsymbol{A}$ が実対称行列であるから，$\boldsymbol{A}\boldsymbol{x} = \lambda\boldsymbol{x}$ より λ の固有ベクトル $\boldsymbol{x}$ も実数からなることがわかる．

(2) λ_1，λ_2 を $\boldsymbol{A}$ の相異なる固有値とし，対応する固有ベクトルを $\boldsymbol{x}$，$\boldsymbol{y}$ とする．

$$\begin{aligned}\lambda_2\boldsymbol{x}^\top\boldsymbol{y} &= \boldsymbol{x}^\top(\lambda_2\boldsymbol{y}) = \boldsymbol{x}^\top(\boldsymbol{A}\boldsymbol{y}) = \boldsymbol{x}^\top\boldsymbol{A}^\top\boldsymbol{y}\\ &= \left(\boldsymbol{A}\boldsymbol{x}\right)^\top\boldsymbol{y} = (\lambda_1\boldsymbol{x})^\top\boldsymbol{y} = \lambda_1\boldsymbol{x}^\top\boldsymbol{y}\end{aligned}$$

と書けるので，$(\lambda_1 - \lambda_2)\boldsymbol{x}^\top\boldsymbol{y} = 0$ となる．$\lambda_1 \neq \lambda_2$ なので $\boldsymbol{x}^\top\boldsymbol{y} = 0$ となり，$\boldsymbol{x}$ と $\boldsymbol{y}$ は直交する．■

例題 9.10　実対称行列の固有値と固有ベクトルの計算

次の行列 $\boldsymbol{A}$ と $\boldsymbol{B}$ の固有値と固有ベクトルを求め，固有ベクトルが互いに直交していることを確かめよ．

(1) $\boldsymbol{A} = \begin{pmatrix}1 & 0 & 3\\ 0 & 1 & 0\\ 3 & 0 & 1\end{pmatrix}$　　(2) $\boldsymbol{B} = \begin{pmatrix}1 & 0 & 0 & 3\\ 0 & -1 & 0 & 0\\ 0 & 0 & 1 & 0\\ 3 & 0 & 0 & 1\end{pmatrix}$

解説

(1) 固有多項式は $|\lambda\boldsymbol{I} - \boldsymbol{A}| = (\lambda-1)^3 - 9(\lambda-1) = (\lambda+2)(\lambda-1)(\lambda-4)$ となるので，固有値は $\lambda = -2, 1, 4$ である．方程式

$$\begin{pmatrix}1 & 0 & 3\\ 0 & 1 & 0\\ 3 & 0 & 1\end{pmatrix}\begin{pmatrix}x\\ y\\ z\end{pmatrix} = \lambda\begin{pmatrix}x\\ y\\ z\end{pmatrix}$$

は，$x + 3z = \lambda x,\ y = \lambda y,\ 3x + z = \lambda z$ と書ける．

- $\lambda = -2$ のときには $y = 0,\ x + z = 0$ より，$(1, 0, -1)^\top$ が固有ベクトルになる．
- $\lambda = 1$ のときには $x = z = 0$ で y は任意より，$(0, 1, 0)^\top$ が固有ベクトルになる．
- $\lambda = 4$ のときには $y = 0,\ x = z$ より，$(1, 0, 1)^\top$ が固有ベクトルになる．

これら 3 つの固有ベクトルが互いに直交することは，内積が 0 になることから容易に確かめられる．

(2) 固有多項式は $|\lambda \boldsymbol{I} - \boldsymbol{B}| = (\lambda - 1)^3(\lambda + 1) - 9(\lambda + 1)(\lambda - 1) = (\lambda + 2)(\lambda + 1)(\lambda - 1)(\lambda - 4)$ となるので，固有値は $\lambda = -2,\ -1,\ 1,\ 4$ である．

$$\begin{pmatrix} 1 & 0 & 0 & 3 \\ 0 & -1 & 0 & 0 \\ 0 & 0 & 1 & 0 \\ 3 & 0 & 0 & 1 \end{pmatrix} \begin{pmatrix} x \\ y \\ z \\ w \end{pmatrix} = \lambda \begin{pmatrix} x \\ y \\ z \\ w \end{pmatrix}$$

の方程式は $x + 3w = \lambda x,\ -y = \lambda y,\ z = \lambda z,\ 3x + w = \lambda w$ と書ける．

- $\lambda = -2$ のときは $y = z = 0,\ x + w = 0$ より，$(1, 0, 0, -1)^\top$ が固有ベクトルになる．
- $\lambda = -1$ のときは $z = 0,\ 2x + 3w = 0,\ 3x + 2w = 0$ で y は任意より，$(0, 1, 0, 0)^\top$ が固有ベクトルになる．
- $\lambda = 1$ のときは $x = y = w = 0$ で z は任意より，$(0, 0, 1, 0)^\top$ が固有ベクトルになる．
- $\lambda = 4$ のときは $y = z = 0,\ x = w$ より，$(1, 0, 0, 1)^\top$ が固有ベクトルになる．

これら 4 つの固有ベクトルが互いに直交することは，内積が 0 になることから容易に確かめられる．

本節の以上の内容から，実対称行列の固有値と固有ベクトルについてまとめると次のようになる．$\boldsymbol{A}$ を n 次実対称行列とする．

(a) $|\lambda \boldsymbol{I}_n - \boldsymbol{A}| = (\lambda - a_1)(\lambda - a_2)\cdots(\lambda - a_n)$ と書ける．$a_1, \ldots, a_n$ は $\boldsymbol{A}$ の固有値で実数になる．ただし，同じものが複数ある場合を含む．

(b) 固有ベクトルは実数になる．とくに，固有値が異なるときには，対応する固有ベクトルは直交する．

公式 9.3 の正則行列 $\boldsymbol{P}$ は実数からなり，(9.3) のように $\boldsymbol{P}^{-1}\boldsymbol{A}\boldsymbol{P}$ を上三角行列で表すことができる．実は，実対称行列の場合，次の公式で示すように，$\boldsymbol{P}$ は直交行列にとれて，$\boldsymbol{P}^{-1}\boldsymbol{A}\boldsymbol{P}$ が対角行列になるようにできる．

公式 9.11 実対称行列の対角化

$\boldsymbol{A}$ を n 次実対称行列とすると，n 次直交行列 $\boldsymbol{H}$ がとれて，次のように対角化することができる．

$$\boldsymbol{H}^\top \boldsymbol{A}\boldsymbol{H} = \mathrm{diag}\,(a_1, \ldots, a_n) \tag{9.8}$$

この対角行列を $\boldsymbol{\Lambda} = \mathrm{diag}\,(a_1, \ldots, a_n)$ と書き，(9.8) を $\boldsymbol{A} = \boldsymbol{H}\boldsymbol{\Lambda}\boldsymbol{H}^\top$ と変形して用いることがある．

証明 $a_1, \ldots, a_n$ を $\boldsymbol{A}$ の固有値として，公式 9.3 の証明方法と同様に示すことができる．a_1 の固有ベクトルを $\boldsymbol{v}_1$ とすると，$\boldsymbol{A}\boldsymbol{v}_1 = a_1\boldsymbol{v}_1$ が成り立つ．ただし，必要なら $\boldsymbol{v}_1$ を $\boldsymbol{v}_1$ の長さで割ることによって $\|\boldsymbol{v}_1\| = 1$ としておく．公式 9.14 で示されるように，$\boldsymbol{v}_1$ に直交する長さが 1 のベクトルで，しかも互いに直交するベクトルを $n-1$ 個とれるので，それを $\boldsymbol{v}_2, \ldots, \boldsymbol{v}_n$ とおく．$\boldsymbol{H}_1 = (\boldsymbol{v}_1, \ldots, \boldsymbol{v}_n)$ とおくと，$\boldsymbol{H}_1$ は直交行列になり，$\boldsymbol{H}_1^\top\boldsymbol{H}_1 = \boldsymbol{I}_n$ を満たす．$\boldsymbol{H}_1^\top\boldsymbol{A}\boldsymbol{H}_1$ を計算すると，

$$\boldsymbol{H}_1^\top\boldsymbol{A}\boldsymbol{H}_1 = \begin{pmatrix} \boldsymbol{v}_1^\top \\ \boldsymbol{v}_2^\top \\ \vdots \\ \boldsymbol{v}_n^\top \end{pmatrix} \boldsymbol{A}(\boldsymbol{v}_1, \ldots, \boldsymbol{v}_n) = \begin{pmatrix} \boldsymbol{v}_1^\top\boldsymbol{A}\boldsymbol{v}_1 & \cdots & \boldsymbol{v}_1^\top\boldsymbol{A}\boldsymbol{v}_n \\ \boldsymbol{v}_2^\top\boldsymbol{A}\boldsymbol{v}_1 & \cdots & \boldsymbol{v}_2^\top\boldsymbol{A}\boldsymbol{v}_n \\ \vdots & \ddots & \vdots \\ \boldsymbol{v}_n^\top\boldsymbol{A}\boldsymbol{v}_1 & \cdots & \boldsymbol{v}_n^\top\boldsymbol{A}\boldsymbol{v}_n \end{pmatrix}$$

となる．ここで，$\boldsymbol{v}_1^\top\boldsymbol{A}\boldsymbol{v}_1 = a_1\boldsymbol{v}_1^\top\boldsymbol{v}_1 = a_1$ である．また，$j \geq 2$ に対して $\boldsymbol{v}_j^\top\boldsymbol{A}\boldsymbol{v}_1 = a_1\boldsymbol{v}_j^\top\boldsymbol{v}_1 = 0$ であり，$\boldsymbol{A}$ が対称行列であるから，

$$\boldsymbol{v}_1^\top\boldsymbol{A}\boldsymbol{v}_j = (\boldsymbol{A}^\top\boldsymbol{v}_1)^\top\boldsymbol{v}_j = (\boldsymbol{A}\boldsymbol{v}_1)^\top\boldsymbol{v}_j = a_1\boldsymbol{v}_1^\top\boldsymbol{v}_j = 0$$

である．したがって，行列 $\boldsymbol{H}_1^\top\boldsymbol{A}\boldsymbol{H}_1$ の右下の $n-1$ 次正方行列を $\boldsymbol{A}_2$ とする

と，$\boldsymbol{A}$ が対称行列だから $\boldsymbol{A}_2$ も対称行列になり，

$$\boldsymbol{H}_1^\top \boldsymbol{A}\boldsymbol{H}_1 = \begin{pmatrix} a_1 & \boldsymbol{0}_{1,n-1} \\ \boldsymbol{0}_{n-1,1} & \boldsymbol{A}_2 \end{pmatrix}$$

のように書ける．$|\boldsymbol{H}_1| = \pm 1$ より，この式から，

$$\begin{aligned} |\lambda \boldsymbol{I}_n - \boldsymbol{A}| &= |\boldsymbol{H}_1^\top||\lambda \boldsymbol{I}_n - \boldsymbol{A}||\boldsymbol{H}_1| = |\lambda \boldsymbol{H}_1^\top \boldsymbol{H}_1 - \boldsymbol{H}_1^\top \boldsymbol{A}\boldsymbol{H}_1| \\ &= \left| \lambda \boldsymbol{I}_n - \begin{pmatrix} a_1 & \boldsymbol{0}_{1,n-1} \\ \boldsymbol{0}_{n-1,1} & \boldsymbol{A}_2 \end{pmatrix} \right| = \begin{vmatrix} \lambda - a_1 & \boldsymbol{0}_{1,n-1} \\ \boldsymbol{0}_{n-1,1} & \lambda \boldsymbol{I}_{n-1} - \boldsymbol{A}_2 \end{vmatrix} \\ &= (\lambda - a_1)|\lambda \boldsymbol{I}_{n-1} - \boldsymbol{A}_2| \end{aligned}$$

である．

一方，$|\lambda \boldsymbol{I}_n - \boldsymbol{A}| = (\lambda - a_1)(\lambda - a_2)\cdots(\lambda - a_n)$ であるから，$|\lambda \boldsymbol{I}_{n-1} - \boldsymbol{A}_2|$ $= (\lambda - a_2)\cdots(\lambda - a_n)$ となる．$|a_2 \boldsymbol{I}_{n-1} - \boldsymbol{A}_2| = 0$ であるから，上の計算と同様にして，$n-1$ 次直交行列 $\widetilde{\boldsymbol{H}}_2$ がとれて，

$$\widetilde{\boldsymbol{H}}_2^\top \boldsymbol{A}_2 \widetilde{\boldsymbol{H}}_2 = \begin{pmatrix} a_2 & \boldsymbol{0}_{1,n-2} \\ \boldsymbol{0}_{n-2,1} & \boldsymbol{A}_3 \end{pmatrix}$$

と書ける．そこで，

$$\boldsymbol{H}_2 = \begin{pmatrix} 1 & \boldsymbol{0}_{1,n-1} \\ \boldsymbol{0}_{n-1,1} & \widetilde{\boldsymbol{H}}_2 \end{pmatrix}$$

とおくと，

$$\boldsymbol{H}_2^\top \boldsymbol{H}_1^\top \boldsymbol{A}\boldsymbol{H}_1 \boldsymbol{H}_2 = \begin{pmatrix} a_1 & 0 & \boldsymbol{0}_{1,n-2} \\ 0 & a_2 & \boldsymbol{0}_{1,n-2} \\ \boldsymbol{0}_{n-2,1} & \boldsymbol{0}_{n-2,1} & \boldsymbol{A}_3 \end{pmatrix}$$

となる．

$\boldsymbol{A}_3$ は対称行列なので，この方法を繰り返していくことができ，最終的に $\boldsymbol{H}_{n-1}^\top \cdots \boldsymbol{H}_1^\top \boldsymbol{A}\boldsymbol{H}_1 \cdots \boldsymbol{H}_{n-1}$ が (9.8) の対角行列になる．$\boldsymbol{H} = \boldsymbol{H}_1 \cdots \boldsymbol{H}_{n-1}$ とおくと $\boldsymbol{H}_1, \ldots, \boldsymbol{H}_{n-1}$ は直交行列であるから，

$$\boldsymbol{H}^\top \boldsymbol{H} = \boldsymbol{H}_{n-1}^\top \cdots \boldsymbol{H}_1^\top \boldsymbol{H}_1 \cdots \boldsymbol{H}_{n-1} = \boldsymbol{I}_n$$

となり，$\boldsymbol{H}$ が直交行列であることがわかる． ∎

例題 9.12　実対称行列の対角化とその応用

例題 9.10 で与えられた行列

$$(1)\ \boldsymbol{A} = \begin{pmatrix} 1 & 0 & 3 \\ 0 & 1 & 0 \\ 3 & 0 & 1 \end{pmatrix} \qquad (2)\ \boldsymbol{B} = \begin{pmatrix} 1 & 0 & 0 & 3 \\ 0 & -1 & 0 & 0 \\ 0 & 0 & 1 & 0 \\ 3 & 0 & 0 & 1 \end{pmatrix}$$

について，公式 9.11 により対角化する直交行列を与えよ．また，自然数 n に対して $\boldsymbol{A}^n$, $\boldsymbol{B}^n$ を求め，

$$(\boldsymbol{A} + 2\boldsymbol{I}_3)(\boldsymbol{A} - \boldsymbol{I}_3)(\boldsymbol{A} - 4\boldsymbol{I}_3) = \boldsymbol{0}$$

$$(\boldsymbol{B} + 2\boldsymbol{I}_4)(\boldsymbol{B} + \boldsymbol{I}_4)(\boldsymbol{B} - \boldsymbol{I}_4)(\boldsymbol{B} - 4\boldsymbol{I}_4) = \boldsymbol{0}$$

が成り立つことを示せ．

解説　例題 9.10 の解説で直交する固有ベクトルが与えられているので，長さが 1 になるようにして直交行列を作ることができる．

(1) 直交行列は，

$$\boldsymbol{H} = \begin{pmatrix} 1/\sqrt{2} & 0 & 1/\sqrt{2} \\ 0 & 1 & 0 \\ -1/\sqrt{2} & 0 & 1/\sqrt{2} \end{pmatrix}, \quad \boldsymbol{H}^\top = \begin{pmatrix} 1/\sqrt{2} & 0 & -1/\sqrt{2} \\ 0 & 1 & 0 \\ 1/\sqrt{2} & 0 & 1/\sqrt{2} \end{pmatrix}$$

となり，$\boldsymbol{H}^\top \boldsymbol{A} \boldsymbol{H} = \mathrm{diag}\,(-2, 1, 4)$ のように直交行列で対角化できる．

$\boldsymbol{\Lambda} = \mathrm{diag}\,(-2, 1, 4)$ とおくと，$\boldsymbol{A} = \boldsymbol{H}\boldsymbol{\Lambda}\boldsymbol{H}^\top$ であるから，

$$\begin{aligned}\boldsymbol{A}^n &= (\boldsymbol{H}\boldsymbol{\Lambda}\boldsymbol{H}^\top)^n = \boldsymbol{H}\boldsymbol{\Lambda}^n\boldsymbol{H}^\top = \boldsymbol{H}\mathrm{diag}\,((-2)^n,\,1,\,4^n)\boldsymbol{H}^\top \\ &= \frac{1}{2}\begin{pmatrix} (-2)^n+4^n & 0 & -(-2)^n+4^n \\ 0 & 2 & 0 \\ -(-2)^n+4^n & 0 & (-2)^n+4^n \end{pmatrix}\end{aligned}$$

となる．

また，$\boldsymbol{H}^\top\boldsymbol{H} = \boldsymbol{H}\boldsymbol{H}^\top = \boldsymbol{I}_3$ に注意すると，

$$\begin{aligned}&(\boldsymbol{A}+2\boldsymbol{I}_3)(\boldsymbol{A}-\boldsymbol{I}_3)(\boldsymbol{A}-4\boldsymbol{I}_3) \\ &= (\boldsymbol{H}\boldsymbol{\Lambda}\boldsymbol{H}^\top+2\boldsymbol{I}_3)(\boldsymbol{H}\boldsymbol{\Lambda}\boldsymbol{H}^\top-\boldsymbol{I}_3)(\boldsymbol{H}\boldsymbol{\Lambda}\boldsymbol{H}^\top-4\boldsymbol{I}_3) \\ &= \boldsymbol{H}(\boldsymbol{\Lambda}+2\boldsymbol{I}_3)(\boldsymbol{\Lambda}-\boldsymbol{I}_3)(\boldsymbol{\Lambda}-4\boldsymbol{I}_3)\boldsymbol{H}^\top\end{aligned}$$

と書ける．ここで，$\boldsymbol{\Lambda} = \mathrm{diag}\,(\lambda_1, \lambda_2, \lambda_3)$ とおくと，$(\boldsymbol{\Lambda}+2\boldsymbol{I}_3)(\boldsymbol{\Lambda}-\boldsymbol{I}_3)(\boldsymbol{\Lambda}-4\boldsymbol{I}_3)$ は3つの対角行列の積として，

$$\begin{aligned}&\begin{pmatrix} \lambda_1+2 & 0 & 0 \\ 0 & \lambda_2+2 & 0 \\ 0 & 0 & \lambda_3+2 \end{pmatrix}\begin{pmatrix} \lambda_1-1 & 0 & 0 \\ 0 & \lambda_2-1 & 0 \\ 0 & 0 & \lambda_3-1 \end{pmatrix} \\ &\qquad\qquad\times\begin{pmatrix} \lambda_1-4 & 0 & 0 \\ 0 & \lambda_2-4 & 0 \\ 0 & 0 & \lambda_3-4 \end{pmatrix}\end{aligned}$$

のように表される．固有多項式を $f(\lambda) = (\lambda+2)(\lambda-1)(\lambda-4)$ とおくと，

$$(\boldsymbol{\Lambda}+2\boldsymbol{I}_3)(\boldsymbol{\Lambda}-\boldsymbol{I}_3)(\boldsymbol{\Lambda}-4\boldsymbol{I}_3) = \begin{pmatrix} f(\lambda_1) & 0 & 0 \\ 0 & f(\lambda_2) & 0 \\ 0 & 0 & f(\lambda_3) \end{pmatrix}$$

と書ける．$\lambda_1 = -2$, $\lambda_2 = 1$, $\lambda_3 = 4$ であるから，$f(\lambda_1) = f(\lambda_2) = f(\lambda_3) = 0$ となり，$(\boldsymbol{A}+2\boldsymbol{I}_3)(\boldsymbol{A}-\boldsymbol{I}_3)(\boldsymbol{A}-4\boldsymbol{I}_3) = \boldsymbol{0}$ となる．

これは**ケーリー・ハミルトンの定理**と呼ばれ，一般の正方行列で成り立つ（発展問題の問12を参照）．

(2) 直交行列は，

$$\boldsymbol{H} = \begin{pmatrix} 1/\sqrt{2} & 0 & 0 & 1/\sqrt{2} \\ 0 & 1 & 0 & 0 \\ 0 & 0 & 1 & 0 \\ -1/\sqrt{2} & 0 & 0 & 1/\sqrt{2} \end{pmatrix}, \quad \boldsymbol{H}^\top = \begin{pmatrix} 1/\sqrt{2} & 0 & 0 & -1/\sqrt{2} \\ 0 & 1 & 0 & 0 \\ 0 & 0 & 1 & 0 \\ 1/\sqrt{2} & 0 & 0 & 1/\sqrt{2} \end{pmatrix}$$

となり，$\boldsymbol{H}^\top\boldsymbol{B}\boldsymbol{H} = \mathrm{diag}\,(-2,-1,1,4)$ のように直交行列で対角化できる．$\boldsymbol{\Lambda} = \mathrm{diag}\,(-2,-1,1,4)$ とおくと，$\boldsymbol{B} = \boldsymbol{H}\boldsymbol{\Lambda}\boldsymbol{H}^\top$ であるから，

$$\begin{aligned} \boldsymbol{B}^n &= (\boldsymbol{H}\boldsymbol{\Lambda}\boldsymbol{H}^\top)^n = \boldsymbol{H}\boldsymbol{\Lambda}^n\boldsymbol{H}^\top = \boldsymbol{H}\mathrm{diag}\,((-2)^n,\, (-1)^n,\, 1,\, 4^n)\boldsymbol{H}^\top \\ &= \frac{1}{2}\begin{pmatrix} (-2)^n + 4^n & 0 & 0 & -(-2)^n + 4^n \\ 0 & 2(-1)^n & 0 & 0 \\ 0 & 0 & 2 & 0 \\ -(-2)^n + 4^n & 0 & 0 & (-2)^n + 4^n \end{pmatrix} \end{aligned}$$

となる．

また，

$$\begin{aligned} &(\boldsymbol{B}+2\boldsymbol{I}_4)(\boldsymbol{B}+\boldsymbol{I}_4)(\boldsymbol{B}-\boldsymbol{I}_4)(\boldsymbol{B}-4\boldsymbol{I}_4) \\ &= (\boldsymbol{H}\boldsymbol{\Lambda}\boldsymbol{H}^\top + 2\boldsymbol{I}_4)(\boldsymbol{H}\boldsymbol{\Lambda}\boldsymbol{H}^\top + \boldsymbol{I}_4)(\boldsymbol{H}\boldsymbol{\Lambda}\boldsymbol{H}^\top - \boldsymbol{I}_4)(\boldsymbol{H}\boldsymbol{\Lambda}\boldsymbol{H}^\top - 4\boldsymbol{I}_4) \\ &= \boldsymbol{H}(\boldsymbol{\Lambda}+2\boldsymbol{I}_4)(\boldsymbol{\Lambda}+\boldsymbol{I}_4)(\boldsymbol{\Lambda}-\boldsymbol{I}_4)(\boldsymbol{\Lambda}-4\boldsymbol{I}_4)\boldsymbol{H}^\top \end{aligned}$$

と書ける．(1) の場合と同様に，$\boldsymbol{\Lambda} = \mathrm{diag}\,(-2,-1,1,4)$ の成分 -2, -1, 1, 4 は固有方程式の解になるので，$(\boldsymbol{\Lambda}+2\boldsymbol{I}_4)(\boldsymbol{\Lambda}+\boldsymbol{I}_4)(\boldsymbol{\Lambda}-\boldsymbol{I}_4)(\boldsymbol{\Lambda}-4\boldsymbol{I}_4) = \boldsymbol{0}$ となり，$(\boldsymbol{B}+2\boldsymbol{I}_4)(\boldsymbol{B}+\boldsymbol{I}_4)(\boldsymbol{B}-\boldsymbol{I}_4)(\boldsymbol{B}-4\boldsymbol{I}_4) = \boldsymbol{0}$ が示される．

公式 9.8 で一般の正方行列が対角化できるための条件が与えられた．ここでは，その公式と公式 9.11 との関係について述べ，対称行列の対角化についてまとめる．

$\boldsymbol{A}$ を n 次対称行列とすると，(9.7) より固有多項式は次のように書ける．

$$|\lambda\boldsymbol{I}_n - \boldsymbol{A}| = (\lambda - a_1)\cdots(\lambda - a_n) = (\lambda - \alpha_1)^{m_1}\cdots(\lambda - \alpha_k)^{m_k}$$

ただし，$\boldsymbol{A}$ の固有値 $a_1, \ldots, a_n$ の中で異なる値の固有値が $\alpha_1, \ldots, \alpha_k$ であり，m_i が固有値 α_i の**重複度**である．このとき，公式 9.8 では，$\boldsymbol{A}$ が対角化可能で

あるための条件として，各 α_i に対して $\boldsymbol{A}\boldsymbol{x} = \alpha_i \boldsymbol{x}$ を満たす線形独立な固有ベクトルが m_i 個とれることを述べている．公式 9.11 の実対称行列の対角化から，$\boldsymbol{A}$ が実対称行列であれば，その m_i 個の線形独立な固有ベクトルは m_i 個の直交ベクトルで長さが 1 のものとしてとれることを意味する．長さが 1 で互いに直交するベクトルの組は**正規直交系**と呼ばれる．以上をまとめると，次のようになる．

公式 9.13 実対称行列の対角化のまとめ

n 次正方行列 $\boldsymbol{A}$ について，次の 3 項目は同値である．

(1) $\boldsymbol{A}$ は実対称行列である．

(2) n 次直交行列 $\boldsymbol{H}$ がとれて，$\boldsymbol{H}^\top \boldsymbol{A}\boldsymbol{H}$ を成分が実数の対角行列にすることができる．

(3) 固有多項式が，

$$|\lambda \boldsymbol{I}_n - \boldsymbol{A}| = (\lambda - a_1)\cdots(\lambda - a_n) = (\lambda - \alpha_1)^{m_1}\cdots(\lambda - \alpha_k)^{m_k}$$

のように書けていて，固有値 α_i の m_i 個の固有ベクトルの正規直交系の組を用いて $\boldsymbol{H}_i = (\boldsymbol{v}_{i,1}, \ldots, \boldsymbol{v}_{i,m_i})$ とおく．このとき，$\boldsymbol{A}$ は次のように書ける．

$$\boldsymbol{A} = \alpha_1 \boldsymbol{H}_1 \boldsymbol{H}_1^\top + \cdots + \alpha_k \boldsymbol{H}_k \boldsymbol{H}_k^\top$$

この展開式を**スペクトル分解**と呼ぶ．

証明 (1) $\Longrightarrow$ (2) は公式 9.11 で示され，(2) $\Longrightarrow$ (1) は明らかである．

(2) $\Longleftrightarrow$ (3) については，

$$\boldsymbol{H} = (\boldsymbol{H}_1, \ldots, \boldsymbol{H}_k), \quad \boldsymbol{\Lambda} = \begin{pmatrix} \alpha_1 \boldsymbol{I}_{m_1} & \boldsymbol{0} & \boldsymbol{0} \\ \boldsymbol{0} & \ddots & \boldsymbol{0} \\ \boldsymbol{0} & \boldsymbol{0} & \alpha_k \boldsymbol{I}_{m_k} \end{pmatrix}$$

とおくと，$\boldsymbol{H}^\top \boldsymbol{A}\boldsymbol{H} = \boldsymbol{\Lambda}$ は，

$$\boldsymbol{A} = \boldsymbol{H}\boldsymbol{\Lambda}\boldsymbol{H}^\top = (\boldsymbol{H}_1, \ldots, \boldsymbol{H}_k)\begin{pmatrix} \alpha_1 \boldsymbol{I}_{m_1} & \boldsymbol{0} & \boldsymbol{0} \\ \boldsymbol{0} & \ddots & \boldsymbol{0} \\ \boldsymbol{0} & \boldsymbol{0} & \alpha_k \boldsymbol{I}_{m_k} \end{pmatrix}\begin{pmatrix} \boldsymbol{H}_1^\top \\ \vdots \\ \boldsymbol{H}_k^\top \end{pmatrix}$$
$$= \alpha_1 \boldsymbol{H}_1 \boldsymbol{H}_1^\top + \cdots + \alpha_k \boldsymbol{H}_k \boldsymbol{H}_k^\top$$

と表されることになるので，(2) と (3) は同値である． ■

線形独立なベクトルの組から正規直交系を作る方法として，次の**グラム・シュミットの直交化法**が知られている．

公式 9.14　グラム・シュミットの直交化法

$\boldsymbol{x}_1, \ldots, \boldsymbol{x}_n$ を線形独立なベクトルとするとき，

$$\boldsymbol{v}_1 = \boldsymbol{x}_1, \quad \boldsymbol{v}_2 = \boldsymbol{x}_2 - \frac{\boldsymbol{x}_2^\top \boldsymbol{v}_1}{\|\boldsymbol{v}_1\|^2}\boldsymbol{v}_1,$$
$$\boldsymbol{v}_3 = \boldsymbol{x}_3 - \frac{\boldsymbol{x}_3^\top \boldsymbol{v}_1}{\|\boldsymbol{v}_1\|^2}\boldsymbol{v}_1 - \frac{\boldsymbol{x}_3^\top \boldsymbol{v}_2}{\|\boldsymbol{v}_2\|^2}\boldsymbol{v}_2, \quad \ldots$$

のようにして $\boldsymbol{v}_1, \boldsymbol{v}_2, \ldots, \boldsymbol{v}_n$ を定める．このとき，$\boldsymbol{v}_1, \ldots, \boldsymbol{v}_n$ は互いに直交する．$\boldsymbol{H} = \left(\frac{\boldsymbol{v}_1}{\|\boldsymbol{v}_1\|}, \ldots, \frac{\boldsymbol{v}_n}{\|\boldsymbol{v}_n\|}\right)$ とおくと，$\boldsymbol{H}$ は直交行列になる．

証明　$n = 3$ として $\boldsymbol{v}_1$, $\boldsymbol{v}_2$, $\boldsymbol{v}_3$ が互いに直交することを確かめよう．まず，

$$\boldsymbol{v}_1^\top \boldsymbol{v}_2 = \boldsymbol{v}_1^\top \boldsymbol{x}_2 - \frac{\boldsymbol{x}_2^\top \boldsymbol{v}_1}{\|\boldsymbol{v}_1\|^2}\boldsymbol{v}_1^\top \boldsymbol{v}_1 = \boldsymbol{v}_1^\top \boldsymbol{x}_2 - \boldsymbol{x}_2^\top \boldsymbol{v}_1 = 0$$

となり，$\boldsymbol{v}_1$ と $\boldsymbol{v}_2$ は直交する．次に，

$$\boldsymbol{v}_1^\top \boldsymbol{v}_3 = \boldsymbol{v}_1^\top \boldsymbol{x}_3 - \frac{\boldsymbol{x}_3^\top \boldsymbol{v}_1}{\|\boldsymbol{v}_1\|^2}\boldsymbol{v}_1^\top \boldsymbol{v}_1 - \frac{\boldsymbol{x}_3^\top \boldsymbol{v}_2}{\|\boldsymbol{v}_2\|^2}\boldsymbol{v}_1^\top \boldsymbol{v}_2 = \boldsymbol{v}_1^\top \boldsymbol{x}_3 - \boldsymbol{x}_3^\top \boldsymbol{v}_1 = 0$$

となり，$\boldsymbol{v}_1$ と $\boldsymbol{v}_3$ は直交する．また，

$$\boldsymbol{v}_2^\top \boldsymbol{v}_3 = \boldsymbol{v}_2^\top \boldsymbol{x}_3 - \frac{\boldsymbol{x}_3^\top \boldsymbol{v}_1}{\|\boldsymbol{v}_1\|^2}\boldsymbol{v}_2^\top \boldsymbol{v}_1 - \frac{\boldsymbol{x}_3^\top \boldsymbol{v}_2}{\|\boldsymbol{v}_2\|^2}\boldsymbol{v}_2^\top \boldsymbol{v}_2$$
$$= \boldsymbol{v}_2^\top \boldsymbol{x}_3 - \frac{\boldsymbol{x}_3^\top \boldsymbol{v}_2}{\|\boldsymbol{v}_2\|^2}\boldsymbol{v}_2^\top \boldsymbol{v}_2 = \boldsymbol{v}_2^\top \boldsymbol{x}_3 - \boldsymbol{x}_3^\top \boldsymbol{v}_2 = 0$$

となり，$\boldsymbol{v}_2$ と $\boldsymbol{v}_3$ は直交する．

同様にして，$\boldsymbol{v}_1, \ldots, \boldsymbol{v}_n$ に対して $\boldsymbol{v}_i^\top \boldsymbol{v}_j = 0\ (i \neq j)$ となることが確かめられる．$\boldsymbol{h}_1 = \boldsymbol{v}_1/\|\boldsymbol{v}_1\|, \ldots, \boldsymbol{h}_n = \boldsymbol{v}_n/\|\boldsymbol{v}_n\|$ に対して $\boldsymbol{H} = (\boldsymbol{h}_1, \ldots, \boldsymbol{h}_n)$ とおくと，$\boldsymbol{h}_i^\top \boldsymbol{h}_i = 1, \boldsymbol{h}_i^\top \boldsymbol{h}_j = 0\ (i \neq j)$ より，$\boldsymbol{H}^\top \boldsymbol{H} = \boldsymbol{I}_n$ となる．この式から $\boldsymbol{H}^\top = \boldsymbol{H}^{-1}$ であり，これを $\boldsymbol{H}\boldsymbol{H}^\top$ に代入すると $\boldsymbol{H}\boldsymbol{H}^\top = \boldsymbol{H}\boldsymbol{H}^{-1} = \boldsymbol{I}_n$ となるので，$\boldsymbol{H}^\top \boldsymbol{H} = \boldsymbol{H}\boldsymbol{H}^\top = \boldsymbol{I}_n$ となる．よって，$\boldsymbol{H}$ は直交行列になる．■

例題 9.15　直交行列の構成

次のベクトルと直交するベクトルに基づいて直交行列を作れ．

(1) $\boldsymbol{x}_1 = (2, 1)^\top$　　(2) $\boldsymbol{x}_1 = (1, 1, -1)^\top$

解説

(1) $\boldsymbol{x}_1$ と線形独立な適当なベクトルをとる．例えば，$\boldsymbol{x}_2 = (0, 1)^\top$ ととると，公式 9.14 のグラム・シュミットの直交化法により，

$$\boldsymbol{v}_1 = \boldsymbol{x}_1 = \begin{pmatrix} 2 \\ 1 \end{pmatrix}$$

$$\boldsymbol{v}_2 = \boldsymbol{x}_2 - \frac{\boldsymbol{x}_2^\top \boldsymbol{v}_1}{\|\boldsymbol{v}_1\|^2}\boldsymbol{v}_1 = \begin{pmatrix} 0 \\ 1 \end{pmatrix} - \frac{1}{5}\begin{pmatrix} 2 \\ 1 \end{pmatrix} = \frac{2}{5}\begin{pmatrix} -1 \\ 2 \end{pmatrix}$$

と書けるので，直交行列は次で与えられる．

$$\boldsymbol{H} = \frac{1}{\sqrt{5}}\begin{pmatrix} 2 & -1 \\ 1 & 2 \end{pmatrix}$$

(2) $\boldsymbol{x}_1$ と線形独立な適当なベクトルを 2 つとる．例えば，$\boldsymbol{x}_2 = (0, 1, 0)^\top$, $\boldsymbol{x}_3 = (0, 0, 1)^\top$ ととると，公式 9.14 のグラム・シュミットの直交化法により，

$$\boldsymbol{v}_1 = \boldsymbol{x}_1 = \begin{pmatrix} 1 \\ 1 \\ -1 \end{pmatrix}$$

$$\boldsymbol{v}_2 = \boldsymbol{x}_2 - \frac{\boldsymbol{x}_2^\top \boldsymbol{v}_1}{\|\boldsymbol{v}_1\|^2}\boldsymbol{v}_1 = \begin{pmatrix} 0 \\ 1 \\ 0 \end{pmatrix} - \frac{1}{3}\begin{pmatrix} 1 \\ 1 \\ -1 \end{pmatrix} = \frac{1}{3}\begin{pmatrix} -1 \\ 2 \\ 1 \end{pmatrix}$$

$$\boldsymbol{v}_3 = \boldsymbol{x}_3 - \frac{\boldsymbol{x}_3^\top \boldsymbol{v}_1}{\|\boldsymbol{v}_1\|^2}\boldsymbol{v}_1 - \frac{\boldsymbol{x}_3^\top \boldsymbol{v}_2}{\|\boldsymbol{v}_2\|^2}\boldsymbol{v}_2$$

$$= \begin{pmatrix} 0 \\ 0 \\ 1 \end{pmatrix} + \frac{1}{3}\begin{pmatrix} 1 \\ 1 \\ -1 \end{pmatrix} - \frac{1}{6}\begin{pmatrix} -1 \\ 2 \\ 1 \end{pmatrix} = \frac{1}{2}\begin{pmatrix} 1 \\ 0 \\ 1 \end{pmatrix}$$

と書けるので，直交行列は次で与えられる．

$$\boldsymbol{H} = \frac{1}{\sqrt{6}}\begin{pmatrix} \sqrt{2} & -1 & \sqrt{3} \\ \sqrt{2} & 2 & 0 \\ -\sqrt{2} & 1 & \sqrt{3} \end{pmatrix}$$

例題 9.16　実対称行列の対角化と直交行列

実対称行列 $\boldsymbol{A} = \begin{pmatrix} 1 & 2 & 0 \\ 2 & 1 & 0 \\ 0 & 0 & 3 \end{pmatrix}$ を対角化する直交行列を与え，対角化できることを確かめよ．

解説　$|\lambda \boldsymbol{I}_3 - \boldsymbol{A}| = (\lambda+1)(\lambda-3)^2$ となるので，固有値は $-1, 3$ である．固有ベクトル $(x, y, z)^\top$ は，

$$\begin{pmatrix} 1 & 2 & 0 \\ 2 & 1 & 0 \\ 0 & 0 & 3 \end{pmatrix}\begin{pmatrix} x \\ y \\ z \end{pmatrix} = \lambda\begin{pmatrix} x \\ y \\ z \end{pmatrix}$$

より，$x + 2y = \lambda x$, $2x + y = \lambda y$, $3z = \lambda z$ を満たす．

○ $\lambda = -1$ のときは $x + y = 0$, $z = 0$ 満たせばよいので，$(1, -1, 0)^\top$ が固有ベクトルとなる．

○ $\lambda = 3$ のときは z は任意で $x = y$ を満たせばよいので，適当な 2 つの線形独立なベクトル $\boldsymbol{x}_1 = (1, 1, 0)^\top$, $\boldsymbol{x}_2 = (1, 1, 1)^\top$ を考える．公式 9.14 のグラム・シュミットの直交化法により，

$$\boldsymbol{v}_1 = \boldsymbol{x}_1 = \begin{pmatrix} 1 \\ 1 \\ 0 \end{pmatrix}$$

$$\boldsymbol{v}_2 = \boldsymbol{x}_2 - \frac{\boldsymbol{x}_2^\top \boldsymbol{v}_1}{\|\boldsymbol{v}_1\|^2}\boldsymbol{v}_1 = \begin{pmatrix} 1 \\ 1 \\ 1 \end{pmatrix} - \frac{2}{2}\begin{pmatrix} 1 \\ 1 \\ 0 \end{pmatrix} = \begin{pmatrix} 0 \\ 0 \\ 1 \end{pmatrix}$$

となる．

以上より，$(1, -1, 0)^\top$, $(1, 1, 0)^\top$, $(0, 0, 1)^\top$ のノルムを 1 に調整した上で横に並べると，直交行列

$$\boldsymbol{H} = \frac{1}{\sqrt{2}}\begin{pmatrix} 1 & 1 & 0 \\ -1 & 1 & 0 \\ 0 & 0 & \sqrt{2} \end{pmatrix}$$

が得られる．実際，次のように対角化される．

$$\begin{aligned} \boldsymbol{H}^\top \boldsymbol{A} \boldsymbol{H} &= \frac{1}{2}\begin{pmatrix} 1 & -1 & 0 \\ 1 & 1 & 0 \\ 0 & 0 & \sqrt{2} \end{pmatrix}\begin{pmatrix} 1 & 2 & 0 \\ 2 & 1 & 0 \\ 0 & 0 & 3 \end{pmatrix}\begin{pmatrix} 1 & 1 & 0 \\ -1 & 1 & 0 \\ 0 & 0 & \sqrt{2} \end{pmatrix} \\ &= \begin{pmatrix} -1 & 0 & 0 \\ 0 & 3 & 0 \\ 0 & 0 & 3 \end{pmatrix} \end{aligned}$$

9.4 2次形式と行列の不等式

n 個の変数 $x_1, \ldots, x_n$ についての 2 次関数

$$Q = \sum_{i=1}^{n} \sum_{j=1}^{n} a_{ij} x_i x_j$$

を考える．a_{ij} を実数とし，

$$a_{ij} x_i x_j + a_{ji} x_j x_i = \frac{a_{ij} + a_{ji}}{2} x_i x_j + \frac{a_{ij} + a_{ji}}{2} x_j x_i$$

と表せるので，はじめから $a_{ij} = a_{ji}$ を仮定してよい．そこで，

$$\boldsymbol{A} = (a_{ij}) = \begin{pmatrix} a_{11} & \cdots & a_{1n} \\ \vdots & \ddots & \vdots \\ a_{n1} & \cdots & a_{nn} \end{pmatrix}, \quad \boldsymbol{x} = \begin{pmatrix} x_1 \\ \vdots \\ x_n \end{pmatrix}$$

とおくと $\boldsymbol{A}$ は実対称行列で，Q は，

$$Q = \boldsymbol{x}^\top \boldsymbol{A} \boldsymbol{x}$$

と表すことができる．これを**2 次形式**と呼ぶ．$\boldsymbol{A}$ は実対称行列なので，公式 9.11 より，固有値 $\lambda_1, \ldots, \lambda_n$ と直交行列 $\boldsymbol{H}$ がとれて，$\boldsymbol{\Lambda} = \mathrm{diag}(\lambda_1, \ldots, \lambda_n)$ に対して，

$$\boldsymbol{A} = \boldsymbol{H} \boldsymbol{\Lambda} \boldsymbol{H}^\top$$

と書ける．そこで，$\boldsymbol{y} = (y_1, \ldots, y_n)^\top = \boldsymbol{H}^\top \boldsymbol{x}$ とおくと，Q は，

$$\begin{aligned} Q &= \boldsymbol{x}^\top \boldsymbol{H} \boldsymbol{\Lambda} \boldsymbol{H}^\top \boldsymbol{x} = (\boldsymbol{H}^\top \boldsymbol{x})^\top \boldsymbol{\Lambda} (\boldsymbol{H}^\top \boldsymbol{x}) = \boldsymbol{y}^\top \boldsymbol{\Lambda} \boldsymbol{y} \\ &= \lambda_1 y_1^2 + \cdots + \lambda_n y_n^2 \end{aligned}$$

のように単純な形に変形することができる．これを 2 次形式の**標準形**と呼ぶ．

$\boldsymbol{x} \neq \boldsymbol{0}$ であるすべての $\boldsymbol{x}$ に対して，$Q > 0$ となるとき $\boldsymbol{A}$ は**正定値**，$Q \geq 0$ となるとき**非負定値**（**半正定値**），$Q < 0$ となるとき**負定値**と呼び，それぞれ $\boldsymbol{A} > 0$, $\boldsymbol{A} \geq 0$, $\boldsymbol{A} < 0$ で表す．2 つの行列 $\boldsymbol{A}$ と $\boldsymbol{B}$ の大小関係は，$\boldsymbol{A} - \boldsymbol{B} \geq 0$ のとき $\boldsymbol{A} \geq \boldsymbol{B}$ と書き，$\boldsymbol{A} - \boldsymbol{B} > 0$ のとき $\boldsymbol{A} > \boldsymbol{B}$ と書く．

公式 9.17　実対称行列の固有値と正定値・負定値

n 次実対称行列 $\boldsymbol{A}$ の固有値を $\lambda_1, \ldots, \lambda_n$ とするとき，すべての固有値が $\lambda_i > 0$ なら $\boldsymbol{A} > 0$ であり，すべての固有値が $\lambda_i \geq 0$ なら $\boldsymbol{A} \geq 0$ である．また，すべての固有値が $\lambda_i < 0$ なら $\boldsymbol{A} < 0$ であり，すべての固有値が $\lambda_i \leq 0$ なら $\boldsymbol{A} \leq 0$ である．

例題 9.18　2 次形式の標準形

2 次形式 $Q = x_1^2 - 2x_1x_2 + 2x_1x_3 + x_2^2 + 2x_2x_3 + x_3^2$ の標準形を与えよ．

解説

$\boldsymbol{A} = \begin{pmatrix} 1 & -1 & 1 \\ -1 & 1 & 1 \\ 1 & 1 & 1 \end{pmatrix}$ とおくと，Q は $Q = \boldsymbol{x}^\top \boldsymbol{A}\boldsymbol{x}$ と表される．行列 $\boldsymbol{A}$ の固有値は，

$$\begin{aligned}
&\begin{vmatrix} \lambda-1 & 1 & -1 \\ 1 & \lambda-1 & -1 \\ -1 & -1 & \lambda-1 \end{vmatrix} \\
&= (\lambda-1)\begin{vmatrix} \lambda-1 & -1 \\ -1 & \lambda-1 \end{vmatrix} - \begin{vmatrix} 1 & -1 \\ -1 & \lambda-1 \end{vmatrix} - \begin{vmatrix} 1 & \lambda-1 \\ -1 & -1 \end{vmatrix} \\
&= (\lambda-1)\{(\lambda-1)^2 - 1\} - (\lambda-2) - (\lambda-2) = (\lambda+1)(\lambda-2)^2
\end{aligned}$$

より，$\lambda = -1, 2$ となる．したがって，標準形は $Q = -y_1^2 + 2y_2^2 + 2y_3^2$ と書ける．

例題 9.19　行列の大小関係

行列についての不等式 $\begin{pmatrix} 0 & -1 & -1 \\ -1 & 1 & -1 \\ -1 & -1 & 2 \end{pmatrix} \geq \begin{pmatrix} -1 & -1 & 1 \\ -1 & 1 & -1 \\ 1 & -1 & -2 \end{pmatrix}$ を示せ．

解説 左辺の行列から右辺の行列を引くと，

$$\begin{pmatrix} 0 & -1 & -1 \\ -1 & 1 & -1 \\ -1 & -1 & 2 \end{pmatrix} - \begin{pmatrix} -1 & -1 & 1 \\ -1 & 1 & -1 \\ 1 & -1 & -2 \end{pmatrix} = \begin{pmatrix} 1 & 0 & -2 \\ 0 & 0 & 0 \\ -2 & 0 & 4 \end{pmatrix}$$

となる．右辺の行列の固有値は，$\begin{vmatrix} \lambda-1 & 0 & 2 \\ 0 & \lambda & 0 \\ 2 & 0 & \lambda-4 \end{vmatrix} = \lambda^2(\lambda-5)$ より，$\lambda = 0, 5$ となる．したがって，この行列は非負定値であるから，与えられた不等式が成り立つ．

基本問題

問 1 次の行列の固有値と固有ベクトルを求めよ．

(1) $\boldsymbol{A} = \begin{pmatrix} 1 & 0 & -3 \\ 0 & 1 & -3 \\ 1 & 1 & -4 \end{pmatrix}$ (2) $\boldsymbol{B} = \begin{pmatrix} 1 & 0 & 0 & 1 \\ 0 & 1 & 1 & -2 \\ 0 & 0 & 1 & 0 \\ 0 & 0 & 1 & 2 \end{pmatrix}$

問 2 次の行列を正則行列を用いて三角化（$\boldsymbol{P}^{-1}\boldsymbol{AP}$ や $\boldsymbol{P}^{-1}\boldsymbol{BP}$ を三角行列にすること）せよ．

(1) $\boldsymbol{A} = \begin{pmatrix} 7 & -5 \\ 10 & -8 \end{pmatrix}$ (2) $\boldsymbol{B} = \begin{pmatrix} 0 & 0 & -1 \\ 1 & 0 & -3 \\ 0 & 1 & -3 \end{pmatrix}$

問 3 次の行列は正則行列を用いて対角化（$\boldsymbol{P}^{-1}\boldsymbol{AP}$ や $\boldsymbol{P}^{-1}\boldsymbol{BP}$ を対角行列にすること）できるか．対角化できるときには，正則行列を求めて対角化できることを確かめよ．

(1) $\boldsymbol{A} = \begin{pmatrix} 3 & -2 \\ 2 & -2 \end{pmatrix}$ (2) $\boldsymbol{B} = \begin{pmatrix} 1 & 1 & 1 \\ 0 & 2 & 1 \\ 0 & 0 & 3 \end{pmatrix}$

問 4 次の実対称行列を対角化するための直交行列を求め，対角化せよ．

(1) $\boldsymbol{A} = \begin{pmatrix} 0 & 0 & 1 \\ 0 & 1 & 0 \\ 1 & 0 & 0 \end{pmatrix}$ (2) $\boldsymbol{B} = \begin{pmatrix} 0 & 0 & 0 & 1 \\ 0 & 0 & 1 & 0 \\ 0 & 1 & 0 & 0 \\ 1 & 0 & 0 & 0 \end{pmatrix}$

問 5 次の実対称行列を対角化するための直交行列を求めよ．また，自然数 n に対して $\boldsymbol{A}^n$ と $\boldsymbol{B}^n$ を求めよ．

(1) $\boldsymbol{A} = \begin{pmatrix} 1 & 0 & 2 \\ 0 & 2 & 0 \\ 2 & 0 & 1 \end{pmatrix}$ (2) $\boldsymbol{B} = \begin{pmatrix} 1 & 0 & 0 & 3 \\ 0 & -1 & 0 & 0 \\ 0 & 0 & 1 & 0 \\ 3 & 0 & 0 & 1 \end{pmatrix}$

問 6 次のベクトルにグラム・シュミットの直交化法を適用して直交行列を作れ．

(1) $\begin{pmatrix} 1 \\ 1 \end{pmatrix}, \begin{pmatrix} 1 \\ 2 \end{pmatrix}$ (2) $\begin{pmatrix} 1 \\ 1 \\ 1 \end{pmatrix}, \begin{pmatrix} 1 \\ -1 \\ 1 \end{pmatrix}, \begin{pmatrix} 1 \\ 1 \\ -1 \end{pmatrix}$

問 7 次の2次形式 Q_1, Q_2 の標準形を与えよ．

(1) $Q_1 = 2x^2 - 2xy + 2y^2$ (2) $Q_2 = x^2 + y^2 + z^2 + 6xz$

問 8 次の不等式は正しいか．

(1) $\begin{pmatrix} 3 & 2 \\ 2 & 3 \end{pmatrix} > \begin{pmatrix} 1 & 3 \\ 3 & 1 \end{pmatrix}$ (2) $\begin{pmatrix} 2 & 1 & 1 \\ 1 & 0 & 2 \\ 1 & 2 & 1 \end{pmatrix} \geq \begin{pmatrix} 2 & 0 & 0 \\ 0 & 0 & 1 \\ 0 & 1 & 1 \end{pmatrix}$

発展問題

問 9 n 次正方行列 $\boldsymbol{A}$ の固有多項式が $|\lambda \boldsymbol{I}_n - \boldsymbol{A}| = (\lambda - a_1) \cdots (\lambda - a_n)$ で与えられるとする．このとき，次を示せ．

(1) $\mathrm{tr}\,(\boldsymbol{A}) = a_1 + \cdots + a_n, \quad |\boldsymbol{A}| = a_1 \cdots a_n$

(2) $\boldsymbol{A}$ が正則行列である $\Longleftrightarrow$ すべての $i = 1, \ldots, n$ に対して $a_i \neq 0$ である

問 10 3変数関数 $f(x, y, z) = x^3 + y^3 + z^2 - 3xy - 2z$ の極値問題を解け．

問 11 **(フロベニウスの定理)** a が正方行列 $\boldsymbol{A}$ の固有値の 1 つであるとする．任意の m 次多項式を

$$g(t) = b_0 + b_1 t + \cdots + b_m t^m$$

とするとき，$g(\boldsymbol{A})$ を

$$g(\boldsymbol{A}) = b_0 \boldsymbol{I} + b_1 \boldsymbol{A} + \cdots + b_m \boldsymbol{A}^m$$

で定義する．このとき，$g(a)$ は $g(\boldsymbol{A})$ の固有値であることを示せ．

問 12 **(ケーリー・ハミルトンの定理)** n 次正方行列 $\boldsymbol{A}$ の固有多項式が

$$f(\lambda) = |\lambda \boldsymbol{I}_n - \boldsymbol{A}| = (\lambda - a_1)\cdots(\lambda - a_n)$$

で与えられるとき，$f(\boldsymbol{A})$ を

$$f(\boldsymbol{A}) = (a_1 \boldsymbol{I}_n - \boldsymbol{A})\cdots(a_n \boldsymbol{I}_n - \boldsymbol{A})$$

で定義する．このとき，$f(\boldsymbol{A}) = \boldsymbol{0}$ となることが知られている．$\boldsymbol{A}$ が実対称行列のときに，$f(\boldsymbol{A}) = \boldsymbol{0}$ となることを示せ．

問 13 n 次実対称行列 $\boldsymbol{A}$ が直交行列 $\boldsymbol{H}$ と対角行列 $\boldsymbol{\Lambda} = \mathrm{diag}\,(a_1, \ldots, a_n)$ を用いて $\boldsymbol{A} = \boldsymbol{H}\boldsymbol{\Lambda}\boldsymbol{H}^\top$ のように書けるとし，すべての a_i は非負であるとする．$\boldsymbol{\Lambda}^{1/2} = \mathrm{diag}\,(\sqrt{a_1}, \ldots, \sqrt{a_n}\,)$ とおき，$\boldsymbol{A}^{1/2}$ を

$$\boldsymbol{A}^{1/2} = \boldsymbol{H}\boldsymbol{\Lambda}^{1/2}\boldsymbol{H}^\top$$

で定義すると $\boldsymbol{A} = \boldsymbol{A}^{1/2}\boldsymbol{A}^{1/2}$ を満たすので，$\boldsymbol{A}^{1/2}$ を $\boldsymbol{A}$ の**行列平方根**と呼ぶ．次の行列平方根を求めよ．

(1) $\boldsymbol{A} = \begin{pmatrix} 2 & 1 \\ 1 & 2 \end{pmatrix}$　　(2) $\boldsymbol{B} = \begin{pmatrix} 1 & 0 & 1 \\ 0 & 1 & 0 \\ 1 & 0 & 1 \end{pmatrix}$

問 14 $\boldsymbol{A}$ を n 次実対称行列とする．$\boldsymbol{A}$ が正則でなければ $\boldsymbol{A}$ の逆行列は存在しない．この場合，

$$\boldsymbol{A}\boldsymbol{A}^-\boldsymbol{A} = \boldsymbol{A}, \quad \boldsymbol{A}^-\boldsymbol{A}\boldsymbol{A}^- = \boldsymbol{A}^-$$

を満たす行列 $\boldsymbol{A}^-$ を $\boldsymbol{A}$ の**一般化逆行列**と呼び，逆行列が存在しないときに用いられる．

一般に，一般化逆行列は一意的に定まらないが，次のようにして一意的に定める方法がある．$\boldsymbol{A}$ のランク r が $r < n$ で，0 でない $\boldsymbol{A}$ の固有値が $a_1, \ldots, a_r$ であるときには，直交行列 $\boldsymbol{H}$ と対角行列 $\boldsymbol{\Lambda} = \mathrm{diag}\,(a_1, \ldots, a_r, 0, \ldots, 0)$

を用いて $\boldsymbol{A} = \boldsymbol{H\Lambda H}^\top$ のように書ける．ただし，$i = 1, \ldots, r$ に対して $a_i \neq 0$ とする．

$$\boldsymbol{\Lambda}^+ = \mathrm{diag}\left(\frac{1}{a_1}, \ldots, \frac{1}{a_r}, 0, \ldots, 0\right)$$

とおき，$\boldsymbol{A}^+$ を

$$\boldsymbol{A}^+ = \boldsymbol{H\Lambda}^+\boldsymbol{H}^\top$$

で定義する．これを **Moor-Penrose の一般化逆行列**と呼ぶ．

(1) $\boldsymbol{A}^+$ が一般化逆行列になることを示せ．

(2) 行列 $\boldsymbol{A} = \begin{pmatrix} 1 & 1 \\ 1 & 1 \end{pmatrix}$，$\boldsymbol{B} = \begin{pmatrix} 1 & 0 & 1 \\ 0 & 1 & 0 \\ 1 & 0 & 1 \end{pmatrix}$ について，Moor-Penrose の一般化逆行列を求めよ．

第 10 章

抽象的なベクトル空間と線形写像

これまで線形代数の中でも行列演算を中心に説明してきた．扱ってきたベクトルは数ベクトルであったが，ベクトルの概念は数ベクトルを超えて，もっと抽象的なものへ拡げられる．これが一般的なベクトル空間の世界であり，線形代数の標準的な教科書はこの抽象的な世界から書かれている．実は，線形代数の面白さはこうした抽象的な内容にこそあり，論理を武器に抽象的な世界を解きほぐすのが数学の面白さである．

本章では，抽象的なベクトル空間を数ベクトルの世界とどのように対応させ，線形写像を行列とどのように対応させるかを解説する．論理的に説明する必要があるため，定義と定理・証明で織りなす数学的な書き方になっている．本章での公式は定理に対応することに注意する．

なお，本章は，有馬哲『線型代数入門』（東京図書，1974），石井恵一『線形代数講義 増補版』（日本評論社，2013）を参考にして基本的な内容だけを解説しているので，さらに詳しい内容については線形代数の専門書を参照してほしい．

10.1 ベクトル空間と部分空間

抽象的なベクトル空間の定義からはじめよう．K を実数全体の集合 $\mathbb{R}$ もしくは複素数全体の集合 $\mathbb{C}$ とする．

定義 10.1 （ベクトル空間）

集合 V の任意の元 $\boldsymbol{x}$ と $\boldsymbol{y}$ に対して，$\boldsymbol{x}+\boldsymbol{y}$ が V の元として定義され，K の任意の元 c に対して，$c\boldsymbol{x}$ が V の元として定義されるとする．

V の任意の元 $\boldsymbol{x}$, $\boldsymbol{y}$, $\boldsymbol{z}$ と K の任意の元 c, d に対して，次の 8 条件を満たすとき，V を**ベクトル空間**（**線形空間**）と呼び，V の元を**ベクトル**と呼ぶ．

(1) 和の結合性：$(\boldsymbol{x}+\boldsymbol{y})+\boldsymbol{z}=\boldsymbol{x}+(\boldsymbol{y}+\boldsymbol{z})$

(2) 和の可換性：$\boldsymbol{x}+\boldsymbol{y}=\boldsymbol{y}+\boldsymbol{x}$

(3) 零元の存在：$\boldsymbol{x}+\boldsymbol{y}=\boldsymbol{x}$ となる $\boldsymbol{y}$ が V に存在する．これを $\boldsymbol{y}=\boldsymbol{0}$ で表し**零元**と呼ぶ.

(4) 逆元の存在：$\boldsymbol{x}+\boldsymbol{y}=\boldsymbol{0}$ となる $\boldsymbol{y}$ が V に存在する．これを $\boldsymbol{y}=-\boldsymbol{x}$ で表し $\boldsymbol{x}$ の**逆元**と呼ぶ.

(5) 分配性：$c(\boldsymbol{x}+\boldsymbol{y})=c\boldsymbol{x}+c\boldsymbol{y}$

(6) 分配性：$(c+d)\boldsymbol{x}=c\boldsymbol{x}+d\boldsymbol{x}$

(7) $(cd)\boldsymbol{x}=c(d\boldsymbol{x})$

(8) $1\boldsymbol{x}=\boldsymbol{x}$

とくに，$K=\mathbb{R}$ のとき V を**実ベクトル空間**，$K=\mathbb{C}$ のとき V を**複素ベクトル空間**という．このベクトル空間の定義から，次の事項が導かれる．

- 零元はただ1つしかない.
- 逆元はただ1つしかない.
- $\boldsymbol{x}\in V$ に対して，$\boldsymbol{x}+\boldsymbol{x}=\boldsymbol{x}\Longrightarrow\boldsymbol{x}=\boldsymbol{0}$
- $c\in K, \boldsymbol{x}\in V$ に対して，$-(c\boldsymbol{x})=(-c)\boldsymbol{x}$
- $c\in K, \boldsymbol{x}\in V$ に対して，$c\boldsymbol{x}=\boldsymbol{0}\Longrightarrow c=0$ もしくは $\boldsymbol{x}=\boldsymbol{0}$

以下の3つの例題はベクトル空間の例である．それぞれベクトル空間の定義を満たすことを確かめよ.

例題 10.2　$\boldsymbol{n}$ 次元数ベクトルの空間

n を自然数として，n 次元数ベクトルの空間

$$\mathbb{R}^n=\{(a_1,\ldots,a_n)^\top \mid a_1\in\mathbb{R},\ \ldots,\ a_n\in\mathbb{R}\}$$

を考える．$\boldsymbol{a}=(a_1,\ldots,a_n)^\top\in\mathbb{R}^n$, $\boldsymbol{b}=(b_1,\ldots,b_n)^\top\in\mathbb{R}^n$ と $c\in\mathbb{R}$ を任意にとり，

$$\boldsymbol{a}+\boldsymbol{b}=(a_1+b_1,\ \ldots,\ a_n+b_n)^\top,\quad c\boldsymbol{a}=(ca_1,\ldots,ca_n)^\top$$

と定義すると，$\mathbb{R}^n$ はベクトル空間になる．零元は $\boldsymbol{0}=(0,\ldots,0)^\top$，$\boldsymbol{a}$ の逆元は $-\boldsymbol{a}=(-a_1,\ldots,-a_n)^\top$ である.

例題 10.3 無限数列の空間

実数の無限数列 $a_1, a_2, \ldots, a_n, \ldots$ を $\{a_n\}$ で表し，この全体を $\mathbb{R}^{\mathbb{N}}$ で表す．$\{a_n\} \in \mathbb{R}^{\mathbb{N}}$, $\{b_n\} \in \mathbb{R}^{\mathbb{N}}$ と $c \in \mathbb{R}$ を任意にとり，

$$\{a_n\} + \{b_n\} = \{a_n + b_n\}, \quad c\{a_n\} = \{ca_n\}$$

と定義すると，$\mathbb{R}^{\mathbb{N}}$ はベクトル空間になる．零元は $d_n = 0$ に対して $\{d_n\}$，$\{a_n\}$ の逆元は $-\{a_n\} = \{-a_n\}$ である．

例題 10.4 関数空間

実数のある区間 D で定義された実数値関数の全体を $\mathcal{F}$ で表す．$f \in \mathcal{F}$，$g \in \mathcal{F}$ と $c \in \mathbb{R}$ を任意にとり，

$$(f+g)(x) = f(x) + g(x), \quad (cf)(x) = cf(x)$$

と定義すると，$\mathcal{F}$ はベクトル空間になる．零元はすべての x に対して $f_0(x) = 0$ となる定数関数 f_0，f の逆元は $(-f)(x) = -f(x)$ である．

定義 10.5 （部分空間）

ベクトル空間 V の空でない部分集合 W について，W の任意のベクトル $\boldsymbol{x}$, $\boldsymbol{y}$ と，K の任意の元 c に対して，$\boldsymbol{x} + \boldsymbol{y}$ と $c\boldsymbol{x}$ が W に属するとき，W は V の**線形部分空間**もしくは単に**部分空間**と呼ぶ．

部分空間の例をいくつか紹介する．

例題 10.6 平面の方程式

$\mathbb{R}^3$ の部分集合として，原点を通る平面

$$W = \{(x, y, z)^\top \mid x + y + z = 0, \\ x \in \mathbb{R}, y \in \mathbb{R}, z \in \mathbb{R}\}$$

を考える．W が $\mathbb{R}^3$ の部分空間になることを示せ．

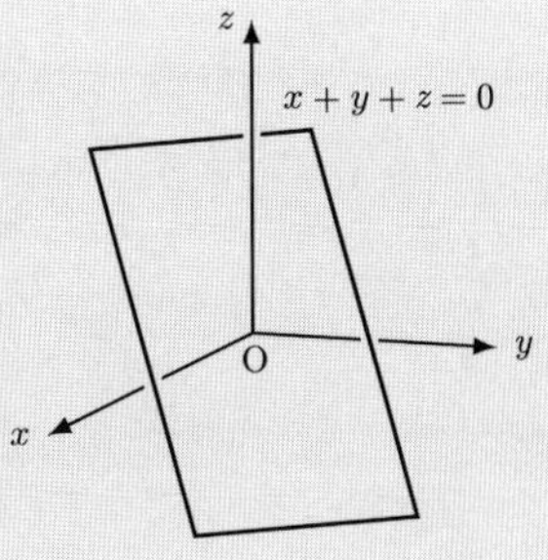

解説 $\boldsymbol{a} = (a_1, a_2, a_3)^\top$, $\boldsymbol{b} = (b_1, b_2, b_3)^\top \in W$ と $c, d \in \mathbb{R}$ を任意にとると，$c\boldsymbol{a} + d\boldsymbol{b} = (ca_1 + db_1,\ ca_2 + db_2,\ ca_3 + db_3)^\top$ は，

$$\begin{aligned}&(ca_1 + db_1) + (ca_2 + db_2) + (ca_3 + db_3)\\&= c(a_1 + a_2 + a_3) + d(b_1 + b_2 + b_3) = 0\end{aligned}$$

を満たすので，$c\boldsymbol{a} + d\boldsymbol{b} \in W$ となることがわかる．したがって，W は $\mathbb{R}^3$ の部分空間になる．

例題 10.7 $\boldsymbol{\ell_2}$ の集合

例題 10.3 の無限数列の空間 $\mathbb{R}^{\mathbb{N}}$ の部分集合として，

$$\ell_2 = \left\{ \{a_n\} \,\middle|\, \sum_{n=1}^{\infty} |a_n|^2 < \infty \right\}$$

を考える．ℓ_2 が $\mathbb{R}^{\mathbb{N}}$ の部分空間になることを示せ．

解説 $\{a_n\}, \{b_n\} \in \ell_2$ と $c, d \in \mathbb{R}$ を任意にとると，$c\{a_n\} + d\{b_n\} = \{ca_n + db_n\}$ は，

$$\begin{aligned}\sum_{n=1}^{\infty} |ca_n + db_n|^2 &\leq \sum_{n=1}^{\infty} (2|c|^2|a_n|^2 + 2|d|^2|b_n|^2)\\&= 2|c|^2 \sum_{n=1}^{\infty} |a_n|^2 + 2|d|^2 \sum_{n=1}^{\infty} |b_n|^2 < \infty\end{aligned}$$

を満たすので，$c\{a_n\} + d\{b_n\} \in \ell_2$ となることがわかる．したがって，ℓ_2 は $\mathbb{R}^{\mathbb{N}}$ の部分空間になる．

例題 10.8 多項式の部分空間

例題 10.4 の関数空間 $\mathcal{F}$ の部分集合として，x の n 次多項式全体を

$$\mathbb{R}_n[x] = \{a_0 + a_1x + a_2x^2 + \cdots + a_nx^n \mid a_i \in \mathbb{R},\ i = 0, 1, \ldots, n\} \quad (10.1)$$

とする．このとき，$\mathbb{R}_n[x]$ が $\mathcal{F}$ の部分空間になることを示せ．

解説 $\mathbb{R}_n[x]$ から任意の元

$$f(x) = a_0 + a_1 x + a_2 x^2 + \cdots + a_n x^n$$
$$g(x) = b_0 + b_1 x + b_2 x^2 + \cdots + b_n x^n$$

をとる．任意の $c,\ d \in \mathbb{R}$ に対して $ca_i + db_i \in \mathbb{R}$ より，

$$\begin{aligned} & cf(x) + dg(x) \\ &= (ca_0 + db_0) + (ca_1 + db_1)x + (ca_2 + db_2)x^2 + \cdots + (ca_n + db_n)x^n \end{aligned}$$

は $\mathbb{R}_n[x]$ の元になるから，$\mathbb{R}_n[x]$ は $\mathcal{F}$ の部分空間になる．

10.2 線形独立と基底

定義 10.9 （線形結合，線形従属，線形独立）

$\boldsymbol{v}_1, \ldots, \boldsymbol{v}_n$ をベクトル空間 V のベクトルとする．

(1) $c_1 \in K,\ \ldots,\ c_n \in K$ に対して，$c_1\boldsymbol{v}_1 + \cdots + c_n\boldsymbol{v}_n$ を $\boldsymbol{v}_1, \ldots, \boldsymbol{v}_n$ の**線形結合**（**1 次結合**）と呼ぶ．$\boldsymbol{v}_1, \ldots, \boldsymbol{v}_n$ の線形結合の全体を次のように表す．

$$\langle \boldsymbol{v}_1, \ldots, \boldsymbol{v}_n \rangle = \{c_1\boldsymbol{v}_1 + \cdots + c_n\boldsymbol{v}_n \mid c_1 \in K,\ \ldots,\ c_n \in K\}$$

(2) 少なくともどれか 1 つは 0 でない K の元 $c_1, \ldots, c_n$ があって，

$$c_1\boldsymbol{v}_1 + \cdots + c_n\boldsymbol{v}_n = \boldsymbol{0}$$

を満たすとき，$\boldsymbol{v}_1, \ldots, \boldsymbol{v}_n$ は**線形従属**（**1 次従属**）であるという．

(3) K の元 $c_1, \ldots, c_n$ に対して，

$$c_1\boldsymbol{v}_1 + \cdots + c_n\boldsymbol{v}_n = \boldsymbol{0} \quad \text{ならば} \quad c_1 = \cdots = c_n = 0$$

となるとき，$\boldsymbol{v}_1, \ldots, \boldsymbol{v}_n$ は**線形独立**（**1 次独立**）であるという．

例題 10.10 平面の方程式（続き）

例題 10.6 で扱った平面の方程式 $x + y + z = 0$ から構成される部分空間 W に属するベクトルには，

$$\boldsymbol{a} = \begin{pmatrix} 1 \\ 0 \\ -1 \end{pmatrix}, \quad \boldsymbol{b} = \begin{pmatrix} -1 \\ 1 \\ 0 \end{pmatrix}, \quad \boldsymbol{c} = \begin{pmatrix} 0 \\ -1 \\ 1 \end{pmatrix} \tag{10.2}$$

がある．このうち，線形独立なベクトルを選べ．

解説 $c_1\boldsymbol{a} + c_2\boldsymbol{b} = (c_1 - c_2,\ c_2,\ -c_1)^\top = \boldsymbol{0}$ とおくと，$c_1 = c_2 = 0$ となるので，$\boldsymbol{a}, \boldsymbol{b}$ のペアは線形独立である．同様にして，他のペア $\boldsymbol{b}, \boldsymbol{c}$ と $\boldsymbol{c}, \boldsymbol{a}$ についても線形独立になる．しかし，$\boldsymbol{a} + \boldsymbol{b} + \boldsymbol{c} = \boldsymbol{0}$ となるので，$\boldsymbol{a}, \boldsymbol{b}, \boldsymbol{c}$ は線形従属になる．

定義 10.11 （基底と次元）

V をベクトル空間とする．

(1) V の任意のベクトル $\boldsymbol{v}$ が $\boldsymbol{v}_1, \ldots, \boldsymbol{v}_n$ の線形結合として $\boldsymbol{v} = c_1\boldsymbol{v}_1 + \cdots + c_n\boldsymbol{v}_n$ と書けるとき，V は $\boldsymbol{v}_1, \ldots, \boldsymbol{v}_n$ で**張られる**（**生成される**）という．これは定義 10.9 (1) の記号を用いると，次のように表される．

$$V = \langle \boldsymbol{v}_1, \ldots, \boldsymbol{v}_n \rangle$$

(2) $V = \langle \boldsymbol{v}_1, \ldots, \boldsymbol{v}_n \rangle$ で，$\boldsymbol{v}_1, \ldots, \boldsymbol{v}_n$ が線形独立であるとき，$\{\boldsymbol{v}_1, \ldots, \boldsymbol{v}_n\}$ は V の**基底**であるという．

(3) V の中に n 個の線形独立なベクトルは存在するが，どんな $n+1$ 個の V のベクトルも必ず線形従属になるとき，V の**次元**は n であるといい，$\dim V = n$ と書く．

例題 10.12 平面の方程式（続き）

例題 10.6 で扱った平面の方程式 $x + y + z = 0$ から構成される部分空間 W について，基底と次元を求めよ．

解説 (10.2) のベクトル $\boldsymbol{a}, \boldsymbol{b}$ は線形独立であった．任意の $(x, y, z)^\top \in W$ に対して，$x = -z - y$ であることに注意すると，

$$\begin{pmatrix} x \\ y \\ z \end{pmatrix} = -z \begin{pmatrix} 1 \\ 0 \\ -1 \end{pmatrix} + y \begin{pmatrix} -1 \\ 1 \\ 0 \end{pmatrix} = -z\boldsymbol{a} + y\boldsymbol{b}$$

と表される．これは W が $\boldsymbol{a}$ と $\boldsymbol{b}$ で張られること，すなわち $W = \langle \boldsymbol{a}, \boldsymbol{b} \rangle$ を示している．したがって，$\{\boldsymbol{a}, \boldsymbol{b}\}$ が W の基底になる．もちろん，他のペア $\{\boldsymbol{b}, \boldsymbol{c}\}$, $\{\boldsymbol{c}, \boldsymbol{a}\}$ を基底にとることもできる．また，W の次元は $\dim W = 2$ となる．

上の等式の $-z\boldsymbol{a} + y\boldsymbol{b}$ において，$-z$ を s に，y を t におきかえると，原点を通る平面の方程式 $x + y + z = 0$ を，ベクトルを用いて次のように表すことができる．

$$\begin{pmatrix} x \\ y \\ z \end{pmatrix} = s \begin{pmatrix} 1 \\ 0 \\ -1 \end{pmatrix} + t \begin{pmatrix} -1 \\ 1 \\ 0 \end{pmatrix} \quad (s \in \mathbb{R},\ t \in \mathbb{R})$$

例題 10.13　多項式の部分空間（続き）

例題 10.8 で扱った多項式の部分空間 $\mathbb{R}_n[x]$ について，基底と次元を求めよ．

解説　$\mathbb{R}_n[x]$ のベクトルとして，$f_0(x) = 1$, $f_1(x) = x$, ..., $f_n(x) = x^n$ を考えると，(10.1) より $\mathbb{R}_n[x]$ の任意の元は，

$$a_0 + a_1 x + \cdots + a_n x^n = a_0 f_0(x) + a_1 f_1(x) + \cdots + a_n f_n(x)$$

と表されるので，$\mathbb{R}_n[x] = \langle f_0(x), f_1(x), \ldots, f_n(x) \rangle$ となることがわかる．また，$c_0 f_0(x) + c_1 f_1(x) + \cdots + c_n f_n(x) = 0$ とおくと，左辺の多項式はどんな x に対しても恒等的に 0 であることを意味するので，$c_0 = c_1 = \cdots = c_n = 0$ が導かれる．したがって，$f_0(x), f_1(x), \ldots, f_n(x)$ は線形独立になるので，$\{f_0(x), f_1(x), \ldots, f_n(x)\}$ が基底になる．次元は $\dim(\mathbb{R}_n[x]) = n + 1$ になる．

公式 10.14　基底による表現の一意性

n 次元ベクトル空間 V の基底を $\{\boldsymbol{v}_1, \ldots, \boldsymbol{v}_n\}$ とする．このとき，V の任意のベクトル $\boldsymbol{v}$ はこの基底を用いて，

$$\boldsymbol{v} = c_1\boldsymbol{v}_1 + \cdots + c_n\boldsymbol{v}_n$$

と表されるが，この表し方はただ一通りである．

証明　$\boldsymbol{v} = c_1\boldsymbol{v}_1 + \cdots + c_n\boldsymbol{v}_n = d_1\boldsymbol{v}_1 + \cdots + d_n\boldsymbol{v}_n$ と表されるとすると，

$$(c_1 - d_1)\boldsymbol{v}_1 + \cdots + (c_n - d_n)\boldsymbol{v}_n = \boldsymbol{0}$$

となる．$\{\boldsymbol{v}_1, \ldots, \boldsymbol{v}_n\}$ は基底だから線形独立である．よって，

$$c_1 - d_1 = \cdots = c_n - d_n = 0 \quad \text{すなわち} \quad c_1 = d_1, \ \ldots, \ c_n = d_n$$

となる． ■

公式 10.15　線形独立

n 次元ベクトル空間 V のベクトルを $\boldsymbol{v}_1, \ldots, \boldsymbol{v}_n$ とするとき，次が成り立つ．

$\boldsymbol{v}_1, \ldots, \boldsymbol{v}_n$ が線形独立である

$\Longleftrightarrow$ $\boldsymbol{v}_1, \ldots, \boldsymbol{v}_{n-1}$ が線形独立で，$\boldsymbol{v}_n \notin \langle \boldsymbol{v}_1, \ldots, \boldsymbol{v}_{n-1} \rangle$ である

証明　$\Longrightarrow$ については，$\boldsymbol{v}_1, \ldots, \boldsymbol{v}_n$ が線形独立であるから，$\boldsymbol{v}_1, \ldots, \boldsymbol{v}_{n-1}$ は線形独立である．ここで，$\boldsymbol{v}_n$ が $\boldsymbol{v}_1, \ldots, \boldsymbol{v}_{n-1}$ の線形結合で書けると仮定すると，$\boldsymbol{v}_1, \ldots, \boldsymbol{v}_n$ が線形独立であることに反するので，$\boldsymbol{v}_n \notin \langle \boldsymbol{v}_1, \ldots, \boldsymbol{v}_{n-1} \rangle$ である．

$\Longleftarrow$ については，$a_1\boldsymbol{v}_1 + \cdots + a_n\boldsymbol{v}_n = \boldsymbol{0}$ とするとき，$a_1 = \cdots = a_n = 0$ を示せばよい．もし，$a_n \neq 0$ なら，

$$\boldsymbol{v}_n = -\frac{a_1}{a_n}\boldsymbol{v}_1 - \cdots - \frac{a_{n-1}}{a_n}\boldsymbol{v}_{n-1}$$

と書けるので，$\boldsymbol{v}_n \notin \langle \boldsymbol{v}_1, \ldots, \boldsymbol{v}_{n-1} \rangle$ の仮定に反する．よって，$a_n = 0$ とな

り，$a_1\boldsymbol{v}_1+\cdots+a_{n-1}\boldsymbol{v}_{n-1}=\mathbf{0}$ が得られる．仮定より，$\boldsymbol{v}_1,\ldots,\boldsymbol{v}_{n-1}$ は線形独立であるから $a_1=\cdots=a_{n-1}=0$ となる．以上より，$a_1=\cdots=a_{n-1}=a_n=0$ となる． ■

公式 10.15 を用いると，次の公式を示すことができる．

公式 10.16　基底の延長，基底の存在

ベクトル空間 V に属するベクトルを $\boldsymbol{v}_1,\ldots,\boldsymbol{v}_n\in V$ とし，$W=\langle\boldsymbol{v}_1,\ldots,\boldsymbol{v}_n\rangle$ とする．

(1) **(基底の延長)** $m\leq n$ に対して $\boldsymbol{v}_1,\ldots,\boldsymbol{v}_m$ が線形独立であるとする．このとき，$\boldsymbol{v}_{m+1},\ldots,\boldsymbol{v}_n$ の中から適当にとった $\boldsymbol{v}_{i_1},\ldots,\boldsymbol{v}_{i_r}$ をつけ加えて，$\{\boldsymbol{v}_1,\ldots,\boldsymbol{v}_m,\boldsymbol{v}_{i_1},\ldots,\boldsymbol{v}_{i_r}\}$ が W の基底となるようにできる．

(2) **(基底の存在)** $W\neq\{\mathbf{0}\}$ なら，$\boldsymbol{v}_1,\ldots,\boldsymbol{v}_n$ の中から適当に $\boldsymbol{v}_{i_1},\ldots,\boldsymbol{v}_{i_r}$ を選んで，$\{\boldsymbol{v}_{i_1},\ldots,\boldsymbol{v}_{i_r}\}$ が W の基底になるようにできる．

証明　以下の証明において，2 つの集合 A と B に対して $A\backslash B$ という記号を用いるが，これは A に属しているが B には属さない元の集合を意味する．

(1) $W=\langle\boldsymbol{v}_1,\ldots,\boldsymbol{v}_m\rangle$ のときには，$\boldsymbol{v}_1,\ldots,\boldsymbol{v}_m$ が線形独立であるから，$\{\boldsymbol{v}_1,\ldots,\boldsymbol{v}_m\}$ は W の基底になるので，$\langle\boldsymbol{v}_1,\ldots,\boldsymbol{v}_m\rangle\subsetneq W$ の場合を考える．このとき，$W\backslash\langle\boldsymbol{v}_1,\ldots,\boldsymbol{v}_m\rangle$ の中に $\boldsymbol{v}_1,\ldots,\boldsymbol{v}_m$ の線形結合で表されないベクトルが存在することになる．それを $\boldsymbol{v}_{i_1}$ とすると，公式 10.15 より，$\boldsymbol{v}_1,\ldots,\boldsymbol{v}_m,\boldsymbol{v}_{i_1}$ は線形独立になる．$\langle\boldsymbol{v}_1,\ldots,\boldsymbol{v}_m,\boldsymbol{v}_{i_1}\rangle=W$ であるときには，$\{\boldsymbol{v}_1,\ldots,\boldsymbol{v}_m,\boldsymbol{v}_{i_1}\}$ が W の基底になる．さらに，$\langle\boldsymbol{v}_1,\ldots,\boldsymbol{v}_m,\boldsymbol{v}_{i_1}\rangle\subsetneq W$ であれば，W の中に $\boldsymbol{v}_{i_2}\notin\langle\boldsymbol{v}_1,\ldots,\boldsymbol{v}_m,\boldsymbol{v}_{i_1}\rangle$ となる $\boldsymbol{v}_{i_2}$ をとることができ，この操作を繰り返していくと，$\{\boldsymbol{v}_1,\ldots,\boldsymbol{v}_m,\boldsymbol{v}_{i_1},\ldots,\boldsymbol{v}_{i_r}\}$ が W の基底となるようにできる．

(2) $W\neq\{\mathbf{0}\}$ であるから，$\boldsymbol{v}_1,\ldots,\boldsymbol{v}_n$ の中に $\boldsymbol{v}_{i_1}\neq\mathbf{0}$ がとれる．$\boldsymbol{v}_{i_1}$ は線形独立なので，$m=1$ として (1) の結果を用いると，W の基底として $\{\boldsymbol{v}_{i_1},\ldots,\boldsymbol{v}_{i_r}\}$ をとることができる． ■

公式 10.17 基底と同値な条件

n 次元ベクトル空間 V に属するベクトルを $\boldsymbol{v}_1, \ldots, \boldsymbol{v}_n$ とするとき，次の3つの事項は同値である．

(1) $\boldsymbol{v}_1, \ldots, \boldsymbol{v}_n$ は線形独立

(2) $\langle \boldsymbol{v}_1, \ldots, \boldsymbol{v}_n \rangle = V$

(3) $\{\boldsymbol{v}_1, \ldots, \boldsymbol{v}_n\}$ は V の基底

証明 (1) $\Longrightarrow$ (2) については，$\langle \boldsymbol{v}_1, \ldots, \boldsymbol{v}_n \rangle \subsetneq V$ を仮定すると，公式 10.15 より，$\boldsymbol{v} \in V \backslash \langle \boldsymbol{v}_1, \ldots, \boldsymbol{v}_n \rangle$ なる $\boldsymbol{v}$ がとれて，$\boldsymbol{v}_1, \ldots, \boldsymbol{v}_n, \boldsymbol{v}$ が線形独立となる．このことは，$\dim V \geq n+1$ となることを意味しており，$\dim V = n$ の仮定に反する．よって，$\langle \boldsymbol{v}_1, \ldots, \boldsymbol{v}_n \rangle = V$ となる．

(2) $\Longrightarrow$ (1) については，$\boldsymbol{v}_1, \ldots, \boldsymbol{v}_n$ が線形従属であると仮定すると，その中のあるベクトルが他のベクトルの線形結合で書ける．記号の簡単のために，それを $\boldsymbol{v}_1$ とすると，

$$\boldsymbol{v}_1 \in \langle \boldsymbol{v}_2, \ldots, \boldsymbol{v}_n \rangle$$

より $\langle \boldsymbol{v}_1, \boldsymbol{v}_2, \ldots, \boldsymbol{v}_n \rangle = \langle \boldsymbol{v}_2, \ldots, \boldsymbol{v}_n \rangle$ となる．よって，$\dim V \leq n-1$ となり，$\dim V = n$ の仮定に反する．

(3) が (1) と (2) と同値になることは，基底の定義より従う． ∎

公式 10.18 ベクトル空間とその部分空間が一致するための条件

n 次元ベクトル空間 V の部分空間を W とするとき，次が成り立つ．

$$\dim W = \dim V \quad \Longleftrightarrow \quad W = V$$

証明 $\Longleftarrow$ は自明である．$\Longrightarrow$ については，$\dim W = n$ より W の中に n 個の線形独立なベクトル $\boldsymbol{w}_1, \ldots, \boldsymbol{w}_n$ がとれて，$W = \langle \boldsymbol{w}_1, \ldots, \boldsymbol{w}_n \rangle$ と書ける．W は V の部分空間で $\dim V = n$ であるから，$\boldsymbol{w}_1, \ldots, \boldsymbol{w}_n$ は V で線形独立になる．よって，公式 10.17 (1) $\Longrightarrow$ (2) より $V = \langle \boldsymbol{w}_1, \ldots, \boldsymbol{w}_n \rangle$ となり，$W = V$ が示される． ∎

10.3　部分空間の和と次元公式

定義 10.19　(部分空間の和と積空間)

V を n 次元ベクトル空間とし，W_1 と W_2 を V の部分空間とする．このとき，W_1 と W_2 の**和**を

$$W_1 + W_2 = \{\boldsymbol{w}_1 + \boldsymbol{w}_2 \mid \boldsymbol{w}_1 \in W_1,\ \boldsymbol{w}_2 \in W_2\}$$

で定義する．また，$W_1 \cap W_2$ を

$$W_1 \cap W_2 = \{\boldsymbol{w} \mid \boldsymbol{w} \in W_1,\ \boldsymbol{w} \in W_2\}$$

で定義し，W_1 と W_2 の**積空間**と呼ぶ．

公式 10.20　部分空間の和と積空間

W_1, W_2 をベクトル空間 V の部分空間とする．このとき，W_1+W_2, $W_1\cap W_2$ は V の部分空間になる．

証明　W_1+W_2 から任意のベクトル $\boldsymbol{w}_1, \boldsymbol{w}_2$ をとると，$\boldsymbol{w}_1 = \boldsymbol{v}_{11}+\boldsymbol{v}_{12}$, $\boldsymbol{w}_2 = \boldsymbol{v}_{21} + \boldsymbol{v}_{22}$ と書ける．ただし，$\boldsymbol{v}_{11}, \boldsymbol{v}_{21} \in W_1$ であり，$\boldsymbol{v}_{12}, \boldsymbol{v}_{22} \in W_2$ である．したがって，$c, d \in K$ に対して，

$$\begin{aligned} c\boldsymbol{w}_1 + d\boldsymbol{w}_2 &= c(\boldsymbol{v}_{11} + \boldsymbol{v}_{12}) + d(\boldsymbol{v}_{21} + \boldsymbol{v}_{22}) \\ &= (c\boldsymbol{v}_{11} + d\boldsymbol{v}_{21}) + (c\boldsymbol{v}_{12} + d\boldsymbol{v}_{22}) \end{aligned}$$

と書ける．W_1, W_2 は V の部分空間であるから，$c\boldsymbol{v}_{11} + d\boldsymbol{v}_{21} \in W_1$, $c\boldsymbol{v}_{12} + d\boldsymbol{v}_{22} \in W_2$ となり，$c\boldsymbol{w}_1 + d\boldsymbol{w}_2 \in W_1 + W_2$ となる．

また，$W_1 \cap W_2$ から任意のベクトル $\boldsymbol{w}_1, \boldsymbol{w}_2$ をとると，$\boldsymbol{w}_1, \boldsymbol{w}_2 \in W_1$ であるから $c\boldsymbol{w}_1+d\boldsymbol{w}_2 \in W_1$ であり，$\boldsymbol{w}_1, \boldsymbol{w}_2 \in W_2$ であるから $c\boldsymbol{w}_1+d\boldsymbol{w}_2 \in W_2$ である．このことは $c\boldsymbol{w}_1 + d\boldsymbol{w}_2 \in W_1 \cap W_2$ であることを示している．■

例題 10.21　平面の方程式（続き）

例題 10.6 で扱った平面の方程式 $x + y + z = 0$ から構成される部分空間 W については，(10.2) のベクトル $\boldsymbol{a}, \boldsymbol{b}$ を用いて $W = \langle \boldsymbol{a}, \boldsymbol{b} \rangle$ と書くことが

できる．いま，新たなベクトル

$$\boldsymbol{d}_1 = \begin{pmatrix} 1 \\ 1 \\ 1 \end{pmatrix}, \quad \boldsymbol{d}_2 = \begin{pmatrix} 1 \\ 2 \\ -3 \end{pmatrix}$$

に基づいて，2つの V の部分空間 $U_1 = \langle \boldsymbol{d}_1 \rangle$, $U_2 = \langle \boldsymbol{d}_1, \boldsymbol{d}_2 \rangle$ を考える．このとき，$W + U_1$, $W + U_2$, $W \cap U_1$, $W \cap U_2$ はそれぞれどのような部分空間であるか．

解説 $W + U_1 = \{c_1\boldsymbol{a} + c_2\boldsymbol{b} + c_3\boldsymbol{d}_1 \mid c_1 \in \mathbb{R}, c_2 \in \mathbb{R}, c_3 \in \mathbb{R}\}$ であるから，$W + U_1 = \langle \boldsymbol{a}, \boldsymbol{b}, \boldsymbol{d}_1 \rangle = \mathbb{R}^3$ となる．

同様にして，$W + U_2 = \langle \boldsymbol{a}, \boldsymbol{b}, \boldsymbol{d}_1, \boldsymbol{d}_2 \rangle = \mathbb{R}^3$ である．

$W \cap U_1 = \{\boldsymbol{v} \mid \boldsymbol{v} \in W, \boldsymbol{v} \in U_1\}$ であるから，U_1 の任意の元 $c(1, 1, 1)^\top$ が W に入るための c の条件を求めると，$c + c + c = 0$ より $c = 0$ となるので，$W \cap U_1 = \{\boldsymbol{0}\}$ となる．W の任意の元 $c_1\boldsymbol{a} + c_2\boldsymbol{b}$ に対して，

$$\boldsymbol{d}_1^\top(c_1\boldsymbol{a} + c_2\boldsymbol{b}) = c_1(1, 1, 1)\begin{pmatrix} 1 \\ 0 \\ -1 \end{pmatrix} + c_2(1, 1, 1)\begin{pmatrix} -1 \\ 1 \\ 0 \end{pmatrix} = 0$$

となるので，$\boldsymbol{d}_1$ は部分空間 W に直交することがわかる．言い換えると，$\boldsymbol{d}_1$ は平面 $x + y + z = 0$ に直交するベクトルになる．これを平面 $x + y + z = 0$ の**法線ベクトル**と呼び，原点を通りこの平面に直交する直線の式は，

$$x = y = z$$

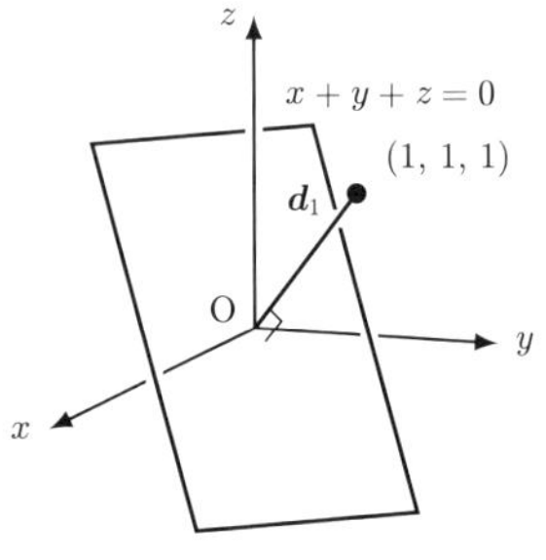

で与えられる．U_1 はこの直線で与えられる部分空間であり，W と U_1 は原点だけで交わることを意味する．

同様にして U_2 の任意の元は $c_1\boldsymbol{d}_1 + c_2\boldsymbol{d}_2 = (c_1 + c_2,\ c_1 + 2c_2,\ c_1 - 3c_2)^\top$ と書けるので，これが W に入るための条件を求めると，$(c_1 + c_2) + (c_1 + 2c_2) + (c_1 - 3c_2) = 3c_1 = 0$ より，$c_1 = 0$ となる．c_2 は任意なので，$W \cap U_2 = \langle \boldsymbol{d}_2 \rangle$

と書ける．このことは部分空間 W と部分空間 U_2 との交わりは直線になり，その直線の方程式が，

$$x = \frac{y}{2} = \frac{z}{-3}$$

で与えられることを意味する．

定義 10.22　（直和）

W_1, W_2 をベクトル空間 V の部分空間とする．$\boldsymbol{w}_1 \in W_1$, $\boldsymbol{w}_2 \in W_2$ に対して，$\boldsymbol{w}_1 + \boldsymbol{w}_2 = \boldsymbol{0}$ ならば $\boldsymbol{w}_1 = \boldsymbol{w}_2 = \boldsymbol{0}$ が成り立つとき，$W_1 + W_2$ は**直和**であるといい，$W_1 \oplus W_2$ と表す．すなわち，次で定義される．

$$W_1 \oplus W_2 = \{\boldsymbol{w}_1 + \boldsymbol{w}_2 \in W_1 + W_2 \mid \boldsymbol{w}_1 + \boldsymbol{w}_2 = \boldsymbol{0} \Longrightarrow \boldsymbol{w}_1 = \boldsymbol{w}_2 = \boldsymbol{0}\}$$

公式 10.23　直和の性質 (I)

W_1, W_2 をベクトル空間 V の部分空間とする．このとき，

$W_1 + W_2 = W_1 \oplus W_2$

$\Longleftrightarrow$ $W_1 + W_2$ に入る任意のベクトル $\boldsymbol{v}$ は，

$\boldsymbol{w}_1 \in W_1$, $\boldsymbol{w}_2 \in W_2$ を用いて $\boldsymbol{v} = \boldsymbol{w}_1 + \boldsymbol{w}_2$ と表されるが，

この表し方は一意的である

証明　$\boldsymbol{v}_1, \boldsymbol{w}_1 \in W_1$ と $\boldsymbol{v}_2, \boldsymbol{w}_2 \in W_2$ を用いて，$\boldsymbol{v} = \boldsymbol{v}_1 + \boldsymbol{v}_2 = \boldsymbol{w}_1 + \boldsymbol{w}_2$ と書けているとする．すなわち，$(\boldsymbol{v}_1 - \boldsymbol{w}_1) + (\boldsymbol{v}_2 - \boldsymbol{w}_2) = \boldsymbol{0}$ である．この等式において，$\boldsymbol{v}_1 - \boldsymbol{w}_1 = \boldsymbol{v}_2 - \boldsymbol{w}_2 = \boldsymbol{0}$ となることは，直和の定義を満たしているとともに，$\boldsymbol{v}$ の表し方が一意的であることを示している．したがって，両者は同値である． ■

公式 10.24　直和の性質 (II)

W_1, W_2 をベクトル空間 V の部分空間とし，$\{\boldsymbol{x}_1, \ldots, \boldsymbol{x}_s\}$ を W_1 の基底，$\{\boldsymbol{y}_1, \ldots, \boldsymbol{y}_t\}$ を W_2 の基底とする．このとき，次の 4 項目は同値である．

(1) $W_1 + W_2 = W_1 \oplus W_2$

(2) $W_1 \cap W_2 = \{\mathbf{0}\}$

(3) $W_1 + W_2$ の基底は $\{\boldsymbol{x}_1, \ldots, \boldsymbol{x}_s, \boldsymbol{y}_1, \ldots, \boldsymbol{y}_t\}$ である

(4) $\dim(W_1 + W_2) = \dim W_1 + \dim W_2$

証明 (1) $\Longrightarrow$ (2) について，任意の $\boldsymbol{w} \in W_1 \cap W_2$ に対して $\boldsymbol{w} + (-\boldsymbol{w}) = \mathbf{0}$ である．$\boldsymbol{w} \in W_1$, $-\boldsymbol{w} \in W_2$ と考えると，直和の定義より $\boldsymbol{w} = -\boldsymbol{w} = \mathbf{0}$ となることになる．これは $W_1 \cap W_2 = \{\mathbf{0}\}$ を示している．

(2) $\Longrightarrow$ (1) について，$\boldsymbol{w}_1 \in W_1$, $\boldsymbol{w}_2 \in W_2$ に対して $\boldsymbol{w}_1 + \boldsymbol{w}_2 = \mathbf{0}$ とする．$\boldsymbol{w}_1 = -\boldsymbol{w}_2$ であるから $\boldsymbol{w}_1, \boldsymbol{w}_2 \in W_1 \cap W_2 = \{\mathbf{0}\}$ となる．これより，$\boldsymbol{w}_1 = \boldsymbol{w}_2 = \mathbf{0}$ となる．

(3) $\Longrightarrow$ (2) について，任意の $\boldsymbol{v} \in W_1 \cap W_2$ に対して，$\boldsymbol{v} = c_1\boldsymbol{x}_1 + \cdots + c_s\boldsymbol{x}_s = d_1\boldsymbol{y}_1 + \cdots + d_t\boldsymbol{y}_t$ と書ける．これより，$c_1\boldsymbol{x}_1 + \cdots + c_s\boldsymbol{x}_s - d_1\boldsymbol{y}_1 - \cdots - d_t\boldsymbol{y}_t = \mathbf{0}$ となる．仮定より $\boldsymbol{x}_1, \ldots, \boldsymbol{x}_s, \boldsymbol{y}_1, \ldots, \boldsymbol{y}_t$ は線形独立であるから，$c_1 = \cdots = c_s = d_1 = \cdots = d_t = 0$ となり，$\boldsymbol{v} = \mathbf{0}$ となる．したがって，$W_1 \cap W_2 = \{\mathbf{0}\}$ となる．

(1) $\Longrightarrow$ (3) について，$W_1 + W_2 = \langle \boldsymbol{x}_1, \ldots, \boldsymbol{x}_s, \boldsymbol{y}_1, \ldots, \boldsymbol{y}_t \rangle$ は明らかであるから，$\boldsymbol{x}_1, \ldots, \boldsymbol{x}_s, \boldsymbol{y}_1, \ldots, \boldsymbol{y}_t$ が線形独立であることを示す．$\boldsymbol{w}_1 = c_1\boldsymbol{x}_1 + \cdots + c_s\boldsymbol{x}_s$, $\boldsymbol{w}_2 = d_1\boldsymbol{y}_1 + \cdots d_t\boldsymbol{y}_t$ とし，$\boldsymbol{w}_1 + \boldsymbol{w}_2 = \mathbf{0}$ とすると，直和の定義 10.22 より，$\boldsymbol{w}_1 = \boldsymbol{w}_2 = \mathbf{0}$ となる．$\{\boldsymbol{x}_1, \ldots, \boldsymbol{x}_s\}$ は W_1 の基底なので，$\boldsymbol{w}_1 = c_1\boldsymbol{x}_1 + \cdots + c_s\boldsymbol{x}_s = \mathbf{0}$ より $c_1 = \cdots = c_s = 0$ となる．同様にして，$d_1 = \cdots = d_t = 0$ となる．以上より，$\boldsymbol{x}_1, \ldots, \boldsymbol{x}_s, \boldsymbol{y}_1, \ldots, \boldsymbol{y}_t$ は線形独立になり，これが $W_1 + W_2$ の基底になる．

(3) $\Longrightarrow$ (4) について，(3) より $\dim(W_1 + W_2) = s + t$ となり，この公式の前提より $\dim W_1 = s$, $\dim W_2 = t$ であるから，$\dim(W_1 + W_2) = \dim W_1 + \dim W_2$ が成り立つ．

(4) $\Longrightarrow$ (3) について，$\{\boldsymbol{x}_1, \ldots, \boldsymbol{x}_s\}$ が W_1 の基底，$\{\boldsymbol{y}_1, \ldots, \boldsymbol{y}_t\}$ が W_2 の基底なので，$W_1 = \langle \boldsymbol{x}_1, \ldots, \boldsymbol{x}_s \rangle$, $W_2 = \langle \boldsymbol{y}_1, \ldots, \boldsymbol{y}_t \rangle$ である．したがって，$W_1 + W_2 = \langle \boldsymbol{x}_1, \ldots, \boldsymbol{x}_s, \boldsymbol{y}_1, \ldots, \boldsymbol{y}_t \rangle$ である．ここで，$\boldsymbol{x}_1, \ldots, \boldsymbol{x}_s, \boldsymbol{y}_1, \ldots, \boldsymbol{y}_t$ が線形独立であることを示せばよい．仮に，$\boldsymbol{x}_i$ が $\boldsymbol{x}_i = d_1\boldsymbol{y}_1 + \cdots + d_t\boldsymbol{y}_t$ のように表されると仮定すると，$\dim(W_1 + W_2) \leq s + t - 1$ となり $\dim(W_1 + W_2) = s + t$ に反する．よって，$\boldsymbol{x}_1, \ldots, \boldsymbol{x}_s, \boldsymbol{y}_1, \ldots, \boldsymbol{y}_t$ は線形独立になり，こ

れが $W_1 + W_2$ の基底になることがわかる. ∎

公式 10.25 直和の性質 (III)

n 次元ベクトル空間 V の部分空間 W に対して, $V = W \oplus W'$ となるような V の部分空間 W' が存在する. この W' を W の**補部分空間**と呼ぶ.

証明 公式 10.16 (2) より W には基底が存在するので, それを $\{\boldsymbol{w}_1, \ldots, \boldsymbol{w}_s\}$ とする. また, 公式 10.16 (1) より, これを V の基底に延長できるので, それを $\{\boldsymbol{w}_1, \ldots, \boldsymbol{w}_s, \boldsymbol{v}_1, \ldots, \boldsymbol{v}_t\}$ とする. そこで, $W' = \langle \boldsymbol{v}_1, \ldots, \boldsymbol{v}_t \rangle$ とおけば, $V = W + W'$ と書ける. $\{\boldsymbol{w}_1, \ldots, \boldsymbol{w}_s, \boldsymbol{v}_1, \ldots, \boldsymbol{v}_t\}$ が $W + W'$ の基底なので, 公式 10.24 (3) $\Longrightarrow$ (1) より $W + W' = W \oplus W'$ となる. ∎

公式 10.26 次元公式

n 次元ベクトル空間 V の部分空間を W_1, W_2 とするとき, 次の**次元公式**が成り立つ.

$$\dim(W_1 + W_2) = \dim W_1 + \dim W_2 - \dim(W_1 \cap W_2) \tag{10.3}$$

$W_1 + W_2$ が直和のときには, $\dim(W_1 \oplus W_2) = \dim W_1 + \dim W_2$ となる.

証明 $W_1 \cap W_2$ は V の部分空間であるから, 公式 10.25 より $W_2 = (W_1 \cap W_2) \oplus U$ となる W_2 の部分空間 U が存在する. $W_1 \cap W_2 \subset W_1$ より, $W_1 + W_2 = W_1 + U$ であり,

$$W_1 \cap U = W_1 \cap (W_2 \cap U) = (W_1 \cap W_2) \cap U = \{\mathbf{0}\}$$

となる. よって,

$$W_1 + W_2 = W_1 \oplus U$$

と書けるので, 公式 10.24 (1) $\Longrightarrow$ (4) より,

$$\dim(W_1 + W_2) = \dim W_1 + \dim U \tag{10.4}$$

となる. また, $W_2 = (W_1 \cap W_2) \oplus U$ と公式 10.24 (1) $\Longrightarrow$ (4) より,

$$\dim W_2 = \dim(W_1 \cap W_2) + \dim U \tag{10.5}$$

となる．(10.4) と (10.5) より (10.3) が得られる． ∎

例題 10.27 平面の方程式（続き）

例題 10.6 で扱った平面の方程式 $x + y + z = 0$ から構成される部分空間 W について，例題 10.21 では 2 つの部分空間 $U_1 = \langle \boldsymbol{d}_1 \rangle$ と $U_2 = \langle \boldsymbol{d}_1, \boldsymbol{d}_2 \rangle$ を取り上げた．このとき，$W + U_1$ は直和になり，$W + U_2$ は直和にならないことを示せ．また，次元公式が成り立つことを確かめよ．

解説 W と U_1 については，$W \cap U_1 = \{\boldsymbol{0}\}$ であるから，$W + U_1 = W \oplus U_1$ となる．また，$\dim(W + U_1) = 3, \dim W = 2, \dim U_1 = 1$ より，次元公式が成り立つ．

W と U_2 については，$W \cap U_2 \neq \{\boldsymbol{0}\}$ であるから，$W + U_2$ は直和にはならない．$\dim(W + U_2) = 3, \dim W = 2, \dim U_2 = 2, \dim(W \cap U_2) = 1$ であるから，$3 = 2 + 2 - 1$ となり，次元公式が成り立つ．

10.4 線形写像

定義 10.28 （線形写像と線形変換）

V と W をベクトル空間とし，T を V から W への写像とする．V の任意のベクトル $\boldsymbol{x}, \boldsymbol{y}$ と K の任意の元 c, d に対して，

$$T(c\boldsymbol{x} + d\boldsymbol{y}) = cT(\boldsymbol{x}) + dT(\boldsymbol{y})$$

を満たすとき，T を**線形写像**と呼ぶ．とくに，$V = W$ であるとき，T を**線形変換**と呼ぶ．

例題 10.29 平面の方程式（続き）

例題 10.6 で扱った平面の方程式 $x + y + z = 0$ から構成される部分空間 W を考える．$\boldsymbol{v} = (x, y, z)^\top \in \mathbb{R}^3$ に対して，

$$g_W(\boldsymbol{v}) = \boldsymbol{P}\boldsymbol{v} = \begin{pmatrix} 2x-y-z \\ -x+2y-z \\ -x-y+2z \end{pmatrix}, \quad \boldsymbol{P} = \begin{pmatrix} 2 & -1 & -1 \\ -1 & 2 & -1 \\ -1 & -1 & 2 \end{pmatrix} \tag{10.6}$$

とすると，

$$(1,1,1)\boldsymbol{P}\boldsymbol{v} = (2x-y-z)+(-x+2y-z)+(-x-y+2z) = 0$$

より，$g_W(\boldsymbol{v})$ は $\boldsymbol{v} \in \mathbb{R}^3$ を W 上の点に移す写像 $g_W : \mathbb{R}^3 \to W$ であることがわかる．これを $\boldsymbol{v}$ を W へ**射影する**といい，$\boldsymbol{P}$ を**射影行列**と呼ぶ．$g_W(\boldsymbol{v})$ が線形写像であることを示せ．

解説 $\boldsymbol{u} = (x,y,z)^\top$, $\boldsymbol{v} = (x',y',z')^\top \in \mathbb{R}^3$ と c, $d \in \mathbb{R}$ を任意にとると，

$$g_W(c\boldsymbol{u}+d\boldsymbol{v}) = \boldsymbol{P}(c\boldsymbol{u}+d\boldsymbol{v}) = c\boldsymbol{P}\boldsymbol{u}+d\boldsymbol{P}\boldsymbol{v} = cg_W(\boldsymbol{u})+dg_W(\boldsymbol{v})$$

と書けるので，g_W は線形写像になる．

例題 10.30 多項式の部分空間（続き）

例題 10.8 で扱った多項式の部分空間 $\mathbb{R}_n[x]$ を考える．

(1) $\mathbb{R}_n[x]$ の元 $f(x) = a_0 + a_1x + a_2x^2 + \cdots + a_nx^n$ に対して，$D(f(x))$ を

$$D(f(x)) = a_1 + 2a_2x + \cdots + na_nx^{n-1} \tag{10.7}$$

と定める．D が $\mathbb{R}_n[x]$ から $\mathbb{R}_{n-1}[x]$ への線形写像になることを示せ．

(2) $\mathbb{R}_n[x]$ の元 $f(x) = a_0 + a_1x + a_2x^2 + \cdots + a_nx^n$ に対して，$S(f(x))$ を

$$S(f(x)) = a_0x + a_1\frac{x^2}{2} + a_2\frac{x^3}{3} + \cdots + a_n\frac{x^{n+1}}{n+1} \tag{10.8}$$

と定める．S が $\mathbb{R}_n[x]$ から $\mathbb{R}_{n+1}[x]$ への線形写像になることを示せ．

解説 $\mathbb{R}_n[x]$ の 2 つの任意のベクトルを $f(x) = a_0 + a_1x + \cdots + a_nx^n$, $g(x) = b_0 + b_1x + \cdots + b_nx^n$ とし，c, $d \in \mathbb{R}$ とすると，

$$cf(x) + dg(x) = (ca_0 + db_0) + (ca_1 + db_1)x + \cdots + (ca_n + db_n)x^n$$

と書ける.

(1) 次のようになるので, D は線形写像である.

$$\begin{aligned}
&D(cf(x)+dg(x)) \\
&=(ca_1+db_1)+2(ca_2+db_2)x+\cdots+n(ca_n+db_n)x^{n-1} \\
&=c(a_1+2a_2x+\cdots+na_nx^{n-1})+d(b_1+2b_2x+\cdots+nb_nx^{n-1}) \\
&=cD(f(x))+dD(g(x))
\end{aligned}$$

(2) 次のようになるので, S は線形写像である.

$$\begin{aligned}
&S(cf(x)+dg(x)) \\
&=(ca_0+db_0)x+(ca_1+db_1)\frac{x^2}{2}+\cdots+(ca_n+db_n)\frac{x^{n+1}}{n+1} \\
&=c\Bigl(a_0x+a_1\frac{x^2}{2}+\cdots+a_n\frac{x^{n+1}}{n+1}\Bigr) \\
&\qquad+d\Bigl(b_0x+b_1\frac{x^2}{2}+\cdots+b_n\frac{x^{n+1}}{n+1}\Bigr) \\
&=cS(f(x))+dS(g(x))
\end{aligned}$$

定義 10.31 (イメージとカーネル)

V と W をベクトル空間とし, T を V から W への線形写像とする.

(1) $\mathrm{Im}\,T$ を

$$\mathrm{Im}\,T=\{T(\boldsymbol{x})\in W \mid \boldsymbol{x}\in V\}$$

で定義し, T の**イメージ**(**像**)と呼ぶ. $\mathrm{Im}\,T$ を $T(V)$ で表すこともある. また, $\dim(\mathrm{Im}\,T)$ を線形写像 T の**ランク**と呼び, $\mathrm{rank}\,(T)$ と表す.

(2) $\mathrm{Ker}\,T$ を

$$\mathrm{Ker}\,T=\{\boldsymbol{x}\in V \mid T(\boldsymbol{x})=\boldsymbol{0}\}$$

で定義し, T の**カーネル**(**核**)と呼ぶ.

公式 10.32 イメージとカーネル

V と W をベクトル空間とし，T を V から W への線形写像とする．
(1) T のイメージ $\mathrm{Im}\,T$ は W の部分空間である．
(2) T のカーネル $\mathrm{Ker}\,T$ は V の部分空間である．

証明 K の任意の元を c, d とする．

(1) $\mathrm{Im}\,T$ の任意のベクトルを $\boldsymbol{u}, \boldsymbol{v}$ とすると，V の中にベクトル $\boldsymbol{x}, \boldsymbol{y}$ がとれて，$T(\boldsymbol{x}) = \boldsymbol{u}, T(\boldsymbol{y}) = \boldsymbol{v}$ とできる．T は線形写像なので，

$$c\boldsymbol{u} + d\boldsymbol{v} = cT(\boldsymbol{x}) + dT(\boldsymbol{y}) = T(c\boldsymbol{x} + d\boldsymbol{y})$$

と書ける．$c\boldsymbol{x} + d\boldsymbol{y} \in V$ であるから $c\boldsymbol{u} + d\boldsymbol{v} \in \mathrm{Im}\,T$ となり，$\mathrm{Im}\,T$ は W の部分空間になる．

(2) $\mathrm{Ker}\,T$ の任意のベクトルを $\boldsymbol{x}, \boldsymbol{y}$ とすると，$T(\boldsymbol{x}) = \boldsymbol{0}, T(\boldsymbol{y}) = \boldsymbol{0}$ を満たす．T は線形写像なので，

$$T(c\boldsymbol{x} + d\boldsymbol{y}) = cT(\boldsymbol{x}) + dT(\boldsymbol{y}) = \boldsymbol{0}$$

と書ける．これは $c\boldsymbol{x} + d\boldsymbol{y} \in \mathrm{Ker}\,T$ であることを意味するので，$\mathrm{Ker}\,T$ は V の部分空間になる． ∎

例題 10.33 平面の方程式（続き）

例題 10.6 で扱った平面の方程式 $x + y + z = 0$ から構成される部分空間 W と (10.6) の線形写像 $g_W(\boldsymbol{v})$ を考える．このとき，g_W のイメージ $\mathrm{Im}\,g_W$ とカーネル $\mathrm{Ker}\,g_W$ を求め，それぞれの基底を与えよ．

解説 $g_W(\boldsymbol{v})$ は $\boldsymbol{v} \in \mathbb{R}^3$ を W へ射影する写像なので，イメージは $\mathrm{Im}\,g_W = W$ である．$\dim(\mathrm{Im}\,g_W) = 2$ であるので，(10.2) のベクトル $\boldsymbol{a}, \boldsymbol{b}$ を用いると，$\{\boldsymbol{a}, \boldsymbol{b}\}$ が $\mathrm{Im}\,g_W$ の基底になる．

カーネル $\mathrm{Ker}\,g_W$ は，$\boldsymbol{v} = (x, y, z)^\top$ に対して $g_W(\boldsymbol{v}) = \boldsymbol{0}$ となる解を求めることになる．(10.6) より $2x - y - z = -x + 2y - z = -x - y + 2z = 0$ となる解は $x = y = z$ となる．したがって，$\mathrm{Ker}\,g_W = \langle (1, 1, 1)^\top \rangle$ である．$\dim(\mathrm{Ker}\,g_W) = 1$ であるので，$\mathrm{Ker}\,g_W$ の基底は $\{(1, 1, 1)^\top\}$ となる．

例題 10.34　多項式の部分空間（続き）

例題 10.8 で扱った多項式の部分空間 $\mathbb{R}_n[x]$ と (10.7) と (10.8) の線形写像 D, S を考える.

(1) D のイメージ $\operatorname{Im} D$ とカーネル $\operatorname{Ker} D$ を求め，それぞれの基底を与えよ.

(2) S のイメージ $\operatorname{Im} S$ とカーネル $\operatorname{Ker} S$ を求め，それぞれの基底を与えよ.

解説

(1) $\operatorname{Im} D = \{a_0 + a_1 x + \cdots + a_{n-1}x^{n-1} \mid a_i \in \mathbb{R}\}$, $\operatorname{Ker} D = \mathbb{R}$ となる．$\operatorname{Im} D$ の基底は $\{1, x, \ldots, x^{n-1}\}$ であり，$\operatorname{Ker} D$ の基底は $\{1\}$ である.

(2) $\operatorname{Im} S = \{a_0 x + a_1 x^2 + \cdots + a_n x^{n+1} \mid a_i \in \mathbb{R}\}$, $\operatorname{Ker} S = \emptyset$（空集合）となり，$\operatorname{Im} S$ の基底は $\{x, \ldots, x^{n+1}\}$ であり，$\operatorname{Ker} S$ の基底は存在しない.

次に，線形写像に関する次元公式を示そう．V と W を 2 つのベクトル空間とし，T を V から W への線形写像とする.

「任意の $\boldsymbol{v}_1$, $\boldsymbol{v}_2 \in V$ に対して，$T(\boldsymbol{v}_1) = T(\boldsymbol{v}_2)$ ならば $\boldsymbol{v}_1 = \boldsymbol{v}_2$ が成り立つ」とき，T は **1 対 1 の写像**もしくは**単射**であるという.

「任意の $\boldsymbol{w} \in W$ に対して，$\boldsymbol{w} = T(\boldsymbol{v})$ となる $\boldsymbol{v} \in V$ が存在する」とき，T は W の**上への写像**もしくは**全射**であるという.

単射でしかも全射である写像を**全単射**と呼ぶ.

公式 10.35　線形写像の単射と全射

V と W をベクトル空間とし，T を V から W への線形写像とする.

(1) T が単射である $\Longleftrightarrow$ $\operatorname{Ker} T = \{\boldsymbol{0}\}$

(2) T が全射である $\Longleftrightarrow$ $\operatorname{Im} T = W$

証明

(1) $\boldsymbol{v}_1$, $\boldsymbol{v}_2 \in V$ に対して $T(\boldsymbol{v}_1) = T(\boldsymbol{v}_2)$ とすると，$T(\boldsymbol{v}_1) - T(\boldsymbol{v}_2) = \boldsymbol{0}$ となる．左辺は $T(\boldsymbol{v}_1) - T(\boldsymbol{v}_2) = T(\boldsymbol{v}_1 - \boldsymbol{v}_2)$ より，$\boldsymbol{v}_1 - \boldsymbol{v}_2 \in \operatorname{Ker} T$ となる．したがって，$\operatorname{Ker} T = \{\boldsymbol{0}\}$ なら $\boldsymbol{v}_1 - \boldsymbol{v}_2 = \boldsymbol{0}$ となり，$\boldsymbol{v}_1 = \boldsymbol{v}_2$ となるので単射となる.

逆に，T が単射なら $T(\boldsymbol{v}_1) = T(\boldsymbol{v}_2)$ のとき $\boldsymbol{v}_1 = \boldsymbol{v}_2$ となるので，$\{\boldsymbol{0}\} \subset \operatorname{Ker} T$ となる．すなわち，$T(\boldsymbol{0}) = \boldsymbol{0}$ となる．仮に，$\boldsymbol{v} \in \operatorname{Ker} T$ で $\boldsymbol{v} \neq$

$\mathbf{0}$ とすると $T(\boldsymbol{v}) = \mathbf{0}$ となって，T が単射であることに反するので $\operatorname{Ker} T \subset \{\mathbf{0}\}$ となる．よって，$\operatorname{Ker} T = \{\mathbf{0}\}$ である．

(2) 全射の定義から明らか． ■

定義 10.36 （同型）

V と W をベクトル空間とし，T を V から W への線形写像とする．T が全単射であるとき，T を**同型写像**と呼ぶ．このとき，V と W は**同型**であるといい，$V \cong W$ と表す．

例題 10.37 座標写像

ベクトル空間 V の基底を $\{\boldsymbol{v}_1, \ldots, \boldsymbol{v}_n\}$ とすると，V の任意のベクトル $\boldsymbol{v}$ は，

$$\boldsymbol{v} = x_1\boldsymbol{v}_1 + \cdots + x_n\boldsymbol{v}_n \quad (x_1 \in \mathbb{R}, \ldots, x_n \in \mathbb{R})$$

と表される．このとき，$(x_1, \ldots, x_n)^\top$ を $\boldsymbol{v}$ の基底 $\{\boldsymbol{v}_1, \ldots, \boldsymbol{v}_n\}$ に関する**座標**と呼ぶ．この $\boldsymbol{v}$ に対して座標を対応させる写像

$$\varphi(x_1\boldsymbol{v}_1 + \cdots + x_n\boldsymbol{v}_n) = \begin{pmatrix} x_1 \\ \vdots \\ x_n \end{pmatrix}$$

を**座標写像**と呼ぶ．これは，V のベクトルに対して数ベクトルを対応させる写像 $\varphi : V \to \mathbb{R}^n$ である．これが同型写像であることを示せ．

解説 φ が線形写像であること，全射であることは明らかである．単射であることは，$(x_1, \ldots, x_n)^\top = (y_1, \ldots, y_n)^\top$ と仮定するとき，

$$x_1\boldsymbol{v}_1 + \cdots + x_n\boldsymbol{v}_n = y_1\boldsymbol{v}_1 + \cdots + y_n\boldsymbol{v}_n$$

となることを示せばよい．これを

$$(x_1 - y_1)\boldsymbol{v}_1 + \cdots + (x_n - y_n)\boldsymbol{v}_n = \mathbf{0}$$

のように変形すると，$\boldsymbol{v}_1, \ldots, \boldsymbol{v}_n$ が線形独立であることから，$x_1 = y_1, \ldots,$

$x_n = y_n$ となる．したがって，φ は単射となり，同型写像となる．

2つのベクトル空間 V と W が同型であることは，見かけは異なっていても構造は同じであることを意味している．例題10.37の座標写像を用いると，ベクトル空間 V と数ベクトルの空間 $\mathbb{R}^n$ が同一視できることになるので，ベクトル空間の性質が，第6章以降扱ってきた数ベクトルや行列を用いて表されることを意味する．

公式 10.38　同型と次元

V と W を有限次元のベクトル空間とする．このとき，次が成り立つ．

$$V \cong W \quad \Longrightarrow \quad \dim V = \dim W$$

証明　T を V から W への同型写像とする．$\dim V = n$ とすると，V は基底 $\{\boldsymbol{v}_1, \ldots, \boldsymbol{v}_n\}$ をもつ．このとき，$\{T(\boldsymbol{v}_1), \ldots, T(\boldsymbol{v}_n)\}$ は W の基底になることを示そう．いま，

$$c_1 T(\boldsymbol{v}_1) + \cdots + c_n T(\boldsymbol{v}_n) = \boldsymbol{0}$$

とすると，$T(c_1\boldsymbol{v}_1 + \cdots + c_n\boldsymbol{v}_n) = \boldsymbol{0}$ となり，$c_1\boldsymbol{v}_1 + \cdots + c_n\boldsymbol{v}_n \in \operatorname{Ker} T$ と書ける．T は単射なので公式10.35 (1) より $\operatorname{Ker} T = \{\boldsymbol{0}\}$ であるから，$c_1\boldsymbol{v}_1 + \cdots + c_n\boldsymbol{v}_n = \boldsymbol{0}$ となる．$\{\boldsymbol{v}_1, \ldots, \boldsymbol{v}_n\}$ は V の基底なので，

$$c_1 = \cdots = c_n = 0$$

となり，$T(\boldsymbol{v}_1), \ldots, T(\boldsymbol{v}_n)$ は線形独立になる．また，T は全射なので公式10.35 (2) より $W = \operatorname{Im} T$ で，$W = \{T(\boldsymbol{v}) \mid \boldsymbol{v} \in V\}$ であるから，$W = \langle T(\boldsymbol{v}_1), \ldots, T(\boldsymbol{v}_n) \rangle$ と書ける．したがって，$\{T(\boldsymbol{v}_1), \ldots, T(\boldsymbol{v}_n)\}$ は W の基底になることがわかる．よって，$\dim W = n$ となる．■

公式 10.39　線形写像の次元公式

V と W をベクトル空間とし，T を V から W への線形写像とする．$\dim V < \infty$ のとき，

$$V = \operatorname{Ker} T \oplus V', \quad V' \cong \operatorname{Im} T$$

となるような部分空間 V' がとれる．さらに，線形写像についての次の**次元公式**が成り立つ．

$$\dim V = \dim(\operatorname{Im} T) + \dim(\operatorname{Ker} T) \tag{10.9}$$

証明 $\dim V = n$, $\dim(\operatorname{Ker} T) = m$ $(m \leq n)$ とする．$n = m$ のときには公式 10.18 より $V = \operatorname{Ker} T$ となるので $V' = \{\mathbf{0}\}$ とすればよい．よって，$m < n$ の場合を考える．$\operatorname{Ker} T$ は V の部分空間なので，公式 10.25 より，

$$V = \operatorname{Ker} T \oplus V'$$

となる部分空間 V' が存在する．このとき，$V' \cong \operatorname{Im} T$ となることを示せばよい．

f を V' から $\operatorname{Im} T$ への写像とし，$\boldsymbol{v}' \in V'$ に対して $f(\boldsymbol{v}') = T(\boldsymbol{v}')$ と定める．この f を T の V' への**制限**と呼ぶ．この f が同型写像になることを示そう．T が線形写像なので f が線形写像になることは明らか．

まず，f が全射であることを示そう．T は V から W への線形写像なので，任意の $\boldsymbol{w} \in \operatorname{Im} T$ に対して $\boldsymbol{v} \in V$ が存在し $T(\boldsymbol{v}) = \boldsymbol{w}$ と書ける．$V = \operatorname{Ker} T \oplus V'$ より，$\boldsymbol{v}$ は $\boldsymbol{v} = \boldsymbol{v}_0 + \boldsymbol{v}'$（$\boldsymbol{v}_0 \in \operatorname{Ker} T$, $\boldsymbol{v}' \in V'$）と一意的に表される．この $\boldsymbol{v}'$ に対して，

$$f(\boldsymbol{v}') = T(\boldsymbol{v}') = T(\boldsymbol{v} - \boldsymbol{v}_0) = T(\boldsymbol{v}) - T(\boldsymbol{v}_0) = T(\boldsymbol{v}) = \boldsymbol{w}$$

となり，f が全射になる．

次に，f が単射であることを示そう．いま，$\boldsymbol{v}'$ を $\operatorname{Ker} f$ の任意のベクトルとすると，$f(\boldsymbol{v}') = \mathbf{0}$ と $f(\boldsymbol{v}') = T(\boldsymbol{v}')$ より $T(\boldsymbol{v}') = \mathbf{0}$ となるので，$\boldsymbol{v}' \in \operatorname{Ker} T$ となる．一方，$\operatorname{Ker} f \subset V'$ であるから $\boldsymbol{v}' \in V'$ である．$V = \operatorname{Ker} T \oplus V'$ より $\boldsymbol{v}' = \mathbf{0}$ となる．よって，$\operatorname{Ker} f = \{\mathbf{0}\}$ となるので，f は単射となる．

以上より，f は V' から $\operatorname{Im} T$ への線形写像で全単射になるので，V' と $\operatorname{Im} T$ は同型，すなわち $V' \cong \operatorname{Im} T$ となる．

最後に，公式 10.24 (1) $\Longleftrightarrow$ (4) より，$\dim V = \dim(\operatorname{Ker} T) + \dim V'$ とな

る．また，公式 10.38 より，$\dim V' = \dim(\mathrm{Im}\, T)$ となる．これらより，次元公式 (10.9) が得られる． ■

公式 10.40 同型写像の性質

V と W をベクトル空間とし，T を V から W への線形写像とする．$\dim V = \dim W < \infty$ のとき，次の事項は同値である．

(1) $\mathrm{Ker}\, T = \{\mathbf{0}\}$　(2) $\mathrm{Im}\, T = W$　(3) T は同型写像である

証明 (3) $\Longrightarrow$ (1), (3) $\Longrightarrow$ (2) は自明である．

(1) $\Longrightarrow$ (3) については，仮定の条件 $\mathrm{Ker}\, T = \{\mathbf{0}\}$ を用いると，公式 10.39 より，$\dim V = \dim(\mathrm{Im}\, T) + \dim(\mathrm{Ker}\, T) = \dim(\mathrm{Im}\, T)$ となる．また，$\dim V = \dim W$ であるから，$\dim W = \dim(\mathrm{Im}\, T)$ となる．よって，公式 10.18 より $W = \mathrm{Im}\, T$ となり，T は全単射なので，同型写像である．

(2) $\Longrightarrow$ (3) については，公式 10.39 の (10.9) より $\dim V = \dim(\mathrm{Im}\, T) + \dim(\mathrm{Ker}\, T) = \dim W + \dim(\mathrm{Ker}\, T)$ となる．$\dim V = \dim W$ であるから，$\dim(\mathrm{Ker}\, T) = 0$ となる．これは $\mathrm{Ker}\, T = \{\mathbf{0}\}$ を示している．よって，T は全単射なので，同型写像である． ■

例題 10.41 平面の方程式（続き）

例題 10.6 で扱った平面の方程式 $x + y + z = 0$ から構成される部分空間 W と (10.6) の線形写像 $g_W(\boldsymbol{v})$ を考える．このとき，次元公式が成り立つことを確かめよ．

解説 $g_W(\boldsymbol{v})$ は $\boldsymbol{v} \in \mathbb{R}^3$ を W へ射影する写像なので，例題 10.33 より，イメージは $\mathrm{Im}\, g_W = W = \langle \boldsymbol{a}, \boldsymbol{b} \rangle$ であり，カーネルは $\mathrm{Ker}\, g_W = \langle (1,1,1)^\top \rangle$ である．したがって，

$$\mathbb{R}^3 = W \oplus (\mathrm{Ker}\, g_W) = \langle \boldsymbol{a}, \boldsymbol{b} \rangle \oplus \langle (1,1,1)^\top \rangle$$

となり，$\dim \mathbb{R}^3 = 3 = 2 + 1 = \dim W + \dim(\mathrm{Ker}\, g_W)$ が成り立つ．

例題 10.42 多項式の部分空間（続き）

例題 10.8 で扱った多項式の部分空間 $\mathbb{R}_n[x]$ と (10.7) と (10.8) の線形写像 D, S を考える．D と S それぞれについて，次元公式が成り立つことを確かめよ．

解説 線形写像 D については，例題 10.34 (1) より $\mathrm{Im}\, D = \langle 1, x, \ldots, x^{n-1} \rangle$，一方，$\mathrm{Ker}\, D = \langle 1 \rangle$ であるから，$\dim(\mathrm{Im}\, D) = n$, $\dim(\mathrm{Ker}\, D) = 1$ である．$\dim(\mathbb{R}_n[x]) = n + 1$ であるから，

$$\dim(\mathrm{Im}\, D) + \dim(\mathrm{Ker}\, D) = n + 1 = \dim(\mathbb{R}_n[x])$$

が成り立つ．

線形写像 S については，例題 10.34 (2) より $\mathrm{Im}\, S = \langle x, \ldots, x^{n+1} \rangle$, $\mathrm{Ker}\, S = \emptyset$ であるから，$\dim(\mathrm{Im}\, S) = n+1$, $\dim(\mathrm{Ker}\, S) = 0$ である．一方，$\dim(\mathbb{R}_n[x]) = n + 1$ であるから，

$$\dim(\mathrm{Im}\, S) + \dim(\mathrm{Ker}\, S) = n + 1 = \dim(\mathbb{R}_n[x])$$

が成り立つ．

10.5 合成写像と線形写像の表現行列

合成写像と逆写像の定義からはじめよう．

定義 10.43 （合成写像，恒等写像，逆写像）

U, V, W をベクトル空間とし，S を U から V への線形写像，T を V から W への線形写像とする．

(1) U の任意のベクトル $\boldsymbol{u}$ に対して，W のベクトル $T(S(\boldsymbol{u}))$ を対応させる写像を $T \circ S$ と表して，**合成写像**と呼ぶ．

(2) V の任意のベクトル $\boldsymbol{v}$ に対して，$\boldsymbol{v}$ 自身を対応させる写像を $I_V(\boldsymbol{v}) = \boldsymbol{v}$ と表して，**恒等写像**と呼ぶ．

(3) V から W への線形写像 T に対して，W から V への写像 T^{-1} で，V の任意のベクトル $\boldsymbol{v}$ と W の任意のベクトル $\boldsymbol{w}$ に対して，

$$T^{-1}(T(\boldsymbol{v})) = \boldsymbol{v}, \quad T(T^{-1}(\boldsymbol{w})) = \boldsymbol{w}$$

が成り立つとき，T^{-1} を T の**逆写像**と呼ぶ．合成写像の記号を用いると，$T^{-1} \circ T = I_V$ もしくは $T \circ T^{-1} = I_W$ と書ける．とくに，T が V から V への線形変換で逆写像 T^{-1} が存在するとき，T は**正則変換**であるという．

公式 10.44　合成写像，恒等写像，逆写像

U, V, W をベクトル空間とし，S を U から V への線形写像，T を V から W への線形写像とする．このとき，合成写像 $T \circ S$，恒等写像 I_V，T の逆写像 T^{-1} は線形写像である．

証明　S が線形写像であるから，$\boldsymbol{u}_1, \boldsymbol{u}_2 \in U$ と $c, d \in K$ に対して，$S(c\boldsymbol{u}_1 + d\boldsymbol{u}_2) = cS(\boldsymbol{u}_1) + dS(\boldsymbol{u}_2)$ と書ける．さらに，T が線形写像であることから，

$$\begin{aligned}(T \circ S)(c\boldsymbol{u}_1 + d\boldsymbol{u}_2) &= T(cS(\boldsymbol{u}_1) + dS(\boldsymbol{u}_2)) \\ &= cT(S(\boldsymbol{u}_1)) + dT(S(\boldsymbol{u}_2)) \\ &= c(T \circ S)(\boldsymbol{u}_1) + d(T \circ S)(\boldsymbol{u}_2)\end{aligned}$$

となり，合成写像 $T \circ S$ が線形写像になることがわかる．

恒等写像 I_V が線形写像であることは明らかなので，逆写像 T^{-1} が線形写像であることを示す．W の2つのベクトル $\boldsymbol{w}_1$，$\boldsymbol{w}_2$ に対して，$T^{-1}(\boldsymbol{w}_1) = \boldsymbol{v}_1$，$T^{-1}(\boldsymbol{w}_2) = \boldsymbol{v}_2$ となる V のベクトル $\boldsymbol{v}_1$，$\boldsymbol{v}_2$ がとれる．$\boldsymbol{w}_1 = T(\boldsymbol{v}_1)$，$\boldsymbol{w}_2 = T(\boldsymbol{v}_2)$ であるから，

$$\begin{aligned}T^{-1}(c\boldsymbol{w}_1 + d\boldsymbol{w}_2) &= T^{-1}(cT(\boldsymbol{v}_1) + dT(\boldsymbol{v}_2)) \\ &= T^{-1}(T(c\boldsymbol{v}_1 + d\boldsymbol{v}_2)) \\ &= c\boldsymbol{v}_1 + d\boldsymbol{v}_2 \\ &= cT^{-1}(\boldsymbol{w}_1) + dT^{-1}(\boldsymbol{w}_2)\end{aligned}$$

となり，T^{-1} が線形写像であることがわかる．■

2つのベクトル空間 V と W において，V の基底を $\{\boldsymbol{v}_1, \ldots, \boldsymbol{v}_n\}$，$W$ の基底

を $\{\boldsymbol{w}_1, \ldots, \boldsymbol{w}_m\}$ とする．T を V から W への線形写像とし，V の各基底 $\boldsymbol{v}_i$ に対して $T(\boldsymbol{v}_i)$ が次のように表されるとする．

$$
\begin{aligned}
T(\boldsymbol{v}_1) &= a_{11}\boldsymbol{w}_1 + \cdots + a_{m1}\boldsymbol{w}_m \\
T(\boldsymbol{v}_2) &= a_{12}\boldsymbol{w}_1 + \cdots + a_{m2}\boldsymbol{w}_m \\
&\cdots\cdots \\
T(\boldsymbol{v}_n) &= a_{1n}\boldsymbol{w}_1 + \cdots + a_{mn}\boldsymbol{w}_m
\end{aligned}
$$

これをベクトルと行列の積のような形で <u>形式的に</u> 表すと次のように書ける．

$$
\Big(T(\boldsymbol{v}_1), \ldots, T(\boldsymbol{v}_n)\Big) = (\boldsymbol{w}_1, \ldots, \boldsymbol{w}_m)\begin{pmatrix} a_{11} & \cdots & a_{1n} \\ \vdots & \ddots & \vdots \\ a_{m1} & \cdots & a_{mn} \end{pmatrix}
$$

これは，$(\boldsymbol{w}_1, \ldots, \boldsymbol{w}_m)$ をあたかも数ベクトルのように思って <u>形式的に</u> 表したものであるが，便利な記法として利用される．このとき，

$$
\boldsymbol{A} = \begin{pmatrix} a_{11} & \cdots & a_{1n} \\ \vdots & \ddots & \vdots \\ a_{m1} & \cdots & a_{mn} \end{pmatrix}
$$

とおき，$\boldsymbol{A}$ を線形写像 T の**表現行列**と呼ぶ．

この形式的な表現をもう少し正確に説明し直すことにする．V と W の基底 $\{\boldsymbol{v}_1, \ldots, \boldsymbol{v}_n\}$, $\{\boldsymbol{w}_1, \ldots, \boldsymbol{w}_m\}$ に関して，例題 10.37 で取り上げた座標写像を

$$
\varphi(x_1\boldsymbol{v}_1 + \cdots + x_n\boldsymbol{v}_n) = \begin{pmatrix} x_1 \\ \vdots \\ x_n \end{pmatrix}, \quad \psi(y_1\boldsymbol{w}_1 + \cdots + y_m\boldsymbol{w}_m) = \begin{pmatrix} y_1 \\ \vdots \\ y_m \end{pmatrix}
$$

とし，$\mathbb{R}^n$ の n 個の基本ベクトルを $\boldsymbol{e}_1 = (1, 0, \ldots, 0)^\top$, $\ldots$, $\boldsymbol{e}_n = (0, \ldots, 0, 1)^\top$ とする．このとき，$\varphi(\boldsymbol{v}_i) = \boldsymbol{e}_i$ と書けるので，$\boldsymbol{v}_i = \varphi^{-1}(\boldsymbol{e}_i)$ と表される．これに T を施すと，

$$
(T \circ \varphi^{-1})(\boldsymbol{e}_i) = T(\varphi^{-1}(\boldsymbol{e}_i)) = T(\boldsymbol{v}_i) = a_{1i}\boldsymbol{w}_1 + \cdots + a_{mi}\boldsymbol{w}_m
$$

と書けるので，座標写像 ψ により，

$$(\psi \circ T \circ \varphi^{-1})(\boldsymbol{e}_i) = \psi\Big(T(\varphi^{-1}(\boldsymbol{e}_i))\Big) = \psi(T(\boldsymbol{v}_i)) = \begin{pmatrix} a_{1i} \\ \vdots \\ a_{mi} \end{pmatrix}$$

となる．したがって，

$$\Big((\psi \circ T \circ \varphi^{-1})(\boldsymbol{e}_1),\ \ldots,\ (\psi \circ T \circ \varphi^{-1})(\boldsymbol{e}_n)\Big) = \begin{pmatrix} a_{11} & \cdots & a_{1n} \\ \vdots & \ddots & \vdots \\ a_{m1} & \cdots & a_{mn} \end{pmatrix} = \boldsymbol{A}$$

と表される．

$\mathbb{R}^n$ の任意の数ベクトル $\boldsymbol{x} = (x_1, \ldots, x_n)^\top$ に対して，$(\psi \circ T \circ \varphi^{-1})(\boldsymbol{x}) = \boldsymbol{y} = (y_1, \ldots, y_m)^\top \in \mathbb{R}^m$ とする．$\boldsymbol{x} = x_1\boldsymbol{e}_1 + \cdots + x_n\boldsymbol{e}_n$ と書けるので，

$$\begin{aligned} \boldsymbol{y} &= (\psi \circ T \circ \varphi^{-1})(\boldsymbol{x}) \\ &= x_1(\psi \circ T \circ \varphi^{-1})(\boldsymbol{e}_1) \ + \cdots + x_n(\psi \circ T \circ \varphi^{-1})(\boldsymbol{e}_n) \\ &= \Big((\psi \circ T \circ \varphi^{-1})(\boldsymbol{e}_1),\ \ldots,\ (\psi \circ T \circ \varphi^{-1})(\boldsymbol{e}_n)\Big) \begin{pmatrix} x_1 \\ \vdots \\ x_n \end{pmatrix} = \boldsymbol{A}\boldsymbol{x} \end{aligned}$$

と書ける．以上の線形写像の構図を表したものが次の図である．

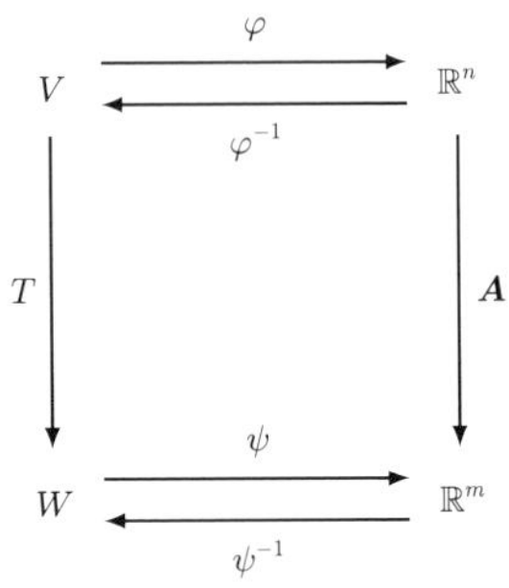

公式 10.45　表現行列

ベクトル空間 V と W について，V の基底を $\{\boldsymbol{v}_1, \ldots, \boldsymbol{v}_n\}$，$W$ の基底を $\{\boldsymbol{w}_1, \ldots, \boldsymbol{w}_m\}$ とし，それぞれの座標写像を φ, ψ とする．V から W への線形写像 T は，$\boldsymbol{x} \in \mathbb{R}^n$, $\boldsymbol{y} \in \mathbb{R}^m$ に対して $m \times n$ 行列 $\boldsymbol{A}$ を用いて，

$$\boldsymbol{y} = (\psi \circ T \circ \varphi^{-1})(\boldsymbol{x}) = \boldsymbol{A}\boldsymbol{x}$$

のように表される．この $\boldsymbol{A}$ を T の**表現行列**と呼ぶ．

逆に，$\mathbb{R}^n$ から $\mathbb{R}^m$ への線形写像が $f_A(\boldsymbol{x}) = \boldsymbol{A}\boldsymbol{x}$ と表されるときには，$T_A(\boldsymbol{v}) = (\psi^{-1} \circ f_A \circ \varphi)(\boldsymbol{v})$ として，V から W への線形写像 T_A を導くことができる．

例題 10.46　平面の方程式（続き）

例題 10.6 で扱った平面の方程式 $x + y + z = 0$ から構成される部分空間 W と (10.6) の線形写像 $g_W(\boldsymbol{v})$ を考える．$\mathbb{R}^3$ の 3 つの基本ベクトルを $\boldsymbol{e}_1 = (1, 0, 0)^\top$, $\boldsymbol{e}_2 = (0, 1, 0)^\top$, $\boldsymbol{e}_3 = (0, 0, 1)^\top$ とする．線形写像 $g_W(\boldsymbol{v})$ について，$\{\boldsymbol{e}_1, \boldsymbol{e}_2, \boldsymbol{e}_3\}$ を基底とするときの表現行列を与えよ．

解説　$\boldsymbol{e}_1$, $\boldsymbol{e}_2$, $\boldsymbol{e}_3$ を g_W で移すと，

$$g_W(\boldsymbol{e}_1) = (2, -1, -1)^\top = 2\boldsymbol{e}_1 - \boldsymbol{e}_2 - \boldsymbol{e}_3$$
$$g_W(\boldsymbol{e}_2) = (-1, 2, -1)^\top = -\boldsymbol{e}_1 + 2\boldsymbol{e}_2 - \boldsymbol{e}_3$$
$$g_W(\boldsymbol{e}_3) = (-1, -1, 2)^\top = -\boldsymbol{e}_1 - \boldsymbol{e}_2 + 2\boldsymbol{e}_3$$

となり，行列 $(\boldsymbol{e}_1, \boldsymbol{e}_2, \boldsymbol{e}_3)$ は単位行列 $\boldsymbol{I}_3$ であるから，

$$\Big(g_W(\boldsymbol{e}_1), g_W(\boldsymbol{e}_2), g_W(\boldsymbol{e}_3)\Big) = (\boldsymbol{e}_1, \boldsymbol{e}_2, \boldsymbol{e}_3)\begin{pmatrix} 2 & -1 & -1 \\ -1 & 2 & -1 \\ -1 & -1 & 2 \end{pmatrix}$$

と表される．右辺に登場する 3×3 行列が表現行列である．

例題 10.47 多項式の部分空間（続き）

例題 10.8 で扱った多項式の部分空間 $\mathbb{R}_n[x]$ と (10.7) と (10.8) の 2 つの線形写像 D, S を考える．D を基底 $\{1, x, \ldots, x^n\}$ で張られる部分空間から基底 $\{1, x, \ldots, x^{n-1}\}$ で張られる部分空間への線形写像と見なすときの表現行列を与えよ．また，S を基底 $\{1, x, \ldots, x^n\}$ で張られる部分空間から基底 $\{x, \ldots, x^{n+1}\}$ で張られる部分空間への線形写像と見なすときの表現行列を与えよ．

解説 $D(1) = 0$, $D(x^k) = kx^{k-1}$ であるから，D の表現行列は，

$$\Big(D(1),\, D(x),\, \ldots,\, D(x^n)\Big) = (1, x, \ldots, x^{n-1}) \begin{pmatrix} 0 & 1 & 0 & \cdots & 0 \\ 0 & 0 & 2 & \cdots & 0 \\ \vdots & \vdots & \vdots & \ddots & \vdots \\ 0 & 0 & \cdots & 0 & n \end{pmatrix}$$

の右辺にある $n \times n$ 行列となる．

また，$S(1) = x$, $S(x^k) = x^{k+1}/(k+1)$ であるから，S の表現行列は，

$$\Big(S(1),\, S(x),\, \ldots,\, S(x^n)\Big) = (x, x^2, \ldots, x^{n+1}) \begin{pmatrix} 1 & 0 & \cdots & 0 \\ 0 & 1/2 & \cdots & 0 \\ \vdots & \vdots & \ddots & \vdots \\ 0 & 0 & \cdots & 1/(n+1) \end{pmatrix}$$

の右辺にある $(n+1) \times n$ 行列となる．

公式 10.48 合成写像の表現行列と正則変換

n 次元ベクトル空間 V の基底を $\{\boldsymbol{v}_1, \ldots, \boldsymbol{v}_n\}$ とし，V 上の 2 つの線形変換 S と T を考える．V の基底に関する S の表現行列を $\boldsymbol{A}$ とし，T の表現行列を $\boldsymbol{B}$ とする．

(1) S と T の合成写像 $S \circ T$ の表現行列は次の $\boldsymbol{AB}$ で与えられる．

$$\Big(S(T(\boldsymbol{v}_1)),\, \ldots,\, S(T(\boldsymbol{v}_n))\Big) = (\boldsymbol{v}_1, \ldots, \boldsymbol{v}_n)\boldsymbol{AB} \tag{10.10}$$

(2) S が正則変換であるための必要十分条件は，$\boldsymbol{A}$ が正則行列であることである．

証明

(1) S の表現行列が $\boldsymbol{A}=(a_{ij})$ であることから，

$$\Big(S(\boldsymbol{v}_1),\ \ldots,\ S(\boldsymbol{v}_n)\Big)=(\boldsymbol{v}_1,\ldots,\boldsymbol{v}_n)\begin{pmatrix}a_{11}&\cdots&a_{1n}\\ \vdots&\ddots&\vdots\\ a_{n1}&\cdots&a_{nn}\end{pmatrix}$$

と表される．すなわち，成分で表示すると，

$$S(\boldsymbol{v}_k)=\sum_{i=1}^{n}a_{ik}\boldsymbol{v}_i$$

と書ける．同様にして，$T(\boldsymbol{v}_j)=\sum\limits_{k=1}^{n}b_{kj}\boldsymbol{v}_k$ と表される．これらを用いると，S, T が線形写像であることから次のように表される．

$$\begin{aligned}S(T(\boldsymbol{v}_j))&=\sum_{k=1}^{n}b_{kj}S(\boldsymbol{v}_k)\\&=\sum_{k=1}^{n}b_{kj}\sum_{i=1}^{n}a_{ik}\boldsymbol{v}_i=\sum_{i=1}^{n}\Big\{\sum_{k=1}^{n}a_{ik}b_{kj}\Big\}\boldsymbol{v}_i\end{aligned}$$

$\sum\limits_{k=1}^{n}a_{ik}b_{kj}$ は $\boldsymbol{AB}$ の (i,j) 成分であり，これを $(AB)_{ij}$ で表すと，

$$\begin{aligned}&\Big(S(T(\boldsymbol{v}_1)),\ \ldots,\ S(T(\boldsymbol{v}_n))\Big)\\&=(\boldsymbol{v}_1,\ldots,\boldsymbol{v}_n)\begin{pmatrix}(AB)_{11}&\cdots&(AB)_{1n}\\ \vdots&\ddots&\vdots\\ (AB)_{n1}&\cdots&(AB)_{nn}\end{pmatrix}\end{aligned}$$

と書けるので，(10.10) が得られる．

(2) $\boldsymbol{A}$ が正則行列であることを仮定し $\boldsymbol{B}=\boldsymbol{A}^{-1}$ とおくと，(10.10) は，

$$\Big(S(T(\boldsymbol{v}_1)),\ \ldots,\ S(T(\boldsymbol{v}_n))\Big)=(\boldsymbol{v}_1,\ldots,\boldsymbol{v}_n)\boldsymbol{I}_n$$

となり，$S\circ T=I_V$ となる．同様にして，$T\circ S=I_V$ が示されるので，S

が T の逆写像となり，T が正則写像となる．

逆に，T が正則写像であれば，$S \circ T = I_V$ であるから，(10.10) より $\boldsymbol{AB} = \boldsymbol{I}_n$ が成り立つことになる．$\boldsymbol{BA} = \boldsymbol{I}_n$ も同様に示されるので，$\boldsymbol{B}$ が $\boldsymbol{A}$ の逆行列となり，$\boldsymbol{A}$ が正則行列となることがわかる． ■

行列の様々な性質は，表現行列の公式 10.45 を用いて線形写像に引き継がれる．

10.6 計量ベクトル空間

定義 10.49 （内積）

実ベクトル空間 V の任意の2つのベクトル $\boldsymbol{x}$, $\boldsymbol{y}$ に対して，$(\boldsymbol{x}, \boldsymbol{y})$ が実数の値をとり，次の4条件を満たすとき，$(\boldsymbol{x}, \boldsymbol{y})$ を $\boldsymbol{x}$, $\boldsymbol{y}$ の**内積**と呼ぶ．内積が定義されるベクトル空間を**計量ベクトル空間**（**内積空間**）と呼ぶ．ただし，$\boldsymbol{x}$, $\boldsymbol{y}$, $\boldsymbol{z}$ は V のベクトル，c は実数とする．

(1) $(\boldsymbol{x}, \boldsymbol{y}) = (\boldsymbol{y}, \boldsymbol{x})$

(2) $(\boldsymbol{x} + \boldsymbol{y}, \boldsymbol{z}) = (\boldsymbol{x}, \boldsymbol{z}) + (\boldsymbol{y}, \boldsymbol{z})$

(3) $(c\boldsymbol{x}, \boldsymbol{y}) = (\boldsymbol{x}, c\boldsymbol{y}) = c(\boldsymbol{x}, \boldsymbol{y})$

(4) $(\boldsymbol{x}, \boldsymbol{x}) \geq 0$ であり，$(\boldsymbol{x}, \boldsymbol{x}) = 0$ なら $\boldsymbol{x} = \boldsymbol{0}$ となる．

例題 10.50 内積の例 (I)

$\mathbb{R}^n$ の2つの数ベクトル $\boldsymbol{x} = (x_1, \ldots, x_n)^\top$ と $\boldsymbol{y} = (y_1, \ldots, y_n)^\top$ に対して，

$$(\boldsymbol{x}, \boldsymbol{y}) = \boldsymbol{x}^\top \boldsymbol{y} = \sum_{i=1}^{n} x_i y_i$$

は内積になることを確かめよ．また，n 次正方行列 $\boldsymbol{A}$ に基づいて

$$(\boldsymbol{x}, \boldsymbol{y})_{\boldsymbol{A}} = \boldsymbol{x}^\top \boldsymbol{A} \boldsymbol{y}$$

を考えるとき，$(\boldsymbol{x}, \boldsymbol{y})_{\boldsymbol{A}}$ が内積になるための $\boldsymbol{A}$ の条件を与えよ．

解説 $(\boldsymbol{x}, \boldsymbol{y})$ が内積になることは容易に確かめられる．

$(\boldsymbol{x}, \boldsymbol{y})_{\boldsymbol{A}}$ が内積になるために，定義 10.49 の 2 つの条件 (1), (4) を考える．まず，$(\boldsymbol{x}, \boldsymbol{y})_{\boldsymbol{A}} = (\boldsymbol{y}, \boldsymbol{x})_{\boldsymbol{A}}$ は，$\boldsymbol{x}^\top \boldsymbol{A} \boldsymbol{y} = \boldsymbol{y}^\top \boldsymbol{A} \boldsymbol{x}$ と表される．$\boldsymbol{y}^\top \boldsymbol{A} \boldsymbol{x} = (\boldsymbol{y}^\top \boldsymbol{A} \boldsymbol{x})^\top = \boldsymbol{x}^\top \boldsymbol{A}^\top \boldsymbol{y}$ と書けるので，$\boldsymbol{x}^\top \boldsymbol{A} \boldsymbol{y} = \boldsymbol{x}^\top \boldsymbol{A}^\top \boldsymbol{y}$ となる．したがって，$\boldsymbol{A} = \boldsymbol{A}^\top$ という条件が出る．次に，$(\boldsymbol{x}, \boldsymbol{x})_{\boldsymbol{A}} = \boldsymbol{x}^\top \boldsymbol{A} \boldsymbol{x} \geq 0$ より，$\boldsymbol{A} \geq 0$ という条件が出る．さらに，$\boldsymbol{x}^\top \boldsymbol{A} \boldsymbol{x} = 0$ なら $\boldsymbol{x} = \boldsymbol{0}$ となるためには，$\boldsymbol{A}$ は正定値であればよい．以上より，$(\boldsymbol{x}, \boldsymbol{y})_{\boldsymbol{A}}$ が内積になるための $\boldsymbol{A}$ の条件は，対称行列で正定値となる．

例題 10.51 内積の例 (II)

例題 10.7 で与えられた無限数列の部分空間 ℓ_2 において，$\{a_n\}, \{b_n\} \in \ell_2$ に対して，

$$(\{a_n\}, \{b_n\}) = \sum_{n=1}^{\infty} a_n b_n$$

を考えると，これは内積になることを示せ．

解説 コーシー・シュワルツの不等式から，

$$\sum_{n=1}^{\infty} |a_n b_n| \leq \sqrt{\sum_{n=1}^{\infty} |a_n|^2} \sqrt{\sum_{n=1}^{\infty} |b_n|^2}$$

となり，$\{a_n\}, \{b_n\} \in \ell_2$ より右辺は有界になるので内積が定義できる．(1)〜(4) は容易に確かめることができる．とくに，$(\{a_n\}, \{a_n\}) = \sum_{n=1}^{\infty} |a_n|^2 = 0$ なら，すべての n に対して $a_n = 0$ となる．

例題 10.52 内積の例 (III)

実数直線上の区間 D で定義された連続関数 $f(x)$ が，$\int_D |f(x)|^2 \, dx < \infty$ であるような関数 f の全体を $L_2(D)$ で表す．$f, g \in L_2(D)$ に対して，内積 (f, g) を

$$(f, g) = \int_D f(x)g(x)\,dx$$

で定義するとき，(f, g) が内積の条件を満たすことを示せ．また，一般に正の値をとる関数 $h(x)$ を用いて，

$$(f, g)_h = \int f(x)g(x)h(x)\,dx$$

とするとき，これが内積になるための条件を与えよ．

解説　(f, g) が内積になることは容易に確かめられる．とくに，$(f, f) = \int_D |f(x)|^2\,dx = 0$ なら，ほとんどすべての x に対して $f(x) = 0$ となる．

また，$(f, g)_h$ が内積になるためには，f, g が $\left\{f \;\middle|\; \int |f(x)|^2 h(x)\,dx < \infty\right\}$ の空間に入る必要がある．

定義 10.53　（ノルム）

計量ベクトル空間 V において，ベクトル $\boldsymbol{x} \in V$ の**ノルム**（**長さ**）を

$$\|\boldsymbol{x}\| = \sqrt{(\boldsymbol{x}, \boldsymbol{x})}$$

で定義する．また，$\boldsymbol{x}$, $\boldsymbol{y} \in V$ の**距離**を次で定義する．

$$\|\boldsymbol{x} - \boldsymbol{y}\| = \sqrt{(\boldsymbol{x} - \boldsymbol{y}, \boldsymbol{x} - \boldsymbol{y})}$$

公式 10.54　ノルムの性質

$\boldsymbol{x}$, $\boldsymbol{y} \in V$, $c \in \mathbb{R}$ とするとき，計量ベクトル空間 V のノルムについて，次が成り立つ．

(1) $\|c\boldsymbol{x}\| = |c|\|\boldsymbol{x}\|$

とくに，$\boldsymbol{u} = \dfrac{\boldsymbol{x}}{\|\boldsymbol{x}\|}$ とおくと $\|\boldsymbol{u}\| = 1$ となる．これを**ベクトルの正規化**と呼ぶ．

(2) $|(\boldsymbol{x}, \boldsymbol{y})| \leq \|\boldsymbol{x}\| \cdot \|\boldsymbol{y}\|$　（**コーシー・シュワルツの不等式**）

(3) $\|\boldsymbol{x} + \boldsymbol{y}\| \leq \|\boldsymbol{x}\| + \|\boldsymbol{y}\|$　（**三角不等式**）

証明

(1) 容易に確かめることができる.

(2) $g(c) = \|c\boldsymbol{x} + \boldsymbol{y}\|^2 = \|\boldsymbol{x}\|^2 c^2 + 2(\boldsymbol{x}, \boldsymbol{y})c + \|\boldsymbol{y}\|^2$ とおくと, 任意の c に対して $g(c) \geq 0$ であるから, $g(c) = 0$ の判別式 D については,

$$\frac{D}{4} = \{(\boldsymbol{x}, \boldsymbol{y})\}^2 - \|\boldsymbol{x}\|^2 \|\boldsymbol{y}\|^2 \leq 0$$

となる. これよりコーシー・シュワルツの不等式が得られる.

(3) コーシー・シュワルツの不等式を用いると, (2) の $g(c)$ に対して,

$$\begin{aligned} g(1) = \|\boldsymbol{x} + \boldsymbol{y}\|^2 &= \|\boldsymbol{x}\|^2 + 2(\boldsymbol{x}, \boldsymbol{y}) + \|\boldsymbol{y}\|^2 \\ &\leq \|\boldsymbol{x}\|^2 + 2\|\boldsymbol{x}\| \cdot \|\boldsymbol{y}\| + \|\boldsymbol{y}\|^2 = (\|\boldsymbol{x}\| + \|\boldsymbol{y}\|)^2 \end{aligned}$$

と書けることからわかる. ■

定義 10.55 (ベクトルのなす角と直交)

計量ベクトル空間 V のベクトル $\boldsymbol{x}, \boldsymbol{y}$ に対して, コーシー・シュワルツの不等式から $-1 \leq \dfrac{(\boldsymbol{x}, \boldsymbol{y})}{\|\boldsymbol{x}\| \cdot \|\boldsymbol{y}\|} \leq 1$ となるので,

$$\cos\theta = \frac{(\boldsymbol{x}, \boldsymbol{y})}{\|\boldsymbol{x}\| \cdot \|\boldsymbol{y}\|}$$

を満たす θ が 1 つ定まる. この θ を $\boldsymbol{x}$ と $\boldsymbol{y}$ の**なす角**と呼ぶ. とくに, $(\boldsymbol{x}, \boldsymbol{y}) = 0$ が成り立つとき $\theta = \pi/2$ であり, $\boldsymbol{x}$ と $\boldsymbol{y}$ は**直交する**という. これを $\boldsymbol{x} \perp \boldsymbol{y}$ と表す.

定義 10.56 (正規直交基底)

計量ベクトル空間 V の基底 $\{\boldsymbol{u}_1, \ldots, \boldsymbol{u}_n\}$ について, $i \neq j$ に対して $(\boldsymbol{u}_i, \boldsymbol{u}_j) = 0$ であるとき, $\{\boldsymbol{u}_1, \ldots, \boldsymbol{u}_n\}$ を**直交基底**と呼ぶ. これに加えて, すべての $i = 1, \ldots, n$ に対して $\|\boldsymbol{u}_i\| = 1$ であるとき, $\{\boldsymbol{u}_1, \ldots, \boldsymbol{u}_n\}$ を**正規直交基底**と呼ぶ.

公式 10.57　グラム・シュミットの直交化法（公式 9.14 の再掲）

計量ベクトル空間 V において，基底 $\{\boldsymbol{x}_1, \ldots, \boldsymbol{x}_n\}$ から正規直交基底 $\{\boldsymbol{u}_1, \ldots, \boldsymbol{u}_n\}$ を作るには，次の**グラム・シュミットの直交化法**を用いる．

$$
\begin{aligned}
&\boldsymbol{y}_1 = \boldsymbol{x}_1, && \boldsymbol{u}_1 = \frac{\boldsymbol{x}_1}{\|\boldsymbol{x}_1\|} \\
&\boldsymbol{y}_2 = \boldsymbol{x}_2 - (\boldsymbol{x}_2, \boldsymbol{u}_1)\boldsymbol{u}_1, && \boldsymbol{u}_2 = \frac{\boldsymbol{y}_2}{\|\boldsymbol{y}_2\|} \\
&\boldsymbol{y}_3 = \boldsymbol{x}_3 - (\boldsymbol{x}_3, \boldsymbol{u}_1)\boldsymbol{u}_1 - (\boldsymbol{x}_3, \boldsymbol{u}_2)\boldsymbol{u}_2, && \boldsymbol{u}_3 = \frac{\boldsymbol{y}_3}{\|\boldsymbol{y}_3\|} \\
&\quad \cdots\cdots && \quad \cdots \\
&\boldsymbol{y}_n = \boldsymbol{x}_n - (\boldsymbol{x}_n, \boldsymbol{u}_1)\boldsymbol{u}_1 - \cdots - (\boldsymbol{x}_n, \boldsymbol{u}_{n-1})\boldsymbol{u}_{n-1}, && \boldsymbol{u}_n = \frac{\boldsymbol{y}_n}{\|\boldsymbol{y}_n\|}
\end{aligned}
$$

証明　$\boldsymbol{u}_1, \ldots, \boldsymbol{u}_n$ が互いに直交することを示す．まず，$(\boldsymbol{u}_1, \boldsymbol{u}_2) = 0$ となることは容易に確かめられる．次に，$\boldsymbol{u}_1, \ldots, \boldsymbol{u}_{n-1}$ が互いに直交しているとするとき，$i = 1, \ldots, n-1$ に対して $(\boldsymbol{u}_i, \boldsymbol{u}_n) = 0$ を示そう．

$$
\begin{aligned}
(\boldsymbol{y}_i, \boldsymbol{y}_n) &= \Big(\|\boldsymbol{y}_i\|\boldsymbol{u}_i,\ \boldsymbol{x}_n - (\boldsymbol{x}_n, \boldsymbol{u}_1)\boldsymbol{u}_1 - \cdots - (\boldsymbol{x}_n, \boldsymbol{u}_{n-1})\boldsymbol{u}_{n-1}\Big) \\
&= \|\boldsymbol{y}_i\|(\boldsymbol{u}_i, \boldsymbol{x}_n) - \|\boldsymbol{y}_i\|(\boldsymbol{x}_n, \boldsymbol{u}_i)\|\boldsymbol{u}_i\|^2 = 0
\end{aligned}
$$

となる．■

公式 10.58　直交補空間

計量ベクトル空間 V の部分空間 W に対して，

$$W^{\perp} = \{\boldsymbol{y} \in V \mid 任意の\ \boldsymbol{x} \in W\ に対して\ (\boldsymbol{x}, \boldsymbol{y}) = 0\}$$

と定義すると，$W^{\perp}$ は部分空間になる．これを W の**直交補空間**と呼ぶ．

証明　任意の $\boldsymbol{y}_1$, $\boldsymbol{y}_2 \in W^{\perp}$ と任意の c, $d \in \mathbb{R}$ をとる．任意の $\boldsymbol{x} \in W$ に対して，

$$(c\boldsymbol{y}_1 + d\boldsymbol{y}_2,\ \boldsymbol{x}) = c(\boldsymbol{y}_1, \boldsymbol{x}) + d(\boldsymbol{y}_2, \boldsymbol{x}) = 0$$

より $c\boldsymbol{y}_1 + d\boldsymbol{y}_2 \in W^{\perp}$ となるので，$W^{\perp}$ は部分空間になる．■

公式 10.59 直和分解

n 次元ベクトル空間 V の部分空間 W について，V は W とその直交補空間 $W^\perp$ の直和で表される．これを**直和分解**という．

$$V = W \oplus W^\perp$$

証明 $\boldsymbol{v} \in W \cap W^\perp$ については，$(\boldsymbol{v}, \boldsymbol{v}) = 0$ であるから，$\boldsymbol{v} = \boldsymbol{0}$ となる．よって，$W \cap W^\perp = \{\boldsymbol{0}\}$ である．いま，$\dim W = m$ とすると，W に正規直交基底 $\{\boldsymbol{u}_1, \ldots, \boldsymbol{u}_m\}$ をとることができる．任意の $\boldsymbol{v} \in V$ に対して，

$$\boldsymbol{x} = \sum_{i=1}^{m} (\boldsymbol{v}, \boldsymbol{u}_i)\boldsymbol{u}_i, \quad \boldsymbol{y} = \boldsymbol{v} - \boldsymbol{x}$$

とおくと $\boldsymbol{x} \in W$ であり，任意の $\boldsymbol{u}_i$ $(i = 1, \ldots, m)$ に対して，

$$(\boldsymbol{y}, \boldsymbol{u}_i) = (\boldsymbol{v}, \boldsymbol{u}_i) - (\boldsymbol{x}, \boldsymbol{u}_i) = (\boldsymbol{v}, \boldsymbol{u}_i) - (\boldsymbol{v}, \boldsymbol{u}_i)\|\boldsymbol{u}_i\|^2 = 0$$

となる．$W = \langle \boldsymbol{u}_1, \ldots, \boldsymbol{u}_m \rangle$ であるから，$\boldsymbol{y} \in W^\perp$ である．したがって，$\boldsymbol{v} = \boldsymbol{x} + \boldsymbol{y}$ $(\boldsymbol{x} \in W, \boldsymbol{y} \in W^\perp)$ と表される．

以上より，$V = W \oplus W^\perp$ が示される． ∎

定義 10.60 （正射影）

V が $V = W \oplus W^\perp$ のように直和分解できるとき，任意の $\boldsymbol{v} \in V$ は，

$$\boldsymbol{v} = \boldsymbol{x} + \boldsymbol{y} \quad (\boldsymbol{x} \in W, \boldsymbol{y} \in W^\perp)$$

と一意的に表すことができる．このとき，$\boldsymbol{x}$ を $\boldsymbol{v}$ の W への**正射影**と呼ぶ．また，$\boldsymbol{v}$ を $\boldsymbol{x}$ に対応させる写像を

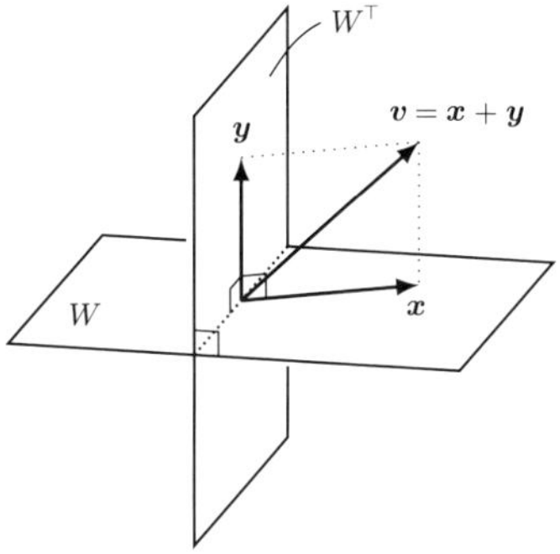

$$P_W : V \to W, \quad P_W(\boldsymbol{v}) = \boldsymbol{x}$$

と表し，**正射影子**と呼ぶ．

公式 10.61 正射影子

正射影子 P_W は線形写像になる．

証明 任意の $\boldsymbol{v}_1, \boldsymbol{v}_2 \in V$ に対して，$\boldsymbol{v}_1 = \boldsymbol{x}_1 + \boldsymbol{y}_1$, $\boldsymbol{v}_2 = \boldsymbol{x}_2 + \boldsymbol{y}_2$ と一意的に分解できる．ただし，$\boldsymbol{x}_1, \boldsymbol{x}_2 \in W$, $\boldsymbol{y}_1, \boldsymbol{y}_2 \in W^{\perp}$ である．任意の $c, d \in \mathbb{R}$ に対して，$c\boldsymbol{v}_1 + d\boldsymbol{v}_2 = (c\boldsymbol{x}_1 + d\boldsymbol{x}_2) + (c\boldsymbol{y}_1 + d\boldsymbol{y}_2)$ であるから，

$$P_W(c\boldsymbol{v}_1 + d\boldsymbol{v}_2) = c\boldsymbol{x}_1 + d\boldsymbol{x}_2 = cP_W(\boldsymbol{v}_1) + dP_W(\boldsymbol{v}_2)$$

と書ける．したがって，P_W は線形写像である． ■

例題 10.62 平面の方程式（続き）

(1) 例題 10.6 で扱った平面の方程式 $x + y + z = 0$ から構成される部分空間 W については，(10.2) のベクトル $\boldsymbol{a}$, $\boldsymbol{b}$ を用いて $W = \langle \boldsymbol{a}, \boldsymbol{b} \rangle$ と書くことができる．このとき，W の直交補空間を与えよ．

(2) 例題 10.29 の (10.6) で定義された線形写像 $g_W(\boldsymbol{v})$ は $\boldsymbol{v} = (x, y, z)^{\top} \in \mathbb{R}^3$ を W へ射影する線形写像であったが正射影子ではない．このことを説明し，正しい正射影子を与えよ．

解説

(1) $\boldsymbol{d} = (1, 1, 1)^{\top}$ とおくと，$\boldsymbol{d}^{\top}\boldsymbol{a} = 0$, $\boldsymbol{d}^{\top}\boldsymbol{b} = 0$ であることから，W の直交補空間は $W^{\top} = \langle \boldsymbol{d} \rangle$ で与えられる．公式 10.59 より，直和分解 $\mathbb{R}^3 = W \oplus \langle \boldsymbol{d} \rangle$ が成り立つことがわかる．

(2) 例題 10.29 の解説で述べられているように，$g_W(\boldsymbol{v})$ は $\boldsymbol{v}$ の W への射影である．$\boldsymbol{v} = (x, y, z)^{\top}$ から W へ射影した W 上の点が $g_W(\boldsymbol{v})$ であり，$\boldsymbol{v}$ から $g_W(\boldsymbol{v})$ へのベクトルは (10.6) より，

$$g_W(\boldsymbol{v}) - \boldsymbol{v} = \begin{pmatrix} 2x - y - z \\ -x + 2y - z \\ -x - y + 2z \end{pmatrix} - \begin{pmatrix} x \\ y \\ z \end{pmatrix} = \begin{pmatrix} x - y - z \\ -x + y - z \\ -x - y + z \end{pmatrix}$$

で与えられる．部分空間 W に直交する法線ベクトルが $\boldsymbol{d} = (1, 1, 1)^{\top}$ であるので，$g_W(\boldsymbol{v})$ が正射影子であることは $g_W(\boldsymbol{v}) - \boldsymbol{v} = c\boldsymbol{d}$ と表され

る $c \in \mathbb{R}$ がとれることを意味する．しかし，$x = y = z$ を満たさない (x, y, z) に対しては $g_W(\boldsymbol{v}) - \boldsymbol{v} = c\boldsymbol{d}$ が成り立たない．すなわち，任意の $\boldsymbol{v}$ に対して $g_W(\boldsymbol{v}) - \boldsymbol{v}$ は W に直交していないことを意味するので，$g_W(\boldsymbol{v})$ は正射影子でない．

そこで，$g_W(\boldsymbol{v})$ を少し縮めた写像を $P_W(\boldsymbol{v}) = \frac{1}{3}\begin{pmatrix} 2x - y - z \\ -x + 2y - z \\ -x - y + 2z \end{pmatrix}$ とすると，

$$P_W(\boldsymbol{v}) - \boldsymbol{v} = \frac{1}{3}\begin{pmatrix} 2x - y - z \\ -x + 2y - z \\ -x - y + 2z \end{pmatrix} - \begin{pmatrix} x \\ y \\ z \end{pmatrix} = -\frac{x + y + z}{3}\begin{pmatrix} 1 \\ 1 \\ 1 \end{pmatrix}$$

となり，$P_W(\boldsymbol{v}) - \boldsymbol{v} = c\boldsymbol{d}$ を満たす c として $-(x + y + z)/3$ がとれる．よって，$P_W(\boldsymbol{v}) - \boldsymbol{v} \in \langle \boldsymbol{d} \rangle$ が W と直交することがわかるので，$P_W(\boldsymbol{v})$ が正射影子になる．

基本問題

問 1　$\boldsymbol{v}_1$，$\boldsymbol{v}_2$，$\boldsymbol{v}_3$ が線形独立であるとするとき，次のベクトルの組合せは線形独立になるか．

(1) $\boldsymbol{v}_1 + \boldsymbol{v}_2$，$\boldsymbol{v}_2 + \boldsymbol{v}_3$，$\boldsymbol{v}_3 + \boldsymbol{v}_1$

(2) $\boldsymbol{v}_1 + \boldsymbol{v}_2$，$\boldsymbol{v}_2 + \boldsymbol{v}_3$，$\boldsymbol{v}_3 + \boldsymbol{v}_1$，$\boldsymbol{v}_1 + 2\boldsymbol{v}_2 + 3\boldsymbol{v}_3$

(3) $\boldsymbol{v}_1 - \boldsymbol{v}_3$，$\boldsymbol{v}_1 + 2\boldsymbol{v}_2 + \boldsymbol{v}_3$，$\boldsymbol{v}_1 + \boldsymbol{v}_2$

問 2　$\mathbb{R}^3$ の 2 つのベクトルの組を考える．

$$\beta_1 : \{\boldsymbol{a}_1 = (1,1,1)^\top,\ \boldsymbol{a}_2 = (1,1,2)^\top,\ \boldsymbol{a}_3 = (1,2,1)^\top\}$$
$$\beta_2 : \{\boldsymbol{b}_1 = (1,-1,0)^\top,\ \boldsymbol{b}_2 = (1,0,-1)^\top,\ \boldsymbol{b}_3 = (1,1,0)^\top\}$$

(1) どちらも $\mathbb{R}^3$ の基底になることを確かめよ．

(2) 各基底について $\boldsymbol{v} = (2,3,5)^\top$ の座標を与えよ．

(3) $(\boldsymbol{b}_1, \boldsymbol{b}_2, \boldsymbol{b}_3) = (\boldsymbol{a}_1, \boldsymbol{a}_2, \boldsymbol{a}_3)\boldsymbol{P}$ となる 3 次正方行列 $\boldsymbol{P}$ を，基底 β_1 から基底 β_2 への**基底変換行列**と呼ぶ．行列 $\boldsymbol{P}$ を求め，$\boldsymbol{P}$ が正則であることを確かめよ．

問 3　$\boldsymbol{x} = (x_1, x_2)^\top$ とするとき，次の写像は線形写像であるか．

(1) $f : \mathbb{R}^2 \to \mathbb{R},\ f(\boldsymbol{x}) = x_1 + x_2^2$　　(2) $f : \mathbb{R}^2 \to \mathbb{R}^3,\ f(\boldsymbol{x}) = \begin{pmatrix} x_1 - x_2 \\ x_1 \\ x_1 + x_2 \end{pmatrix}$

問 4　$\boldsymbol{x} = (x_1, x_2, x_3)^\top$ とするとき，次の線形写像を表す行列を求めよ．

(1) $f : \mathbb{R}^3 \to \mathbb{R},\ f(\boldsymbol{x}) = x_1 - x_2 + 2x_3$

(2) $f : \mathbb{R}^3 \to \mathbb{R}^2,\ f(\boldsymbol{x}) = \begin{pmatrix} x_1 - 2x_2 + 3x_3 \\ 2x_1 + x_2 - 5x_3 \end{pmatrix}$

問 5　実数 a, b, c に対して，平面

$$W = \{(x, y, z)^\top \mid x - a + 2(y - b) + 3(z - c) = 0,\ x \in \mathbb{R}, y \in \mathbb{R}, z \in \mathbb{R}\}$$

を考える．以下の問では W が $\mathbb{R}^3$ の部分空間になる場合のみを考える．

(1) W が部分空間になるための a, b, c の値を与え，そのときの基底を与えよ．

(2) $\mathbb{R}^3 = W \oplus U$ となるような部分空間 U を求め，U の基底を与えよ．

(3) 任意の $\boldsymbol{v} = (x, y, z)^\top \in \mathbb{R}^3$ に対して，$\boldsymbol{v}$ を W へ射影する正射影子を求めよ．

問 6　$\boldsymbol{v} = (x, y, z)^\top$ に対して次の線形写像を考えるとき，そのイメージとカーネルの基底を求めよ．

(1) $f : \mathbb{R}^3 \to \mathbb{R}^2,\ f(\boldsymbol{v}) = \begin{pmatrix} x - y + z \\ x + y - z \end{pmatrix}$

(2) $f : \mathbb{R}^3 \to \mathbb{R}^3,\ f(\boldsymbol{v}) = \begin{pmatrix} x - y \\ y - z \\ z - x \end{pmatrix}$

問 7　グラム・シュミットの直交化法を用いて，次のベクトルから $\mathbb{R}^3$ の正規直交基底を作れ．

(1) $\begin{pmatrix} 1 \\ -1 \\ 0 \end{pmatrix}, \begin{pmatrix} 1 \\ 0 \\ -1 \end{pmatrix}, \begin{pmatrix} 1 \\ 1 \\ 0 \end{pmatrix}$　　(2) $\begin{pmatrix} 1 \\ 1 \\ 0 \end{pmatrix}, \begin{pmatrix} 1 \\ 2 \\ -1 \end{pmatrix}, \begin{pmatrix} 1 \\ -1 \\ 1 \end{pmatrix}$

発展問題

問 8 $\mathbb{R}_n[x]$ の部分空間である 2 次多項式全体の集合の基底は $\{1, x, x^2\}$ である．関数 $f(x)$ と $g(x)$ の内積を次の (1), (2) で定めるとき，グラム・シュミットの直交化法を用いて正規直交基底を作れ．ただし，$\phi(x)$ は標準正規分布の確率密度関数

$$\phi(x) = \frac{1}{\sqrt{2\pi}} e^{-x^2/2}$$

である．

(1) $(f, g) = \int_{-1}^{1} f(x)g(x)\,dx$　　(2) $(f, g)_\phi = \int_{-\infty}^{\infty} f(x)g(x)\phi(x)\,dx$

問 9 2 つのベクトル空間 V と W があり，V から W への線形写像を f とする．$\boldsymbol{b} \in W$ に対して，

$$f(\boldsymbol{v}) = \boldsymbol{b}$$

を満たす解 $\boldsymbol{v} \in V$ を求める問題は，連立線形方程式の解を求める問題をベクトル空間に一般化した問題となる．

(1) $f(\boldsymbol{v}) = \boldsymbol{b}$ の解 $\boldsymbol{v}$ が存在するための条件を与えよ．

(2) $f(\boldsymbol{v}^*) = \boldsymbol{b}$ となる 1 つの解 $\boldsymbol{v}^*$ が存在すると仮定する．これを**特殊解**と呼ぶ．また，$f(\boldsymbol{v}) = \boldsymbol{0}$ となる解を $\boldsymbol{v}_0$ とし，$f(\boldsymbol{v}) = \boldsymbol{0}$ の**一般解**と呼ぶ．このとき，$f(\boldsymbol{v}) = \boldsymbol{b}$ の一般解 $\boldsymbol{v}$ を $\boldsymbol{v}_0$ と $\boldsymbol{v}^*$ を用いて表せ．

問 10 n 次元ベクトル $\boldsymbol{y}$ と $n \times m$ 行列 $\boldsymbol{X}$ に対して，

$$S(\boldsymbol{\beta}) = (\boldsymbol{y} - \boldsymbol{X}\boldsymbol{\beta})^\top (\boldsymbol{y} - \boldsymbol{X}\boldsymbol{\beta})$$

を最小にする $\boldsymbol{\beta} = (\beta_1, \ldots, \beta_m)^\top$ を考える．この問題を**最小 2 乗法**と呼ぶ．ただし，$m \leq n$ とし，$\mathrm{rank}\,(\boldsymbol{X}) = m$ であるとする．

(1) $S(\boldsymbol{\beta})$ を最小にする $\boldsymbol{\beta}$ は，$\boldsymbol{X}^\top(\boldsymbol{y} - \boldsymbol{X}\boldsymbol{\beta}) = \boldsymbol{0}$ の解として与えられることを示せ．

(2) $\boldsymbol{X}^\top \boldsymbol{X}$ が正則になることを示し，(1) の解は $\widehat{\boldsymbol{\beta}} = (\boldsymbol{X}^\top \boldsymbol{X})^{-1} \boldsymbol{X}^\top \boldsymbol{y}$ で与えられることを示せ．これを**最小 2 乗解**と呼ぶ．

(3) $W = \{\boldsymbol{X}\boldsymbol{\beta} \mid \boldsymbol{\beta} \in \mathbb{R}^m\}$ とおく．$\boldsymbol{X}$ を列ベクトルを用いて $\boldsymbol{X} = (\boldsymbol{x}_1, \ldots, \boldsymbol{x}_m)$ のように表すと，$W = \langle \boldsymbol{x}_1, \ldots, \boldsymbol{x}_m \rangle$ と表されることを示せ．また，W の直交補空間 $W^\perp$ を求めよ．

(4) $\boldsymbol{P}_W = \boldsymbol{X}(\boldsymbol{X}^\top \boldsymbol{X})^{-1} \boldsymbol{X}^\top$ とおくと，$\boldsymbol{P}_W \boldsymbol{y}$ は $\boldsymbol{y} \in \mathbb{R}^n$ を部分空間 W へ射影する線形写像となる．$\boldsymbol{P}_W$ は正射影になることを示せ．また，$W^\perp$ への正射影 $\boldsymbol{P}_W^\perp$ を与えよ．

(5) $\boldsymbol{P}_W^2 = \boldsymbol{P}_W$, $\boldsymbol{P}_W^\top = \boldsymbol{P}_W$ であることを確かめよ．また，$\boldsymbol{P}_W$ の固有値は 0 か 1 となることを示せ．

索　引

■ た行

■ な行

ギリシャ文字

大文字	小文字	読み方		大文字	小文字	読み方	
A	α	アルファ	(alpha)	N	ν	ニュー	(nu)
B	β	ベータ	(beta)	Ξ	ξ	クシー	(xi)
Γ	γ	ガンマ	(gamma)	O	o	オミクロン	(omicron)
Δ	δ	デルタ	(delta)	Π	π, ϖ	パイ	(pi)
E	ϵ, ε	イプシロン	(epsilon)	P	ρ, ϱ	ロー	(rho)
Z	ζ	ゼータ	(zeta)	Σ	σ, ς	シグマ	(sigma)
H	η	イータ	(eta)	T	τ	タウ	(tau)
Θ	θ, ϑ	シータ	(theta)	Υ	υ	ユプシロン	(upsilon)
I	ι	イオタ	(iota)	Φ	ϕ, φ	ファイ	(phi)
K	κ	カッパ	(kappa)	X	χ	カイ	(chi)
Λ	λ	ラムダ	(lambda)	Ψ	ψ	プサイ	(psi)
M	μ	ミュー	(mu)	Ω	ω	オメガ	(omega)

Memo

〈著者紹介〉

久保川達也（くぼかわ たつや）

1987 年　筑波大学大学院数学研究科博士課程修了
現　在　東京大学大学院経済学研究科教授
　　　　理学博士
専　攻　統計学
著　書　『公式と例題で学ぶ統計学入門』（共立出版，2024）
　　　　『データ解析のための数理統計入門』（共立出版，2023）
　　　　『現代数理統計学の基礎』（共立出版，2017）
　　　　『統計学』（共著，東京大学出版会，2016）
　　　　『モデル選択――予測・検定・推定の交差点』（共著，岩波書店，2004）

公式と例題で学ぶ大学数学の基礎

Basics of College Mathematics: Learning through Formulae and Examples

2025 年 3 月 20 日　初版 1 刷発行

著　者　久保川達也　© 2025
発行者　南條光章
発行所　**共立出版株式会社**
〒112-0006
東京都文京区小日向 4-6-19
電話番号　03-3947-2511（代表）
振替口座　00110-2-57035
www.kyoritsu-pub.co.jp

印　刷　大日本法令印刷
製　本　ブロケード

一般社団法人
自然科学書協会
会員

検印廃止
NDC 413.3, 411.3

ISBN 978-4-320-11577-4

Printed in Japan